北京市高等教育精品教材立项项目

# 大学物理实验教程

## （第 3 版）

蒋达娅　肖井华　朱洪波　张雨田　主编

U0290968

北京邮电大学出版社
www.buptpress.com

## 内 容 简 介

　　本教材是在北京邮电大学物理实验课程教学改革和实践的基础上，根据教育部关于开展高等学校实验教学示范中心建设的有关精神以及教学指导委员会 2008 年发布的《理工科类大学物理实验课程教学基本要求》重新修订的。全书结构紧凑，实验内容丰富，有不少来源于大学生自主创新活动的新颖实验内容。教材按照基本物理实验、综合和近代物理实验、设计性与研究性实验组织分层次教学，突出物理实验的综合应用。书中有不少反映新的实验技术和实验仪器的内容，具有较好的可读性和实用性。本书可以作为高等院校普通物理实验教材或教学参考书，也可供高等函授院校选用。

**图书在版编目(CIP)数据**

　　大学物理实验教程/蒋达娅等主编 . --3 版 . --北京：北京邮电大学出版社，2011.7(2020.1 重印)
　　ISBN 978-7-5635-2679-6

　　Ⅰ.①大…　Ⅱ.①蒋…　Ⅲ.①物理学—高等学校—教材　Ⅳ.①O4

　　中国版本图书馆 CIP 数据核字(2011)第 142019 号

| | |
|---|---|
| 书　　　　名：| 大学物理实验教程(第 3 版) |
| 著作责任者：| 蒋达娅　肖井华　朱洪波　张雨田　主编 |
| 责 任 编 辑：| 孔　玥 |
| 出 版 发 行：| 北京邮电大学出版社 |
| 社　　　　址：| 北京市海淀区西土城路 10 号(邮编：100876) |
| 发 行 部：| 电话：010-62282185　传真：010-62283578 |
| E-mail：| publish@bupt.edu.cn |
| 经　　　销：| 各地新华书店 |
| 印　　　刷：| 北京鑫丰华彩印有限公司 |
| 开　　　本：| 787 mm×960 mm　1/16 |
| 印　　　张：| 22 |
| 字　　　数：| 446 千字 |
| 版　　　次：| 2005 年 8 月第 1 版　2007 年 7 月第 2 版　2011 年 7 月第 3 版　2020 年 1 月第 4 次印刷 |

ISBN 978-7-5635-2679-6　　　　　　　　　　　　　　　　　定　价：38.00 元

**· 如有印装质量问题，请与北京邮电大学出版社营销中心联系 ·**

# 前　　言

　　本教材是在北京邮电大学物理实验课程教学改革和实践的基础上,根据教育部关于开展高等学校实验教学示范中心建设的有关精神以及教学指导委员会 2008 年发布的《理工科类大学物理实验课程教学基本要求》重新修订的。

　　在本教材的编写中力求反映当前主流的实验理论、新的实验技术和方法,如超声波探伤,核磁共振,电光效应,液晶的物理特性等实验。同时注意加强数字化测量技术和计算技术在物理实验教学中的应用,在一些传统的老实验中引入了新的测试技术,如利用 CCD 测量光的衍射条纹,利用数字示波器对数据进行采集和处理,利用 LabVIEW 自主构建实验仪器等。而音频信号的光纤传输,LED 的物理特性和电光调制,混沌在通信中的应用等实验内容,则适应了当前社会信息科学技术发展的需要。特别是在这次修订中,我们更新了部分实验内容,同时引入了多个大学生自主创新活动中涌现出来的优秀实验内容。

　　实验内容和课程教学体系的改革以及新教材的使用均应与使用的教学方法和教学模式相配套。利用本教材可以进行层次化的开放教学。基础物理实验主要对学生进行实验的基本知识,基本方法,基本技能的训练,大部分的实验内容学生可以自学。综合与近代物理、设计性与研究性实验则可以尝试进行不同方式的开放教学。

　　实验课的教材和教学,离不开实验室的建设和发展,是一项集体性的工作。在此,衷心感谢我校多年来从事物理实验教学的教师和技术人员的支持、帮助与贡献。

　　在本教材的编写过程中陈以方、李海红、赵晓红、杨胡江、代琼琳、王鑫、程洪艳、尚玉峰、符秀丽、杨江萍、李丽娟等老师参与了部分章节的编写和修改,在此向他们表示特别的感谢。

编　者

# 目　　录

# 绪　　论

## 0.1　物理实验课的地位、作用和任务

**1. 前言**

物理学是研究物质的基本结构、基本运动形式、相互作用及其转化规律的学科。它的基本理论渗透在自然科学的各个领域,应用于生产技术的许多部门,是自然科学和工程技术的基础。

在人类追求真理、探索未知世界的过程中,物理学展现了一系列科学的世界观和方法论,深刻影响着人类对物质世界的基本认识、人类的思维方式和社会生活,是人类文明的基石,在人才的科学素质培养中具有重要的地位。

物理学本质上是一门实验科学。物理实验是科学实验的先驱,体现了大多数科学实验的共性,在实验思想、实验方法以及实验手段等方面是各学科科学实验的基础。

**2. 课程的地位和作用**

物理实验课是高等理工科院校对学生进行科学实验基本训练的必修基础课程,是本科生接受系统实验方法和实验技能训练的开端。

物理实验课覆盖面广,具有丰富的实验思想、方法、手段,同时能提供综合性很强的基本实验技能训练,是培养学生科学实验能力、提高科学素质的重要基础。它在培养学生严谨的治学态度、活跃的创新意识、理论联系实际和适应科技发展的综合应用能力等方面具有其他实践类课程不可替代的作用。

**3. 课程的具体任务**

(1) 培养学生的基本科学实验技能,提高学生的科学实验基本素质,使学生初步掌握实验科学的思想和方法。培养学生的科学思维和创新意识,使学生掌握实验研究的基本方法,提高学生的分析能力和创新能力。

(2) 提高学生的科学素养,培养学生理论联系实际和实事求是的科学作风,认真严谨的科学态度,积极主动的探索精神,遵守纪律,团结协作,爱护公共财产的优良品德。

**4. 能力培养的基本要求**

(1) 独立实验的能力——能够阅读实验教材、查询有关资料和思考问题,掌握实验原理及方法,做好实验前的准备;正确使用仪器及辅助设备,独立完成实验内容,撰写合格的实验报告;培养学生独立实验的能力,逐步形成自主实验的基本能力。

（2）分析与研究的能力——能够融合实验原理、设计思想、实验方法及相关的理论知识，对实验结果进行分析、判断、归纳与综合。掌握通过实验进行物理现象和物理规律研究的基本方法，具有初步的分析与研究的能力。

（3）理论联系实际的能力——能够在实验中发现问题、分析问题并学习解决问题的科学方法，逐步提高学生综合运用所学知识和技能解决实际问题的能力。

（4）创新能力——能够完成符合规范要求的设计性、综合性内容的实验，进行初步的具有研究性或创意性内容的实验，激发学生的学习主动性，逐步培养学生的创新能力。

## 0.2　如何上好物理实验课

为了达到实验课的教学目的，除了明确物理实验课程的地位、作用和任务外，还要正确处理实验和理论的关系，重视科学实验训练与实验过程，并注意做到以下几点。

（1）做好预习

在规定的时间内熟悉仪器的使用并完成测量任务，对大多数学生来说不是一件轻松的事。实验预习的好坏是能否做好物理实验的关键。做好预习，一方面可以避免毁坏仪器和出现安全问题，另一方面能够在课上高质量地完成实验，提高学习的效率。

（2）独立完成实验操作

学生一定要克服依赖心理，尽可能独立地完成实验。发现问题首先要独立地进行思考，实在解决不了再求助教师。教师的指导只是启发式的，我们不提倡"手把手"地"包教包会"。学生通过实验培养出独立工作的能力是本课程的任务之一。

（3）认真处理数据，高质量地完成实验报告

数据处理的过程是发现物理规律和验证物理定律的过程。学生应本着科学的精神，如实地记录数据，认真地处理数据。对"不理想"的数据，应分析其产生的原因并在报告上特殊注明，不能简单地删除了事。一些奇异的实验结果，其背后很可能隐藏着重要的物理规律。

要善于对实验结果进行总结和分析，看看自己能否提出一些改进的意见。创新能力往往是在平时一点一滴积极的思考中逐渐形成的。

实验报告是对整个实验的记录和总结。一份好的实验报告应简明、完整、准确地给出实验条件（仪器及环境）、原理、过程、现象、实验数据及数据处理等。本课程规定：在没有特殊说明的情况下，均需要列表处理数据。练习写好实验报告的目的就是为今后写好科研报告打下基础。

（4）理解和遵守实验室的各项规定

实验课和理论课的重要区别之一是它不能在宿舍或自习室通过自学完成。学生要在实验室里和各种实验仪器打交道。为了保护公共财产，防止出现安全事故，实验室做出了相应的规定和要求，希望学生能理解并自觉遵守。

# 0.3　实验内容的安排

实验内容分为基础物理实验,综合与近代物理实验及设计研究性实验三大部分。

## 1. 基础物理实验

物理实验是进入大学后的第一门实践课程,对于初次或是接触实验不多的学生,会碰到很多的困难,为了帮助学生尽快地进入角色,我们安排了基础实验内容,它是在中学物理实验的基础上,按照循序渐进的原则由浅入深。主要为基本物理量的测量、基本实验仪器的使用、基本实验技能的训练和基本测量方法与误差分析等,涉及力、热、电、光等各个物理学科,是大学物理实验的入门实验。在教学安排上精选了一些优秀的物理实验,采取组合实验的教学方式,每个组合包括1~2个实验。例如,将霍尔效应和集成霍尔传感器与简谐振动这两个实验作为一个组合,通过实验既可以学习霍尔效应这一基本物理原理在磁场测量中的直接应用,同时也学习了利用霍尔效应制作的霍尔器件在其他物理测量中的应用,达到了1+1大于2的效果。通过基本实验,主要学习物理实验的基本知识、基本实验方法和实验技能。基本物理实验以小班为单位,在教师的指导下,由学生独立进行实验。

## 2. 综合和近代物理实验

在实验项目的选择上,我们注重物理思想和物理方法的典型性,同时考虑实验内容、测试手段的时代性,贴近现代科学技术的发展,贴近科技研究前沿。例如,核磁共振等获诺贝尔物理学奖的实验;超声波探伤、音频信号的光纤传输等一些应用技术性实验。目的是让学生及时接触物理学发展中的一些具有里程碑意义的进程,同时又了解物理学在实际工程技术中的应用。学生通过对各领域有重要影响的物理实验的学习和实践,提高科技视角。

这部分实验采用开放的教学方式,学生可以根据自己的专业和爱好选择实验内容,并在教师的指导下独立完成。通过这一阶段的学习,对知识的融会贯通、综合应用能力将上升到一个新的层次。

## 3. 设计性和研究性实验

设计性和研究性实验注重培养学生提出问题,分析问题和解决问题的能力,对学生开展创新教育。

实验内容包括多个物理学在信息技术中成功应用的典型例子;混沌与保密通信、LED的色度学研究、LED的电光调制、超声波测距等。同时引入了许多新的测试手段,像数字示波器、数据采集卡、CCD,以及美国国家仪器公司开发的图形化的虚拟实验开发软件LabVIEW,为学生自主开展各种实验创新活动创造了一个良好的操作平台,极大地丰富了物理学的研究手段,也希望更多的学生能够利用这一平台,充分发挥自己的聪明和才智,创造出更多的具有开创性的工作。

# 第1章　测量不确定度与数据处理方法

本章将具体介绍大学物理实验所必需的基础知识,包括测量误差与不确定度的基本概念,实验数据的基本处理方法。

## 1.1　测量误差

误差理论是物理实验的重要数学工具。在物理实验中经常要遇到许多综合的实验技术,为了获得准确的测量结果,需要理解实验设计的原理,掌握好误差理论,才能有效地进行实验测量和数据处理,并最终对实验结果做出正确的评价和分析。本节将介绍测量误差和不确定度的一些基本概念。

**1. 测量**

物理实验离不开各种测量。测量的内容大到日、月、星辰,小到分子、原子、粒子。可以说,测量是进行科学实验必不可少,且极其重要的一环。

测量分为直接测量和间接测量。直接测量是将待测物理量直接与认定为计量标准的同类量进行比较,如用米尺测量长度、用天平称质量、用万用表测量电压等。而间接测量则是指按照一定的函数关系,由一个或多个直接测量结果计算出另一个物理量。例如,测量电阻,要先测出电阻两端的电压和流过电阻的电流,再用公式计算出电阻,这就属于间接测量。物理实验中的大多数测量都是间接测量。

测量的数据不同于普通的数值,它是由数值和单位两部分组成的。数值有了单位,才具有特定的物理意义,因此测量所得的值应包括数值和单位,缺一不可。

**2. 误差**

对某一物理量进行测量时,由于受到测量环境、方法、仪器以及不同观测者等诸多因素的影响,测量结果与被观测量的客观真实值(真值)存在一定的偏离,也就是说存在误差(error)。测量误差可以用绝对误差,也可以用相对误差来表示。

$$绝对误差 = 测量结果 - 真值 \tag{1.1.1}$$

$$相对误差 = \frac{绝对误差}{真值} \tag{1.1.2}$$

真值(true value)是指被观测的量所具有的真实值的大小。一个量的真值是一个理想的概念,一般情况下是不知道的,但在某些特定的情况下,真值又是可知的。例如,三角

4

形的三个内角和为 180°，一个圆周角为 360°等。为了使用上的需要，在实际测量中，常用被测量的实际值来代替真值。

由于测量总存在一定的误差，为此必须分析测量中可能产生的各种误差因素，尽可能消除其影响，并对测量结果中未能消除的误差给予正确的评价。一个优秀的实验者，应该根据实验的具体要求和误差限度来确定合理的测量方案以及合适的测量仪器，能够在实验的要求下，以最经济的方法取得最佳的实验结果。

**3. 误差的分类**

按照误差的基本性质和特点，可以把它分为 3 大类：系统误差、随机误差和粗大误差。

（1）系统误差（systematic error）

系统误差指的是在重复条件下，多次测量同一物理量时，测量结果对真值的偏离总是相同的，即误差的大小和符号始终保持恒定或按照一定的规律变化。系统误差的特征是它的确定性。

（2）随机误差（random error）

随机误差是指在重复条件下，对同一被测量进行足够多次测量时，误差的大小、符号的正负是随机的。随机误差的特点是单个具有随机性，而总体服从统计分布规律，常见的统计分布有正态分布、$t$ 分布、均匀分布等。

（3）粗大误差

粗大误差实际上是一种测量过程中的人为过失，并不属于误差的范畴。对于这种由于测量过程中人为过失而产生的错误数据应当予以删除。

**4. 测量结果的评价**

评价测量结果，反映测量误差大小，常用到精密度、正确度和准确度 3 个概念。

精密度反映随机误差大小的程度，它是对测量结果的重复性的评价。精密度高是指测量的重复性好，各次测量值的分布密集，随机误差小。但是，精密度不能反映系统误差的大小。

正确度反映系统误差大小的程度。正确度高是指测量数据的算术平均值偏离真值较小，测量的系统误差小。但是正确度不能确定数据分散的情况，即不能反映随机误差的大小。

准确度反映系统误差与随机误差综合大小的程度。准确度高是指测量结果既精密又正确，即随机误差与系统误差均小。

现以射击打靶的结果为例说明以上 3 个术语的意义，如图 1.1.1 所示。

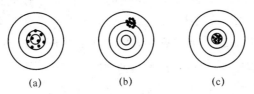

(a)　　　　　(b)　　　　　(c)

图 1.1.1　正确度、精密度和准确度

(a)正确度好而精密度低,即系统误差小,而随机误差大。(b)精密度高而正确度低,即系统误差大而随机误差小。(c)准确度高,系统误差和随机误差都小。

**5. 发现和消除系统误差**

（1）如何发现系统误差

物理实验中的系统误差通常是很难发现的,但通过长期科学实验的实践和经验的总结,我们总结出一些发现系统误差的办法,它们可以归纳如下。

① 理论分析法

分析实验所依据的理论和实验方法是否有不完善的地方,检查理论公式所要求的条件是否满足,所用仪器是否存在缺陷,以及实验人员的素质和技术水平是否存在造成误差的因素,从而得到有关系统误差是否存在的信息。

② 实践对比法

采用不同的方法测量同一物理量,让不同的人员测量同样的物理量或使用不同的仪器测量同一物理量,通过对比测量结果的数值来发现系统误差的存在。

③ 数据分析法

分析测量结果,若结果不服从统计分布,则说明测量存在系统误差。

（2）消除系统误差的方法

在实验条件稳定,同时系统误差可以掌握时,常用 3 种方法消除已知系统误差,即加修正值、消去误差源或采用适当的测量方法。下面分别介绍这 3 种方法。

① 测量结果加修正值

• 由仪器、仪表不准确产生的误差,可以通过与更高级别的仪器、仪表做比较,而得到相应的修正值;

• 由理论上、公式上的不准确而产生的误差,可以通过理论分析,导出修正公式。

② 消去误差源

包括仪表使用前零点的校准,仪表使用温度的校准,以及保证仪器装置和测量环境满足规定的条件等。

③ 采用适当的测量方法

采用适当的测量方法,对消除实际测量中的系统误差具有重要的现实意义。常用的测量方法有异号法、交换法、替代法、对称法。比如天平悬臂长度不一致的系统误差就可以用交换法来消除:将具有重量 $x$ 的被称量物体放在天平的左、右托盘各称一次,分别称重为 $p_1$ 和 $p_2$,根据力学原理,可以算出物体的实际重量为 $\sqrt{p_1 p_2}$。对称法常用来消除线性系统误差。半周期偶数法则可以消除周期性的系统误差。

**6. 随机误差的统计处理**

随机误差的分布服从统计规律。由误差理论得知,物理实验中相当多的随机误差满

足正态分布,如图 1.1.2 所示。下面讨论正态分布的一些特性。正态分布的概率密度函数为

$$f(x) = \frac{1}{\sqrt{2\pi}\sigma} e^{\frac{-(x-a)^2}{2\sigma^2}} \qquad (1.1.3)$$

其中

$$a = \lim_{n \to \infty} \frac{\sum x_i}{n}, \sigma = \lim_{n \to \infty} \sqrt{\frac{\sum (x_i - a)^2}{n}}$$

式中,$a$ 和 $\sigma$ 是反映测量值 $x$ 这个随机变量分布特征的重要参数,$a$ 表示 $x$ 出现几率最大的值,是测量次数趋向无穷时被测量的算术平均值。在消除了系统误差后,$a$ 为真值。$\sigma$ 称为标准差,是反映测量值离散程度的参数;$\sigma$ 值小,测量值精密度高,随机误差小;$\sigma$ 值大,

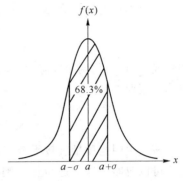

图 1.1.2　正态分布曲线

测量值精密度低,随机误差大。服从正态分布的随机误差具有下列特点:

① 单峰性——绝对值小的误差比绝对值大的误差出现的概率大;

② 对称性——大小相等而符号相反的误差出现的概率相同;

③ 有界性——在一定的测量条件下,误差的绝对值不超过一定的限度;

④ 抵偿性——误差的算术平均值随测量次数 $n$ 的增加而趋于零。

由概率密度的定义可知 $p = \int_{x_1}^{x_2} f(x) \mathrm{d}x$ 表示随机变量 $x$ 在区间 $[x_1, x_2]$ 出现的概率,称为置信概率,则 $x$ 出现在 $[a-\sigma, a+\sigma]$ 之间的概率为

$$p = \int_{a-\sigma}^{a+\sigma} f(x) \mathrm{d}x = 0.683 \qquad (1.1.4)$$

这个结果说明,对满足正态分布的物理量作任何一次测量,其结果有 68.3% 的可能性落在区间 $[a-\sigma, a+\sigma]$ 内。我们把置信概率对应的区间称为置信区间。如果扩大置信区间,置信概率也将提高。如果置信区间扩大到 $[a-2\sigma, a+2\sigma]$ 和 $[a-3\sigma, a+3\sigma]$,可以分别得到:

$$p = \frac{1}{\sqrt{2\pi}\sigma} \int_{a-2\sigma}^{a+2\sigma} e^{\frac{-(x-a)^2}{2\sigma^2}} \mathrm{d}x = 0.954 \ , \ p = \frac{1}{\sqrt{2\pi}\sigma} \int_{a-3\sigma}^{a+3\sigma} e^{\frac{-(x-a)^2}{2\sigma^2}} \mathrm{d}x = 0.997$$

物理实验中常将 $3\sigma$ 作为判定数据异常的标准,$3\sigma$ 称为极限误差。如果某测量值 $|x - a| \geqslant 3\sigma$,则需要考虑测量过程是否存在异常,并将该数据从实验结果中删除。

**7. 多次测量的算术平均值**

尽管一个物理量的真值是客观存在的,但要得到真值是不现实的。由随机误差的统计分析可以证明,当测量次数 $n$ 趋近于无穷时,算术平均值 $\bar{x}$ 是接近于真值的最佳值。假设对物理量 $x$ 进行一系列等精度测量得到的结果为 $x_1, x_2, x_3, x_4, \cdots, x_n$,则 $x$ 的算术平均值可以表示为

$$\bar{x} = \sum_{i=1}^{n} x_i / n \qquad (1.1.5)$$

由于每次测量的误差为 $\Delta x_i = x_i - a$，因此误差和可以表示为

$$\sum_{i=1}^{n} \Delta x_i = \sum_{i=1}^{n} x_i - na \qquad (1.1.6)$$

若将式(1.1.6)的两边同除以 $n$，则当 $n \to \infty$ 时，等号的左边趋近于零(根据正态分布的特点④)，因此有

$$\lim_{n \to \infty} \bar{x} = \frac{1}{n} \sum_{i=1}^{\infty} x_i = a \qquad (1.1.7)$$

该式说明当测量次数无穷多时，测量结果可以不受随机误差的影响或所受影响很小，因此可以忽略。这就是为什么测量结果的算术平均值可以认为是最接近真值的理论依据。在实际测量中，由于只能进行有限次的测量，因此将算术平均值作为测量结果的近真值，即测量结果的最佳估计。

**8. 标准偏差**

在物理实验中，测量次数总是有限的，而且真值也不可知，因此不能利用式(1.1.3)计算出标准差 $\sigma$，只能用其他方法对 $\sigma$ 的大小进行估算。假设共进行了 $n$ 次测量，测量值 $x_1, \cdots, x_n$ 称为一个测量列，每一次测量值与平均值之差称为残差，即

$$V_i = x_i - \bar{x}, \quad i = 1, 2, 3, \cdots, n$$

显然，这些残差有正有负，有大有小。通常用"方均根"法对它们进行统计，得到的结果就是该测量列任一次测量的标准偏差，用 $s(x)$ 表示为

$$s(x) = \sqrt{\frac{\sum V_i^2}{n-1}} = \sqrt{\frac{\sum (x_i - \bar{x})^2}{n-1}} \qquad (1.1.8)$$

这个公式又称为贝塞尔公式。标准偏差 $s(x)$ 是反映该测量列离散性的参数，可以用它表示测量值的精密度。$s(x)$ 小表示精密度高，测量值的分布密集，随机误差小；$s(x)$ 大表示精密度低，测量值的分布很分散，随机误差大。注意，$s(x)$ 并不是严格意义下的标准差 $\sigma$，而是它的估计值。其统计意义为：被测量真值落在区间 $(x - s(x), x + s(x))$ 的概率应小于 $68.3\%$，只有测量次数较多时，这一概率才接近 $68.3\%$。

如果在完全相同的条件下，多次多组进行重复测量，可以得到许多个测量列，每个测量列的算术平均值不尽相同，于是就可以得到一组平均值 $(\bar{x})_1, (\bar{x})_2, \cdots, (\bar{x})_j$，这表明算术平均值也是一个随机变量，算术平均值本身也具有离散性，且仍然服从正态分布。由误差理论可以证明：平均值 $\bar{x}$ 的标准偏差 $s(\bar{x})$ 是测量列的 $n$ 次测量中任意一次测量值标准偏差的 $1/\sqrt{n}$ 倍，即

$$s(\bar{x}) = \frac{s(x)}{\sqrt{n}} = \sqrt{\frac{\sum_{i=1}^{n} (x_i - \bar{x})^2}{n(n-1)}} \qquad (1.1.9)$$

由此可见,平均值的标准偏差可以通过 $n$ 次测量中任意一次测量值的标准偏差计算得出,显然 $s(\bar{x})$ 小于 $s(x)$,说明平均值的离散程度要小于单个测量值的离散程度。增加测量次数可以减小平均值的标准偏差 $s(\bar{x})$,提高测量的精密度,但是单纯凭增加测量次数来提高精密度的作用是有限的。$s(\bar{x})$ 的统计意义为:被测量真值落在区间 $[\bar{x}-s(\bar{x})$,$\bar{x}+s(\bar{x})]$ 的概率约为 68.3%。

当测量次数无穷多或足够多时,测量值的误差分布才接近正态分布,但是当测量次数较少时(例如,少于 10 次,物理实验教学中一般取 $n=6\sim10$ 次),测量值的误差分布将明显偏离正态分布,而遵从 $t$ 分布,又称为学生分布。$t$ 分布曲线与正态分布曲线的形状类似,但是 $t$ 分布曲线的峰值低于正态分布,而且 $t$ 分布曲线上部较窄,下部较宽,如图 1.1.3 所示。$t$ 分布时,置信区间 $[\bar{x}-s(\bar{x})$,$\bar{x}+s(\bar{x})]$ 对应的置信概率达不到 0.683,若保持置信概率不变,则应当扩大置信区间。在

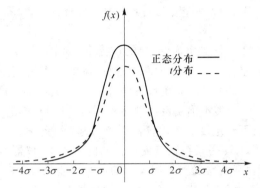

图 1.1.3　$t$ 分布与正态分布曲线

这种情况下,如果置信概率是 $p$,其对应的置信区间一般为 $[\bar{x}-t_p s(\bar{x})$,$\bar{x}+t_p s(\bar{x})]$,其中系数 $t_p$ 称为 $t$ 因子,其数值既与测量次数 $n$ 有关,又与置信概率 $p$ 有关。物理实验中,为了方便起见,统一取置信概率为 0.95。表 1.1.1 给出了 $t_{0.95}$ 和 $t_{0.95}/\sqrt{n}$ 的值。

表 1.1.1　$t$ 参数

| $n$ | 3 | 4 | 5 | 6 | 7 | 8 | 9 | 10 | 15 | 20 | $\geqslant100$ |
|---|---|---|---|---|---|---|---|---|---|---|---|
| $t_{0.95}$ | 4.30 | 3.18 | 2.78 | 2.57 | 2.45 | 2.36 | 2.31 | 2.26 | 2.14 | 2.09 | $\leqslant1.97$ |
| $t_{0.95}/\sqrt{n}$ | 2.48 | 1.59 | 1.204 | 1.05 | 0.926 | 0.834 | 0.770 | 0.715 | 0.553 | 0.467 | $\leqslant0.139$ |

## 1.2　测量不确定度和结果的表达

不确定度是建立在误差理论基础上,用来定量评定测量结果可信赖程度的一个重要指标。

### 1. 不确定度的分类

不确定度按照测量者处理数据时采用方式的不同分为 A 类和 B 类不确定度。测量者采用统计方法评定的不确定度称为 **A 类不确定度**;而测量者采用非统计方法评定的不确定度称为 **B 类不确定度**。下面分别介绍 A 类和 B 类不确定度。

（1）采用统计方法评定的 A 类不确定度

不确定度的 A 类分量用 $u_A(x)$ 表示。物理实验中 $u_A(x)$ 一般用多次测量平均值的标准偏差 $s(\bar{x})$ 与 $t$ 因子 $t_p$ 的乘积来估算，即

$$u_A(x) = t_p s(\bar{x}) \tag{1.2.1}$$

式中，$t$ 因子 $t_p$ 是与测量次数 $n$ 和对应的置信概率 $p$ 有关，当置信概率为 $p=0.95$，测量次数 $n=6$ 时，从表 1.1.1 中可以查到 $t_{0.95}/\sqrt{n} \approx 1$，则有

$$u_A(x) = s(x) \tag{1.2.2}$$

即在置信概率为 0.95 的前提下，测量次数 $n=6$，A 类不确定度可以直接用测量值的标准偏差 $s(x)$ 估算。为方便起见，本课程规定，在未加说明时，取置信概率 $p=0.95$。

（2）采用非统计方法评定的 B 类不确定度

B 类不确定度的评定不用统计分析法，它可以来自多方面的信息，但在物理实验中，B 类不确定度主要由仪器误差引起，因此 B 类不确定度常采用仪器的最大误差限 $\Delta_\text{仪}$ 来估算。$\Delta_\text{仪}$ 是指在正确使用仪器的条件下，仪器示值和被测量的真值之间可能产生的最大误差，某些实验室常用仪器的最大误差限 $\Delta_\text{仪}$ 在表 1.2.1 给出。有些测量中，由于条件限制，实际误差远大于铭牌给出的仪器最大误差限，这时应由实验室根据经验给出 $\Delta_\text{仪}$。不确定度的 B 类分量用 $u_B(x)$ 表示，即

$$u_B(x) = \Delta_\text{仪} \tag{1.2.3}$$

表 1.2.1　某些常用仪器的最大误差限

| 仪器名称 | 量程 | 最小分度值 | 最大误差限 |
|---|---|---|---|
| 螺旋测微仪 | 25 mm | 0.01 mm | ±0.004 mm |
| 钢卷尺 | 1 m | 1 mm | ±0.8 mm　或由实验室给出 |
| | 2 m | 1 mm | ±1.2 mm |
| 游标卡尺 | 125 mm | 0.02 mm | ±0.02 mm |
| | 300 mm | 0.05 mm | ±0.05 mm |
| 电表（0.5）级 | | | 0.5%×量程 |
| 电表（0.2）级 | | | 0.2%×量程 |
| 米尺（学生尺） | | 1 mm | 最小刻度的一半 0.5 mm |

**2. 合成不确定度与测量结果的表达**

合成不确定度用 $u(x)$ 表示，$u(x)$ 由 A 类不确定度 $u_A(x)$ 和 B 类不确定度 $u_B(x)$ 采用方和根合成方式得到：

$$u(x) = \sqrt{u_A^2(x) + u_B^2(x)} \tag{1.2.4}$$

完整的测量结果应给出被测量的最佳估计值，同时还要给出测量的合成不确定度，测量结果应写成如下的标准形式：

$$\begin{cases} x = \bar{x} \pm u(x) \\ u_r = \dfrac{u(x)}{\bar{x}} \times 100\% \end{cases} \tag{1.2.5}$$

式中，$\bar{x}$ 为多次测量的平均值，$u(x)$ 为合成不确定度，$u_r$ 是两者的比值，称为测量结果的相对不确定度。上述结果表示被测量的真值落在区间 $(\bar{x}-u(x), \bar{x}+u(x))$ 范围内的概率应在 0.95 以上，也就是说真值落在上述区间范围以外的概率极小。

**3．不确定度的求解**

（1）直接测量不确定度的求解过程

① 单次测量

实验中，如果实验条件符合下列 3 种情况可以考虑进行单次测量：

- 仪器精度较低，随机误差很小；
- 对测量准确度要求不高；
- 因测量条件限制，不可能进行多次测量。

当用公式(1.2.4)和公式(1.2.5)表示单次测量结果时，只有 $u_B(x)$ 这一项。根据前面的介绍，它的取法或者是仪器标定的最大误差限，或者是实验室给出的最大允许误差 $u(x)=u_B(x)=\Delta_{仪}$，一般取两者中的较大者。

② 多次测量

多次测量时，不确定度一般按照下列过程进行计算：

- 求多次测量数据的平均值 $\bar{x}=\sum x_i/n$；
- 修正已知系统误差，得到测量值，例如，已知螺旋测微仪的零点误差为 $d_0$，修正后的测量结果为 $d=d_{测}-d_0$；
- 用贝塞尔公式计算标准偏差

$$s(x)=\sqrt{\dfrac{\sum\limits_{i=1}^{n}(x_i-\bar{x})^2}{n-1}}$$

- 评估 A 类不确定度用标准偏差乘以置信参数 $t_{0.95}/\sqrt{n}$，若测量次数 $n=6$，$t_{0.95}/\sqrt{n}\approx 1$，则 $u_A(x)=t_{0.95}s(\bar{x})=s(x)$；
- 根据仪器标定的最大误差限，或实验室给出的最大允许误差，确定 $u_B(x)$；
- 根据 $u_A(x)$ 和 $u_B(x)$ 求合成不确定度 $u(x)=\sqrt{u_A^2(x)+u_B^2(x)}$；
- 计算相对不确定度 $u_r(x)=\dfrac{u(x)}{\bar{x}}\times 100\%$；
- 给出测量结果

$$\begin{cases} x=\bar{x}\pm u(x) \\ u_r=\dfrac{u(x)}{\bar{x}}\times 100\% \end{cases}$$

**例 1** 用量程为 0～25 mm 的螺旋测微计（$\Delta_{仪}=0.004$ mm，且无零点误差）对一铁板的厚度进行了 6 次重复测量，以毫米为单位，测量数据为：3.784，3.779，3.786，3.781，3.778，3.782，给出测量结果。

**解** 求得测量结果的平均值为 $\bar{x}=3.782$ mm,标准偏差为 $s(x)=0.003\ 0$ mm,由于测量次数为 6 次,因此,$u_A(x)=s(x)=0.003\ 0$ mm。而 B 类的不确定度为 $u_B(x)=\Delta_仪=0.004$ mm,最后可以得到合成不确定度 $u(x)=\sqrt{u_A^2(x)+u_B^2(x)}=0.005$ mm,相对不确定度为 $u_r(x)=\dfrac{0.005}{3.782}\times100\%=0.132\%\approx0.13\%$。可以将测量结果表示为

$$\begin{cases} x=\bar{x}\pm u(x)=(3.782\pm0.005)\text{mm} \\ u_r=\dfrac{u(x)}{x}\times100\%=0.13\% \end{cases}$$

(2) 间接测量的不确定度

在实际测量中,我们遇到的往往是间接测量,因此间接测量具有十分重要的意义。假设物理量 $F$ 是 $n$ 个独立的直接测量量 $x,y,z,\cdots$ 的函数,即 $F=f(x,y,z,\cdots)$,如果它们相互独立,则 $F$ 的不确定度可由各直接测量量的不确定度合成,即

$$u(F)=\sqrt{\left(\frac{\partial f}{\partial x}\right)^2 u^2(x)+\left(\frac{\partial f}{\partial y}\right)^2 u^2(y)+\left(\frac{\partial f}{\partial z}\right)^2 u^2(z)+\cdots} \qquad (1.2.6)$$

式中,$u(x),u(y),u(z)$ 为各直接测量量 $x,y,z,\cdots$ 的不确定度。式(1.2.6)源于数学中的全微分公式:

$$dF=\frac{\partial f}{\partial x}dx+\frac{\partial f}{\partial y}dy+\frac{\partial f}{\partial z}dz+\cdots \qquad (1.2.7)$$

由于不确定度与被观测量相比是微小的,它们相当于数学中的增量式"微分",因此可以用 $u(F),u(x),u(y),u(z)$ 分别代替全微分公式中的 $dF,dx,dy,dz,\cdots$,并且在考虑不确定度的传递时,采用方和根的公式进行合成,就可以得到不确定度的传递公式。

当 $F=f(x,y,z,\cdots)$ 中各观测量之间的关系是乘、除或方幂时,采用相对不确定度的表达方式,可以大大简化合成不确定度的运算。方法是先取自然对数,然后作不确定度的合成,即

$$\frac{u(F)}{F}=\sqrt{\left(\frac{\partial\ln f}{\partial x}\right)^2 u^2(x)+\left(\frac{\partial\ln f}{\partial y}\right)^2 u^2(y)+\left(\frac{\partial\ln f}{\partial z}\right)^2 u^2(z)+\cdots} \qquad (1.2.8)$$

**例 2** 用流体静力称衡法测量固体的密度。使用的公式为:$\rho=\dfrac{m}{m-m_1}\rho_0$,求密度 $\rho$ 的合成不确定度。

**解** 由于式中包含了乘除运算,因此简便的做法是求 $\rho$ 的相对不确定度。首先对 $\rho$ 的公式两边求自然对数,再求全微分得

$$\frac{d\rho}{\rho}=\frac{dm}{m}-\frac{d(m-m_1)}{(m-m_1)}+\frac{d\rho_0}{\rho_0} \qquad (1.2.9)$$

在用不确定度代换各微分量之前,一定要首先合并式(1.2.9)中同一微分量的系数,合并后有

$$\frac{d\rho}{\rho}=\frac{dm_1}{m-m_1}-\frac{m_1 dm}{m(m-m_1)}+\frac{d\rho_0}{\rho_0} \qquad (1.2.10)$$

12

最终采用方和根的公式进行合成，得到 $\rho$ 的相对不确定度为

$$\frac{u(\rho)}{\rho}=\sqrt{\left[\frac{u(m_1)}{m-m_1}\right]^2+\left[\frac{m_1 u(m)}{m(m-m_1)}\right]^2+\left[\frac{u(\rho_0)}{\rho_0}\right]^2} \qquad (1.2.11)$$

需要说明的是，式(1.2.11)中的 $u(m)$，$u(m_1)$，$u(\rho_0)$ 分别为 $m$，$m_1$，$\rho_0$ 这 3 个直接测量值的不确定度，在实际的应用中可以包含 A 类和 B 类不确定度分量。

（3）间接测量不确定度的计算过程

这里将间接不确定度的计算过程表述如下：

- 求出各直接测量量的不确定度；

- 依据 $F=f(x,y,z,\cdots)$ 的关系，求出 $\dfrac{\partial f}{\partial x}$，$\dfrac{\partial f}{\partial y}$，$\dfrac{\partial f}{\partial z}$，$\cdots$ 或 $\dfrac{\partial \ln f}{\partial x}$，$\dfrac{\partial \ln f}{\partial y}$，$\dfrac{\partial \ln f}{\partial z}$，$\cdots$；

- 依据公式(1.2.6)或(1.2.8)求出 $u(F)$ 或 $u_r(F)$；

- 给出测量结果 $\begin{cases} F=\bar{F}\pm u(F),\\ u_r=\dfrac{u(F)}{\bar{F}}\times 100\%。\end{cases}$

**例 3** 伏安法测量未知电阻实验数据的处理。已知本实验采用的是内接法，电流表内接的修正公式为：$R=\dfrac{U}{I}-r_A$；所用仪器的参数为：1 级的安培表，量程 10 mA，内阻为 $r_A=(2.50\pm0.02)$ Ω；1 级的伏特表，量程为 10 V。测量的结果为：$U=9.00$ V；$I=8.86$ mA。要求给出待测电阻 $R$ 的测量结果和正确表述。

**解** 本实验对电压和电流值仅进行了单次测量，因此不存在 A 类不确定度，即 $u_A(R)=0$。测量的 B 类分量来源较多，主要有仪器的误差、读数的误差、接线的误差等。在本实验的条件下，可以由相应仪器的允许误差限综合评定，即

$$\Delta U=10 \text{ V}\times 1\%=0.1 \text{ V}$$
$$\Delta I=10 \text{ mA}\times 1\%=0.1 \text{ mA}$$
$$\Delta r_A=0.02 \text{ Ω}$$

由式(1.2.4)得 $u(U)=\Delta U$，$u(I)=\Delta I$，$u(r_A)=\Delta r_A$。

由于本实验是间接测量，因此需要使用不确定度的传递公式。利用式(1.2.6)可以得出：

$$u(R)=\frac{U}{I}\sqrt{\left[\frac{u(U)}{U}\right]^2+\left[\frac{u(I)}{I}\right]^2+\left[\frac{I}{U}u(r_A)\right]^2}$$

式中，$U$ 与 $I$ 均为测量值（在有些教材中 $r_A$ 作为常量处理，因此式中的最后一项不存在）。将已知数据带入，求出 $u(R)\approx 16.05$ Ω。由 $R=\dfrac{U}{I}-r_A$ 得 $R=1\,013.3$ Ω，所以测量结果为

$$\begin{cases} R\pm u(R)=(1\,013\pm16) \text{ Ω}\\ u_r=\dfrac{u(R)}{R}\times 100\%=1.6\% \end{cases}$$

**4. 误差的等分配原则和仪器精度的选择**

在实验的设计和安排中，合理地分配误差，选择合适的仪器，是成功完成实验的重要

一环。这里仅作简单的介绍。

测量前,在对间接测量量的精度提出一定要求后,如何根据精度要求来确定各直接测量量的精度和选择合适的仪器,在设计和安排实验时是需要考虑的。

假设间接测量量 $F=f(x_1,x_2,\cdots)=x_1^a \cdot x_2^b \cdot \cdots \cdot x_n^p$,它的不确定度为

$$\left[\frac{u(F)}{F}\right]^2 = \left[a\,\frac{u(x_1)}{x_1}\right]^2 + \left[b\,\frac{u(x_2)}{x_2}\right]^2 + \cdots + \left[p\,\frac{u(x_n)}{x_n}\right]^2$$

如果要求 $\dfrac{u(F)}{F} \leqslant E$,我们希望将 $E$ 平均分配给各项直接测量量,即

$$\left| a\,\frac{u(x_1)}{x_1} \right| = \left| b\,\frac{u(x_2)}{x_2} \right| = \cdots = \left| p\,\frac{u(x_n)}{x_n} \right| \leqslant \frac{1}{\sqrt{n}}E$$

当 $x_1,x_2,\cdots,x_n$ 各值已知时,就可以确定仪器的精度。

**例 4** 测圆柱体密度可用公式 $\rho=\dfrac{4m}{\pi d^2 h}$,如果要求 $\rho$ 的相对不确定度 $\dfrac{u(\rho)}{\rho} \leqslant 0.5\%$,如何选择各测量仪器的精度?

**解** 由 $\rho=\dfrac{4m}{\pi d^2 h}$ 和式(1.2.8)可得

$$\frac{u(\rho)}{\rho} = \sqrt{\left[\frac{u(m)}{m}\right]^2 + \left[2\,\frac{u(d)}{d}\right]^2 + \left[\frac{u(h)}{h}\right]^2}$$

利用误差等分配原则,有

$$\left| \frac{u(m)}{m} \right| = \left| 2\,\frac{u(d)}{d} \right| = \left| \frac{u(h)}{h} \right| \leqslant \frac{1}{\sqrt{3}} \times 0.5\%$$

若已知 $m,d,h$ 的数值和仪器的误差限 $\Delta_仪$,就可确定满足实验所需精度的仪器。


# 1.3 有效数字及其运算法则


**1. 有效数字**

由于测量过程中误差的存在,因此在表达一个物理量的测量结果时,应当尽量提供有效的信息,才能正确地反映测量结果。需要特别指出的是物理测量结果的数值与数学上的一个数是完全不同的。数学上讲,"1"和"1.0"是没有区别的,而物理测量中"1"本身就是一个估计出来的数值,而"1.0"中的"1"是准确的,只有"0"是估计出来的。因此当用最小分度为1 mm的直尺测量长度时,得到的结果为 5.6 mm,这里的"5"是直接从直尺上读出来的数字,称为可靠数字,而"6"是从直尺上最小刻度之间估计出来的,称为可疑数字。可靠数字和可疑数字合起来构成了测量的有效数字。由此可见,有效数字的多少是由测量工具和被测量的大小决定的,它的位数直接反映出测量的准确程度。对于有效数字应注意以下几个问题。

① 有效数字位数多少的计算是从测量结果的第一位(最高位)非零数字开始,到最后

14

一位数。例如,0.001 56 与 0.156 的有效数字一样,都是 3 位。

② 数字结尾的 0 不应随便取舍,因为它是与有效数字密切相关的。例如,103 000 与 $1.03 \times 10^5$ 不一样,前者有 6 位有效数字,而后者只剩下 3 位。

③ 常用数学常数的有效位数,可根据需要进行取舍,一般取位应比参加运算各数中有效位数最多的数再多一位。

④ 遇到某些很大或很小的数,而它们的有效位数又不多时,应当使用科学记数法,即用 10 的方幂来表示。如 9 650 000,如果它的有效位数为 3 位,可以写成 $9.65 \times 10^6$。

⑤ 在仪器上直接读取测量结果时,有效数字的多少是由被测量的大小及仪器的精度决定的。正确的读数,应在仪器最小分度以下再估读一位,除非有特殊说明该仪器不需要估读。

**2. 有效数字的近似运算法则**

实际测量中,我们遇到的大多是间接测量,因此需要通过一系列的函数运算才能得到最终的测量结果。因此需要有一些规则来处理这些函数运算,以便在不影响测量结果准确程度的前提下尽量简化运算过程。事实上,有效位数的多少直接反映了测量结果的准确性,它与不确定度是密切相关的。下面对不同的运算分别给予介绍。

(1) 加、减法运算

加、减法运算结果的不确定度是由参加运算的各个测量量的不确定度合成的。因此应该按照各个测量量中最小绝对不确定度位数最高的那个数来确定有效位数。例如,$N = A + B - C - D$,其中 $A = 380.01, B = 1.020 54, C = 55, D = 0.001 32$,这 4 个量中最小绝对不确定度分别为 0.01,0.000 01,1 和 0.000 01,其中位数最高的是 $C$,是个位,因此运算结果保留到个位,即 328,共 3 位有效数字。所以在**加、减法运算中,有效数字取决于参与运算的数字中末位位数最高的那个数**。

(2) 乘、除法运算

乘、除法运算中的有效位数取决于参与运算各数中各最小相对不确定度中最大者。例如,$N = AC/B$,其中 $A = 32, B = 1.027 54, C = 455.2$。可以发现最小相对不确定度最大的数是 $A$,因此运算的结果一般取 2 位有效数字,但是如果两个乘数的第一位数相乘大于10,其乘积可以多取一位,这里 $A$ 乘 $C$ 的结果可取 3 位数,因此最后 $N = 1.42 \times 10^4$ 共 3 位有效数字。也就是说**乘、除法运算的有效位数取决于参与运算数字中有效位数最少的那个数,必要时可多取一位**。

(3) 四则运算

四则运算的基本原则与加、减、乘、除运算一致,例如,$N = (A + B)C/D$,其中 $A = 15.6, B = 4.412, C = 100.0, D = 221.00$。首先进行的加、减法运算,结果有 3 位有效数字;在接下来进行的乘、除法运算中,由于 3 位有效数字是参与运算的数字中有效数字最少的,因此最后的运算结果为 3 位有效数字,即 9.06。

(4) 特殊函数的运算

在实际运算中经常要遇到一些特殊函数,像三角函数、对数、乘方、开方等运算。在这类的运算中,以它们的微分来求不确定度,再由它确定运算结果的有效位数。这里举两个例子来说明特殊函数有效位数的确定。

**例 5** 三角函数。

已知角度为 $15°21'$，求 $\sin x$。在 $x$ 的最后一位数上取 1 个单位作为 $x$ 的不确定度，即 $u_{\min}=\Delta x=1'$，将它化为弧度有 $\Delta x=0.000\,29\,\text{rad}$；设 $y=\sin x$，并对其求微分，得 $\Delta y=\cos x\Delta x\approx0.000\,28$，不准确位是小数点后的第 4 位，因此 $\sin x$ 应取到小数点后的第 4 位，即 $\sin x=0.264\,7$。如果上述角度是 $15°21'10''$，则 $\Delta x=1''=0.000\,004\,85\,\text{rad}$，可算出 $u(y)=\cos x\Delta x\approx0.000\,004\,7$，不准确位是小数点后第 6 位，因此 $\sin x$ 应取到小数点后的第 6 位，即 $\sin x=0.264\,761$。

**例 6** 对数。

已知 $x=57.8$，求 $\lg x$。设 $y=\lg x$，已知 $u_{\min}=\Delta x=0.1$，有 $\Delta y=\Delta(\ln x/\ln 10)=0.434\,3\Delta x/x\approx0.000\,75$，因此 $\lg x$ 应取到小数点后第 4 位，即 $\lg x=1.761\,9$。

综上所述，可以将有效数字的运算总结如下：

- 加、减法运算，以参加运算各量中有效数字末位最高的为准，并与之对齐；
- 乘、除法运算，以参加运算各量中有效数字最少的为准，必要时可多取一位；
- 混合四则运算按以上原则进行；
- 特殊函数运算，通过微分关系处理；
- 为了保证运算过程中不丢失有效数字，在运算的中间过程中，参与运算的物理量应多取几位有效数字，在计算器和计算机已经相当普及的今天，中间过程多取几位有效数字不会带来太多的麻烦，最后表达结果时，有效数字的取位再由不确定度的所在位来一并截取。

**3. 数据的修约和测量结果的表述**

实验完成应正确地给出测量结果。所谓测量结果的正确性与测量结果的有效位数有关，同时也与测量结果的不确定度有关。测量结果的有效位数最终应给出多少位，与平均值及实验标准偏差的计算关系很大，讨论起来也比较复杂。为了方便使用，仅规定**不确定度的有效位数在一般情况下，保留一位，至多不超过两位**。具体为：如果不确定度有效位数的第一位数小于或等于 3，允许保留两位有效数字；如果不确定度有效位数的第一位数大于 3，则只能保留一位有效数字。测量结果的有效位数应与不确定度的最后一位数对齐。

例如，某测量结果为 $\bar{x}=2.230\,51$，它的不确定度为 $u(x)=0.005\,23$，则最终测量结果可表示为 $\bar{x}\pm u(x)=2.231\pm0.005$（单位）。可以看到在测量结果的表述中，测量的平均值 $\bar{x}$ 在小数点后第 3 位被截断了。在实际的数据处理中，这种情况经常发生。在实验数据处理中遇到数据截断时的做法与通常的四舍五入不同。本书的做法是，**数据截断时，剩余的尾数按"小于 5 舍弃，大于 5 进位，等于 5 凑偶"**。"等于 5 凑偶"的意思是当尾数等于 5，且 5 后没有其他不为零的数字时，如果它前面的数是奇数，则加 1，将其凑成偶数，如果是偶数则不变。在前面的例题中，数据被截断时的剩余尾数为 51，因此进上去。

在实际中经常会遇到测量结果与不确定度的有效位数发生矛盾的情况，原则是以不确定度的有效位数确定测量结果的有效位数，因此在计算测量结果时不要过早地将数字截断。

## 1.4 常用数据处理方法

数据处理是指从获得数据起到得到结果为止的加工过程,它包括记录、整理、计算、分析等步骤。用简明而严格的方法把实验数据所代表的事物内在规律提炼出来就是数据处理。列表法、作图法、图解法、逐差法以及最小二乘法是常用的数据处理方法。本节分别介绍这几种方法。

**1. 列表法**

列表法是把数据按一定规律列成表格,它是记录和处理实验数据最常用的方法,又是其他数据处理的基础。在记录和处理数据时,将数据列成表格。数据表格可以简单而明确地表示出有关物理量之间的对应关系,便于检查,易于参考和比较测量结果,便于分析问题和及时发现问题,有助于找出有关量之间规律性的联系,求出经验公式等。

列表的要求是:

(1) 表格的设计要合理、简单、明了,能完整地记录原始数据,并反映相关量之间的函数关系;

(2) 表格中的项目应有名称和单位,各项目的名称应尽量使用符号代表,单位应写在项目栏中,不要重复地写在各数字上;

(3) 表格中的数据应能正确地反映测量结果的有效数字,同一列数值的小数点应上下对齐;

(4) 实验数据表应包括各种所要求的计算量、平均值和误差。

**2. 作图法**

作图也是物理实验中常用的数据处理方法。作图法的目的是揭示和研究实验中各物理量之间的变化规律,找出对应的函数关系,或从中求出实验结果。作图应遵从以下规则。

(1) 坐标纸的选择

作图一定要用坐标纸。当决定了作图的参量后,根据实际情况选用坐标纸。

(2) 选轴及定标度

通常以横轴代表自变量,纵轴代表因变量,并用两条粗线来表示。在轴的末端近旁注明所代表的物理量及单位。要适当地选取横轴和纵轴的比例和坐标的起点,使曲线居中,并布满图纸的 70%～80%。确定标度时,应注意以下几点。

① 所定标度应能反映出由实验所得数据的有效位数。原则上应将坐标纸上的最小格对应于有效数字最后一位准确数。

② 标度的划分要得当,以不用计算就能直接读出图线上每一点的坐标为宜。凡主线间分为十等份的直角坐标纸,各标度线间的距离以 1,2,4,5 等几种最为方便,而 3,6,7,9 应避免。一般情况下应该用整数而不用小数或分数来标分度值。

③ 标度值的零点不一定在坐标轴的原点,以便调整图线的大小和位置。如果数据特别大或特别小,可以提出乘积因子,如×10⁶,×10⁻⁶放在坐标轴最大值的一端。

（3）描点和连线

用削尖的铅笔将实验数据画到坐标纸上的相应点。描点时,常以该点为中心,用＋、×、○、△、□等符号中的一种符号标明。同一曲线上各点用同一符号,不同的曲线则用不同的符号。连线时要用直尺或曲线板等作图工具,根据不同情况将数据点连成直线或光滑曲线,如图 1.4.1 所示。曲线并不一定要通过所有的点,应使曲线两侧的实验点数近于相等。而对于校准曲线,相邻两点一律用直线连接,如图 1.4.2 所示。

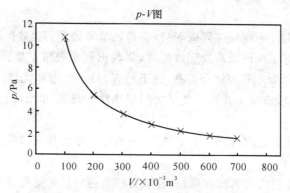

图 1.4.1　某气体在 20 ℃时的 $p$-$V$ 曲线

（4）写图名

图名应写在图纸的明显位置,如图纸顶部附近空旷的位置。图名中,一般将纵轴代表的物理量写在前面,将横轴代表的物理量写在后面,中间用"-"连接,如图 1.4.3 所示为伏安法测电阻的 $I$-$U$ 曲线。必要时,在图名下方写上实验条件或图注。

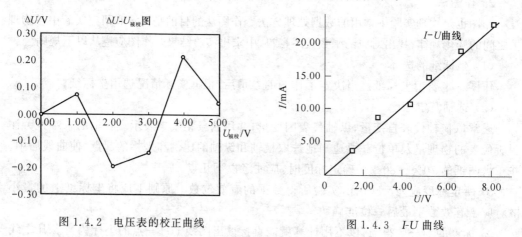

图 1.4.2　电压表的校正曲线

图 1.4.3　$I$-$U$ 曲线

## 3. 图解法

所谓图解法,是指从图形所表示的函数关系来求出所含的参数。其中最简单的例子是通过图示的直线关系确定该直线的参数——截距和斜率。由于在许多情况下,曲线能改成直线,而且不少经验方程的参数也是通过曲线改直后,再由图解法求得的,所以图解法在数据处理中占有相当重要的地位。

(1) 确定直线图形的斜率和截距求测量结果

图线 $y=kx+b$,可在图线(直线)上选取两点 $P_1(x_1,y_1)$ 和 $P_2(x_2,y_2)$(不要用原来测量的点)计算其斜率:

$$k=\frac{y_2-y_1}{x_2-x_1} \tag{1.4.1}$$

$P_1$ 和 $P_2$ 不要相距太近,以减小误差。其截距 $b$ 是当 $x=0$ 时的 $y$ 值;或选取图上的任一点 $P_3(x_3,y_3)$,代入 $y=kx+b$ 中,并利用斜率公式得:

$$b=y_3-\frac{y_2-y_1}{x_2-x_1}x_3 \tag{1.4.2}$$

确定直线图形的斜率和截距以后,再根据斜率或截距求出所含的参量,从而得出测量结果。

(2) 根据图线求出经验公式

如果实验中测量量之间的函数关系不是简单的直线关系,则可由解析几何知识来判断图形是哪种图线,然后尝试着将复杂的图形曲线改成直线。如果尝试成功(即改成直线),求出斜率和截距,便可得出图线所对应的物理量之间的函数关系。这里,重要的一步是将函数的形式经过适当变换,使之成为线性关系,即把曲线变成直线。现举例如下。

① $y=ax^b$,$a$、$b$ 均为常量。两边取自然对数得:

$$\ln y=b\ln x+\ln a \tag{1.4.3}$$

则 $\ln y$ 为 $\ln x$ 的线性函数,$b$ 为斜率,$\ln a$ 为截距。

② $y=ae^{-bx}$,$a,b$ 为常量。两边取自然对数后得:

$$\ln y=-bx+\ln a \tag{1.4.4}$$

则 $\ln y$ 与 $x$ 为线性函数,斜率为 $-b$,截距为 $\ln a$。选用单对数坐标纸作图可得一条直线。如在直角坐标纸上作图,则需将 $y$ 值取对数后再作图。

**4. 逐差法**

逐差法一般用于等间隔线性变化测量中所得数据的处理,它的优点是能充分利用数据,保持多次测量的优点,减小测量误差并扩大测量范围,计算也比较简单。在使用逐差法计算时,必须把测量数据分成高、低两组,对这两组实行对应项相减,不能采取逐项相减的办法处理数据。

为了保持多次测量的优点,体现出多次测量减小随机误差的目的,将一组等间隔连续测量数据(共 $2n$ 次)按次序分成高低两组(两组次数应相同)。一组为 $x_0,x_1,\cdots,x_{n-1}$,另一组为 $x_n,x_{n+1},\cdots,x_{2n-1}$,取对应项的差值后再求平均值:

$$\delta=\frac{1}{n}\sum_{i=0}^{n-1}(x_{n+i}-x_i) \tag{1.4.5}$$

标准偏差为

$$s(\delta) = \sqrt{\dfrac{\sum\limits_{i=0}^{n-1}\left[(x_{n+i} - x_i) - \delta\right]^2}{n-1}} \qquad (1.4.6)$$

例如,有一长为 $L$ 的弹簧,逐次在其下端加 $m$ 千克的砝码,测出长度分别为 $x_0, x_1,$ $x_2, x_3, x_4, x_5, x_6, x_7, x_8, x_9, x_{10}, x_{11}$,如果简单地去求每加 $m$ 千克砝码时弹簧的平均伸长量,有:

$$\overline{\Delta x} = \frac{1}{11}\big[(x_1 - x_0) + (x_2 - x_1) + (x_3 - x_2) + (x_4 - x_3) + (x_5 - x_4) + (x_6 - x_5) +$$

$$(x_7 - x_6) + (x_8 - x_7) + (x_9 - x_8) + (x_{10} - x_9) + (x_{11} - x_{10})\big]$$

$$= \frac{1}{11}(x_{11} - x_0) \qquad (1.4.7)$$

可见,中间的测量值全部抵消,只有始末两次测量值起作用。这样处理数据与一次性加 $11m$ 千克砝码的单次测量等效。而用逐差法处理,如表 1.4.1 所示。

表 1.4.1　逐差法处理数据

| $i$ | 1 | 2 | 3 | 4 | 5 | 6 |
|---|---|---|---|---|---|---|
| $n_i$ | $n_0$ | $n_1$ | $n_2$ | $n_3$ | $n_4$ | $n_5$ |
| $n_{6+i}$ | $n_6$ | $n_7$ | $n_8$ | $n_9$ | $n_{10}$ | $n_{11}$ |
| $\Delta n_i = n_{6+i} - n_i$ | $n_6 - n_0$ | $n_7 - n_1$ | $n_8 - n_2$ | $n_9 - n_3$ | $n_{10} - n_4$ | $n_{11} - n_5$ |

$$\delta = \frac{1}{6}\big[(n_6 - n_0) + (n_7 - n_1) + (n_8 - n_2) + (n_9 - n_3) + (n_{10} - n_4) + (n_{11} - n_5)\big] \qquad (1.4.8)$$

再由 $\delta$ 求出每加 $m$ 千克砝码时弹簧的伸长量: $\Delta x = \delta/6$,可见使用逐差法可以减小测量误差并扩大测量范围。

### 5. 最小二乘法

设已知函数的形式为

$$y = bx + a \qquad (1.4.9)$$

式中,$a$ 和 $b$ 为两个待定常数,称为回归系数;只有 $x$ 为变量,由于只有一个变量,因此称为一元线性回归。现在的问题就是如何确定 $a$ 和 $b$。

（1）回归系数的确定

实验中得到的一组数据为

$$x = x_1, x_2, \cdots, x_i; y = y_1, y_2, \cdots, y_i$$

如果实验没有误差,则把数据代入相应的函数式(1.4.9)时,方程左右两边应该相等。由于实验中总有误差存在,为简化问题,假定 $x, y$ 的直接测量量中,只有 $y$ 存在明显的随机误差,$x$ 的误差小到可以忽略。把这些不一致归结为 $y$ 的测量偏差,以 $v_1, v_2, \cdots, v_i$ 表示。这样,把实验数据$(x_1,y_1)$,$(x_2,y_2)$,$\cdots$,$(x_i,y_i)$代入式(1.4.9)后得:

$$a+bx_i-y_i=v_i \qquad (1.4.10)$$

式(1.4.10)称为误差方程组。

根据最小二乘法原理可知,当$\sum\limits_{i=1}^{n}v_i^2$为最小时,解出的常数$a,b$为最佳值。要使

$$\sum_{i=1}^{n}v_i^2 = \sum_{i=1}^{n}\left[y_i-(a+bx_i)\right]^2 = 最小 \qquad (1.4.11)$$

必须满足下列条件:

$$\frac{\partial\left[\sum v_i^2\right]}{\partial a} = 0$$
$$\frac{\partial\left[\sum v_i^2\right]}{\partial b} = 0 \qquad (1.4.12)$$

由此可以得到回归系数$a$与$b$为

$$b=\frac{\overline{xy}-\overline{x}\,\overline{y}}{\overline{x^2}-\overline{x}^2} \qquad (1.4.13)$$

$$a=\overline{y}-b\overline{x} \qquad (1.4.14)$$

(2)各参量的标准差

- 测量值$y$的标准偏差:$s(y)=\sqrt{\dfrac{\sum\limits_{i=1}^{n}v_i^2}{n-m}}$,式中,$n$为测量的次数,$m$为未知量的个数,回归方程(1.4.9)中有$a,b$两个待定常数,因此$m=2$;

- $b$的标准偏差:$s(b)=\dfrac{s(y)}{\sqrt{\overline{x^2}-\overline{x}^2}}$;

- $a$的标准偏差:$s(a)=\sqrt{\overline{x^2}}\,s(b)$。

(3)相关系数的确定

对任何一组测量值$(x_i,y_i)$,不管$x$与$y$之间是否为线性关系,代入式(1.4.13)和式(1.4.14)都可以求出$a$和$b$,为了判定所作的线性回归结果是否合理,需要引入线性回归相关系数的概念,相关系数以$r$表示,定义公式为

$$r=\frac{\overline{xy}-\overline{x}\,\overline{y}}{\sqrt{(\overline{x^2}-\overline{x}^2)(\overline{y^2}-\overline{y}^2)}} \qquad (1.4.15)$$

相关系数$r$的取值范围为$-1<r<+1$。当$r>0$时,回归直线的斜率为正,称为正相关。当$r<0$时,回归直线的斜率为负,称为负相关。且$|r|$越接近1,说明数据点越靠近拟和曲线,即设定的回归方程越合理。$|r|$接近零时,说明数据点分散、杂乱无章,所设定的回归方程不合理,必须改用其他函数方程重新进行回归分析。

# 第2章 基本仪器与基本测量方法

本章将介绍大学物理实验使用的基本仪器、常见的传感器及物理实验的基本测量方法。

## 2.1 物理实验的基本仪器

物理实验仪器的种类很多,这里只介绍一些最基本的常用仪器,包括游标卡尺、螺旋测微计、电子数显尺、电源、变阻器、数字万用表、望远镜、显微镜、光源。

**1. 游标卡尺**

游标卡尺的外型如图 2.1.1 所示,它由一个主尺和一个套在主尺上且可沿主尺滑动的附尺组成,附尺也称为游标。在主尺和附尺上各有一个钳口,钳口 A 和 B 用于测量物体的长度或外径,钳口 E 和 F 用来测量内径,尾尺 C 可用来测量深度,M 为锁紧螺钉。

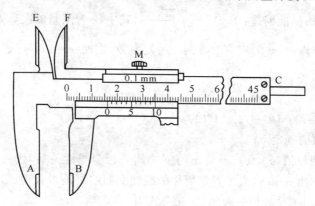

图 2.1.1 游标卡尺结构图

实验室常用的卡尺,主尺的分度值为 1 mm,游标的分度值有 0.1 mm,0.05 mm,0.02 mm 等几种规格,它们的原理和读数方法都一样。

若 $y$ 表示主尺上最小分度的长度 1 mm,$x$ 表示游标上的最小分度的长度,$N$ 表示游标的总分度数,那么 $N$ 个游标分度与主尺 $N-1$ 个分度的总长度相等,即

$$Nx=(N-1)y \tag{2.1.1}$$

则主尺最小分度与游标最小分度的长度之差为

$$y - x = \frac{y}{N} \qquad (2.1.2)$$

主尺最小分度与游标最小分度的长度差,就是游标的分度值,一般都标注在游标卡尺上。

测量时,如果游标"0"刻度线左侧的主尺上整毫米刻线的读数值是 $L$,游标上第 $n$ 条刻线与主尺上的某一刻线对齐,则游标"0"刻度线与主尺"0"刻度线的间距即被测物的长度,为

$$L + n(y - x) = L + n\frac{y}{N} = L + \Delta L \qquad (2.1.3)$$

游标卡尺测量读数的方法:先读出游标"0"刻度线左侧的主尺上整毫米刻线的读数值,再加上游标上读出的毫米以下部分的数值。毫米以下的读数值由与主尺某一刻线对齐的游标上的刻线确定。

例如,用分度值为 0.1 mm 的游标卡尺测量某一物体,如图 2.1.2 所示。游标零点左侧的主尺整毫米刻线的数值 $L$ 为 52.0 mm,游标上第 8 条线与主尺的一条刻线对得最齐,即毫米以下的小数值 $\Delta L$ 为 0.8 mm,则测量结果为

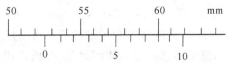

图 2.1.2　10 分度游标卡尺读数示意图

$$L + \Delta L = (52.0 + 0.8)\,\text{mm} = 52.8\ \text{mm}$$

(1) 使用游标卡尺注意事项

① 使用游标卡尺测量前,首先把钳口 A 和 B 合拢,检查游标的"0"线与主尺的"0"线是否重合,如果不重合,应记下零点的读数,并加以修正。

② 保护钳口,防止钳口磨损。为此不能用游标卡尺测量转动物体。测量静物时,应轻推游标,使钳口接触被测物表面即可。测量时被测物体的长度要与主尺平行,钳口不要歪斜。

(2) 游标卡尺的仪器误差

测量范围在 300 mm 以下的游标卡尺不分精密度等级,一般取其游标分度值作为仪器误差。

**2. 螺旋测微计**

螺旋测微计,又称千分尺,量程为 25 mm,分度值为 0.01 mm。螺旋测微计的外形如图 2.1.3 所示。它的主要结构是螺旋套管中套有一根精密的螺距为 0.5 mm 的螺杆 A;固定的套管 F 上有两排刻线作为标尺,毫米刻度线和 0.5 mm 刻度线分别刻在水平基准线的上、下两侧;螺杆后端带有一个圆周刻成 50 个分度的套筒 C,称为鼓轮(或微分筒)。每当套筒旋转一周,螺杆便延其轴线方向前进或后退一个螺距的距离。因此,套筒转过一个分度时,螺杆沿轴线方向移动的距离为

$$\frac{0.5}{50}\,\text{mm} = 0.01\ \text{mm}$$

此值即为螺旋测微计的分度值。可见,螺旋测微计应用了机械放大的原理,它将一个0.5 mm螺距的小刻度转换成较大的50分度的圆周刻度尺的周长,从而提高了测量精度。

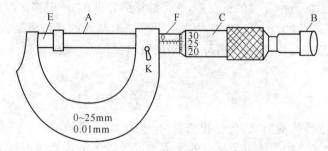

图 2.1.3　螺旋测微计

（1）螺旋测微计的读数方法

① 把待测物体夹在钳口 EA 内,轻轻转动其尾部棘轮 B 推动螺杆,当发出摩擦声时表示测量面已经与物体接触紧密,即可读数。读数时,由固定套管 F 上读出 0.5 mm 以上的数值,由鼓轮上读出 0.5 mm 以下的数值,并估读到 0.001 mm 那一位,两者相加即为该物体的长度值。如图 2.1.4(a)中的读数为 5.500 mm＋0.250 mm＝5.750 mm;图 2.1.4(b)中的读数为 5.000 mm＋0.250 mm＝5.250 mm。

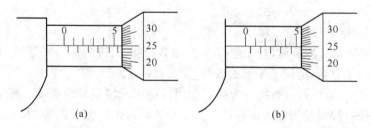

图 2.1.4　螺旋测微计的读数

② 测量前后要检查螺旋测微计的零位,并记录"0"点读数,以便对测量值进行零点修正,即从测量读数中减去"0"点的读数才是被测物的实际尺寸。鼓轮（C 尺）上"0"刻线在固定套管水平基准线以下,"0"点的读数取正值,如图 2.1.5(a)所示,$x_0＝0.002$ mm;在固定套管水平基准线以上,"0"点的读数取负值,如图 2.1.5(b)所示,$x_0＝-0.004$ mm。

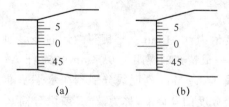

图 2.1.5　螺旋测微计的零点误差

（2）使用螺旋测微计的注意事项

① 由于螺旋测微计的螺纹非常精密,旋转时不能用力过猛。旋转时必须旋转棘轮,当听到摩擦声时,立即停止旋转。

② 螺旋测微计用毕,钳口间要留一定的空隙,防止热膨胀损坏螺纹。

24

### 3. 电子数显尺

电子数显尺主要由尺体、传感器、控制运算部分和数字显示部分组成。按照传感器的不同形式划分,电子数显尺分为光栅式和容栅式两大类。

光栅式电子数显尺是采用光栅作为传感器,将两个等距光栅相对移动时条纹的变化转换成电信号的变化输入控制部分进行运算,再由数字显示部分将测量结果显示出来。这种类型的电子数显尺精度较高,但耗电量和体积较大。容栅式电子数显尺是采用容栅作为传感器,将动极板与定极板之间电容变化所发出的电信号输入控制运算部分进行运算,再由数字显示部分将测量结果显示出来。这种电子数显尺的结构比较简单,耗电量较小,但是其测量精度略低于光栅式电子数显尺。

实验室常使用的是容栅式位移测量电子数显尺,如图 2.1.6 所示,液晶显示、读数直观清晰;国际单位制和英制任选;可以在任意位置开关电源、任意位置清零;具有使用方便、测量效率高等优点。

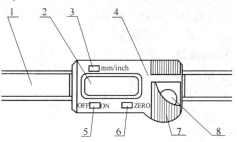

1—尺杆 2—液晶显示屏 3—英寸与毫米转换键
4—尺框 5—开关键 6—置零键 7—电池盖 8—电池

图 2.1.6　电子数显尺

### 4. 电源

(1) 直流稳定电源

直流稳定电源可以为仪器设备提供一定功率的稳定的直流电压或直流电流。

实验室常常使用直流双路稳压稳流电源,电压输出范围 0～32 V,电流输出范围0～3 A。图 2.1.7 为 DH1718 型双路跟踪电源的面板图,相关说明如下。

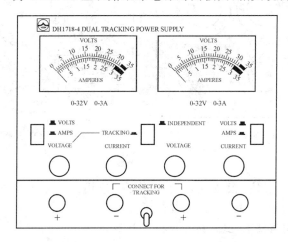

图 2.1.7　DH1718 型双路跟踪电源

① 中间按键为模式选择键:置 INDEPENDENT 状态,左、右两路为完全独立的两个电源,可分别单独或两路同时使用;将左路输出负端和右路输出正端用一导线连接,输出

电压值为 $+U\sim 0\sim -U$,可作为运算放大器的电源使用。置 TRACKING 为跟踪状态,左路为主路,右路为从路。

② 两边按键为电表输出选择键:置 VOLTS 状态时,电表指示输出的电压值;置 AMPS 状态时,电表指示输出的电流值。

③ VOLTAGE 旋钮:调节输出的电压值。

④ CURRENT 旋钮:调节输出的电流值。

⑤ 调节电源输出时,应交替调节电压和电流输出旋钮,直至需要值。

（2）交流电源

实验室常用的交流电源是 220 V、50 Hz,通过可调变压器可以得到不同幅值的交流电压。实验中用到的交流电压一般较高,因此应注意安全。

（3）电源使用注意事项

① 两极绝不能短路,正极和负极或火线和零线（中线）不许接错。

② 使用前要将输出调到最小,然后连线接通电源。

③ 使用完毕后也要将输出调到最小,然后关闭电源拆线。

### 5. 变阻器

（1）电阻箱

电阻箱一般由不同阻值的准确的固定电阻串联而成,通过十进位旋钮来调节电阻的大小。图 2.1.8 是常用的 ZX21 型六位旋转式电阻箱面板及内部的电路示意图。

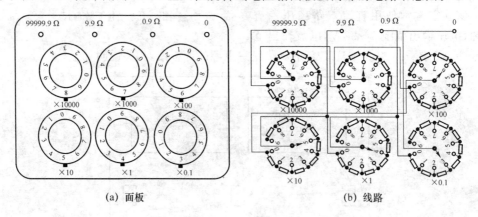

(a) 面板          (b) 线路

图 2.1.8 电阻箱

电阻箱有 4 个接线柱,根据所需阻值范围,选用适当的接线柱。电阻值分别在 $0\sim 0.9\ \Omega$、$0\sim 9.9\ \Omega$、$0\sim 99\ 999.9\ \Omega$ 范围内可调。

在实验室的使用条件下,电阻箱的仪器误差限为

$$\frac{\Delta R}{R} = \left(0.1 + 0.2\ \frac{m}{R}\right)\%$$     (2.1.4)

式中,$m$ 为实际使用时所选用的二接线柱间的旋钮数;$R$ 为电阻箱读数,是各旋钮示值与相应倍率乘积之和。

（2）滑线变阻器

滑线变阻器是将电阻丝均匀密绕在绝缘磁管上，两端分别与固定在磁管上的接线柱 $A$，$B$ 相连，如图 2.1.9(a) 所示。磁管上方有一和磁管平行的金属棒，一端装有接线柱 $C$，棒上套有滑动接触器 $C'$，它紧压在电阻丝上，两者接触间的绝缘层已刮掉，所以当接触器沿金属棒滑动时，可改变 $AC$，$BC$ 之间的电阻值。滑线变阻器在电路中主要有分压和限流两种接法，限流接法如图 2.1.9(b) 所示，改变滑动头 $C$ 的位置，就改变了串联于电路部分的电阻 $R_{AC}$，起到了改变电路中电流的作用。分压接法如图 2.1.9(c) 所示，负载接在滑动头 $C$ 和一个固定端之间，改变滑动头 $C$ 的位置，即可改变输出至负载上的电压。

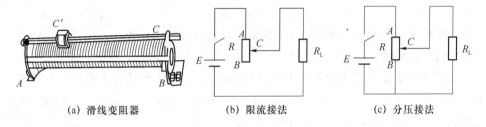

(a) 滑线变阻器　　　　(b) 限流接法　　　　(c) 分压接法

图 2.1.9　滑线变阻器

### 6. 数字万用表

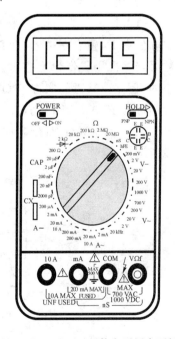

数字万用表具有操作方便、显示直观、读数准、功能全的特点，一般可测量交流电压（符号为 ACV 或 V～）、直流电压（符号为 DCV 或 V－）、交流电流（符号为 ACA 或 A～）、直流电流（符号为 DCA 或 A－）、电阻（符号为 $\Omega$）、电容（符号为 CAP 或 C）、频率（符号为 Hz 或 f）、二极管正向压降、三极管参数等电学量以及判断电路断通等多项功能。

数字万用表的型号很多，下面以图 2.1.10 所示的 VC930F 型数字万用表的面板图为例，介绍其使用常识。

（1）功能和量程选择转换旋钮

根据测量量的性质和大小选择功能及量程。如果不清楚测量量的大致数值，则先要选用最大量程，根据测量结果逐渐减小量程。

图 2.1.10　VC930F 型数字万用表面板图

（2）常用输入插孔和测量量

黑表笔插在"COM"孔，红表笔根据测量量的性质和大小选择插孔。

- 测电压、电阻或频率时,红表笔插在"VΩf"插孔。测量电阻时,先将两个表笔短接,得到两个表笔引线间电阻,实际测量值要减去表笔引线电阻。
- 测量小于 200 mA 的电流时,红表笔插在"mA"孔内;测量大于 200 mA 的电流时,红表笔插在"10 A"插孔。
- 在输入插口旁的"△"符号是用来警告输入电压或电流不可超过表上指定极限,否则会造成仪表损坏。

（3）其他插座

测量电容时,将电容管脚插入"CX"插座。注意不要对已充电的电容进行测量。测量三极管放大倍数 hFE 时,将三极管管脚根据其型号插入相应的插座。

（4）拨动式开关

POWER 为电源开关,HOLD 为在液晶显示窗口保持当前数据开关。

### 7. 望远镜和显微镜

望远镜和显微镜都是光学实验中常用的助视光学仪器,也是其他的一些光学仪器的主要组成部分。望远镜和显微镜的光学系统十分相似,都是由物镜和目镜组成,物体先通过物镜成一中间像,再用眼睛通过目镜观察。

（1）望远镜

望远镜由长焦距的物镜 $L_1$ 和短焦距的目镜 $L_2$ 所组成。物镜的像方焦点 $F_1'$ 与目镜的物方焦点 $F_2$ 重合在一起,并且在它们的共同焦平面上安装叉丝分划板,以供观察或读数时当基准用。作为物镜的会聚透镜使远处的物体 PQ 在其焦平面附近形成一个缩小的、倒立而移近的实像 $P'Q'$,然后再用眼睛通过目镜去观察由物镜形成的、目镜放大的虚像 $P''Q''$。开普勒（J. Kepler）望远镜的物镜和目镜均为正焦距的会聚透镜,如图 2.1.11 所示;而伽利略（G. Galilei）望远镜是用发散透镜来做目镜,如图 2.1.12所示。

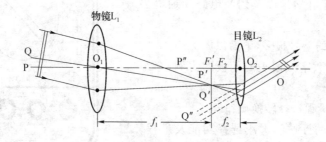

图 2.1.11　开普勒望远镜

观测望远镜是用来观察远距离物体或用做测量的工具。望远镜的调整方法一般应按如下步骤进行:

① 使望远镜光轴对准被观测的物体;

28

② 望远镜目镜对叉丝调焦,即改变目镜与叉丝之间距离,使在目镜视场中能清晰地看到叉丝;

③ 望远镜对物体调焦,即改变目镜与物镜之间的距离,使在目镜视场中能看清被观测物体,且与叉丝无视差。

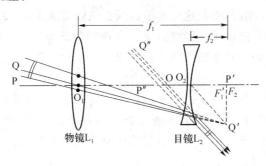

图 2.1.12　伽利略望远镜

（2）显微镜

显微镜用来帮助人眼观察近处的微小物体,增大被观察的物体对人眼的张角,起着视角放大的作用。显微镜由一焦距为 $f_1$ 的短焦距物镜 $L_1$ 和一焦距为 $f_2$ 的目镜 $L_2$ 组成,基本光路如图 2.1.13 所示。物体 AB 放在物镜 $L_1$ 的物方焦点 $F_1$ 外不远处,经物镜成一个放大的实像 $A'B'$ 落在目镜 $L_2$ 的物方焦点 $F_2$ 内靠近焦点处,然后再通过目镜成一个放大的虚像 $A''B''$,眼睛从目镜中所看到的就是虚像 $A''B''$。目镜中装有叉丝分划板,作为读数时对准被测物体的标线。

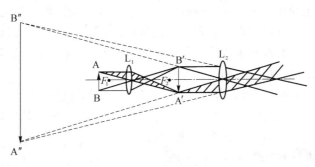

图 2.1.13　显微镜原理图

显微镜的一般调整步骤如下:

① 利用反射镜的反射光,充分、均匀地照亮台面玻璃上的待测物,使显微镜的光轴大致对准被观测物;

② 显微镜目镜对叉丝调焦,即改变目镜与叉丝之间距离,使在目镜视场中能清晰地看到叉丝;

③ 显微镜对被测物体调焦,自下而上地改变物镜与被测物之间的距离,使被测物通

过物镜所成的像恰好位于叉丝平面内,此时目镜视场中可同时清晰无视差地看到叉丝和物体像。

### 8. 光源

组成物质的原子可分别处于具有不同能量水平的能级上。处于较低能级的原子受到特定频率的外来光子作用时,吸收这一光子而跃迁到较高能级,为受激吸收过程。处于高能级的原子是不稳定的,将由较高能级自发地跃迁到较低能级,并发射特定频率的光子,为自发辐射过程;大量处于高能级的原子各自独立地发射一列列频率相同的光波,各光波之间没有固定的相位关系、偏振方向与传播方向。处于高能级的原子,受特定频率的外来光子作用而跃迁到较低能级,并发射一个与外来一样的光子,为受激辐射过程;受激辐射的光与入射光具有相同的频率、相位、偏振方向和传播方向;一个外来光子通过受激辐射可产生两个同样的光子,这两个光子再引起其他原子发生受激辐射,就会产生越来越多的相同的光子,得到加强的光波。

实验室常用的光源有热辐射光源、气体放电灯、发光二极管及激光等,热辐射光源、气体放电灯、发光二极管等光源的发光机理是基于自发辐射过程,而激光器的工作原理是基于受激辐射过程。

(1) 卤钨灯

白炽灯是利用电能将钨灯丝加热至白炽状态而发光的热辐射光源,其主要由灯头、灯丝和玻璃壳等组成。钨丝白炽灯在将电能转变成可见光的同时,还要产生大量的红外辐射和少量的紫外辐射,这样一来,不少电能就以热的形式损失掉了。为了提高钨丝白炽灯的发光效率,减少热损失,应使其工作于尽可能高的温度,但钨在温度很高的真空中很容易蒸发,这就缩短了使用寿命。卤钨灯是在灯泡内充入微量卤族元素的白炽灯。在卤钨灯中,从灯丝蒸发出来的钨与卤族元素发生化学反应,生成易挥发的卤钨化合物,这些化合物在高温下被分解,释放出来的钨又沉积回到灯丝上去,这样就大大地减少了钨的蒸发损耗量,提高了灯泡的使用寿命和发光效率。

卤钨灯的光谱为连续光谱,光谱的成分和发光强度与灯丝的温度有关。卤钨灯在实验室可作为白光光源。卤钨灯点燃后,不要随意移动光源,避免灯丝因震动而断;卤钨灯正常工作时温度较高,不得用手触摸,以免烫伤。

(2) 钠光灯、汞灯和氢灯

光学实验中常用气体放电灯作为光源。气体放电灯的基本构造是将特定的气体密封在由透明的玻璃或石英加工成的灯管内,在灯管的两极加上一定的电压,气体就会放电发光。气体放电灯发光的基本原理是被两电极间电场加速的电子与灯管内气体原子碰撞,电子的动能使气体原子激发,当受激态原子返回基态时,所吸收的能量以光辐射的形式释放出来,其原子光谱或分子光谱的特征由灯管内所充的气体决定。

① 钠光灯

钠光灯是在灯泡内充有钠蒸气的气体放电光源,发出两条波长相近的光谱线,分别为

589.0 nm 和 589.6 nm。因其颜色为橙黄色,所以常称钠灯为钠黄灯。由于两条谱线接近,钠光灯可作为较好的单色光源,取 589.3 nm 作为平均波长。

② 汞灯

汞灯是汞蒸气放电光源。在石英玻璃管内充有汞蒸气和少量氩气,按汞蒸气压强的大小分为低压、高压和超高压汞灯。实验室常用的是低压汞灯,也有高压汞灯。汞灯点燃后一般需 5～15 min 才稳定,在可见光区域内有十几条不同波长的谱线。注意:汞灯辐射紫外线较强,眼睛不要直视汞灯。

③ 氢灯

氢灯(也称氢放电管)是一种高压气体放电光源,灯管内充满氢气,在管子两端加上高压后,氢气放电时发出粉红色的光。在可见光的范围内,氢灯发射的原子光谱线主要有 3 条,波长分别为 656.28 nm、486.13 nm 和 434.05 nm。

使用钠光灯和汞灯应注意尽量避免反复开关电源。由于灯管在启动发光过程的损耗远大于连续点燃的损耗,因此一旦点燃后,应做完实验再熄灭。熄灭后,则应等灯管冷却后再点燃,以增加灯管的使用寿命。

(3) 激光光源

光与原子的相互作用时,自发辐射、受激辐射和受激吸收是同时存在的。在光子作用下,高能级原子产生受激辐射的几率和低能级的原子产生受激吸收的几率是相同的。若要产生越来越多的光子,获得越来越强的光,就必须使受激辐射产生的光子多于受激吸收所吸收的光子。而通常情况下处于低能级的原子数比处于高能级的原子数多得多,若使受激辐射的几率大于受激吸收的几率,必须实现粒子数反转,使处于高能级上的原子数多于低能级上的原子数。

在 P 型半导体和 N 型半导体紧密接触时,PN 结处 P 型一侧的多数载流子(空穴)向 N 型一侧扩散,而 N 型一侧的多数载流子(电子)向 P 型一侧扩散,使 PN 结两侧附近形成空间电荷区,从而产生方向由 N 区指向 P 区的内电场。内电场又使多数载流子各自向对方的继续扩散受到阻止,达到平衡态。当给 PN 结加上一定的正向偏压时,内电场被减弱,引起多数载流子进入对方成为少数载流子,这些载流子被称为非平衡载流子。非平衡载流子使 P 区和 N 区的少数载流子比平衡时有所增加,可形成粒子数反转。P 区的空穴进入 N 区和 N 区的电子复合,N 区的电子进入 P 区和 P 区的空穴复合,产生受激辐射,以发光的形式辐射出多余的能量。正向偏压较小时只能形成自发辐射。

利用具有合适的能级结构的激活介质可以实现粒子数反转。激光是在实现了粒子数反转的条件下,通过受激辐射所产生的强光束。实现粒子数反转,这只是形成激光的前提条件。同时,还必须有使光产生放大作用和使光产生共振作用的光学谐振腔,以使光得到极度放大而加强输出光束的强度。另外,光学谐振腔对光的模式有选择作用,可调节和选定输出的光束的频率、相位、偏振及传播方向。

激光是受激辐射光源,具有单色性好、方向性强、相干性好、能量集中等优点。大学物理实验中常用的激光器有如下两种。

① 氦氖激光器

氦氖激光器是利用气体放电实现粒子数反转的气体激光器,主要由激光管、电源和光学元件等组成。激光管是激光器的核心,由放电管、电极和光学谐振腔组成,放电管内充有氦氖混合气体,谐振腔由两块反射率很高的反射镜构成。

氦氖激光的光束发散角很小,输出光斑为圆形。波长为 632.8 nm 的氦氖激光器的使用较为广泛。

② 半导体激光器

半导体激光器通过激发非平衡载流子实现粒子数反转产生受激辐射。由于半导体的折射率比空气的折射率高得多,因而垂直于 PN 结的半导体的前后两个端平面的反射率很高,所以一般半导体激光器是直接利用半导体的前后两个端平面组成光学谐振腔。

半导体激光器体积小、成本低,输出光斑一般近似为椭圆,在发散角和单色性上则不如氦氖激光器。实验室主要使用波长为 635 nm 和 650 nm 的半导体激光器。

使用激光器时要注意安全:激光束能量高度集中,切勿对着激光束直视,以免损伤眼睛。

(4) 发光二极管

半导体发光二极管的结构和半导体激光器类似,但无光学谐振腔,是自发辐射光源。发光二极管的结构简单,单色性较好,使用方便。

## 2.2　物理实验中的传感器

人类社会已进入信息时代,用于信息采集的传感器技术、信息传输的通信技术和信息处理的计算机技术是现代信息技术的基础,处于信息采集前端的传感器,发展极为迅速,应用十分广泛,同时也越来越多地出现在物理实验中。

传感器是能感受规定的被测量并按照一定的规律转换成可用输出信号的器件或装置,通常由能直接感受或响应被测量的敏感元件和能将敏感元件感受或响应的被测量转换成适于传输或测量的电信号的转换元件两个部分组成。

传感器的种类繁多,这里只能简单介绍实验室常用的传感器。

**1. 容栅位移传感器**

以电容器为敏感元件,将机械位移量转换为电容量变化,可进行位移的测量。

平行板电容器的电容与极板面积成正比,与极板间距成反比。由一个固定极板和一个可移动极板,可以组成变面积式电容传感器。改变两极板的对应面积,传感器的电容随之变化。

容栅位移传感器是基于变面积工作原理的电容传感器,其电极的排列如同栅状,相当于多个变面积型电容传感器的并联。容栅结构如图 2.2.1 所示,定极板为两组等间隔交叉的极栅,定极板的极距相同且栅宽相同。动极板相对于定极板移动时,机械位移量转变为电容值的变化,通过电路转化得到电信号的相应变化量。

物理实验中使用的一种电子数显尺,就是采用如图 2.2.2 所示的多级片型容栅作为传感器,动尺的多组栅片并联是为了提高测量精度及降低对传感器制造精度的要求。动极板在移动的过程中,始终与不同的小电极组成差动电容器。动尺相对于定尺移动时,电容周期变化,产生的脉冲信号通过电路转化放大及芯片计算得到位移值的变化,并显示出来。

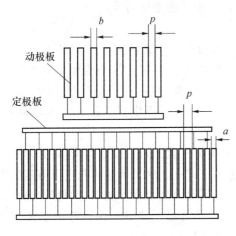

图 2.2.1　容栅结构示意图

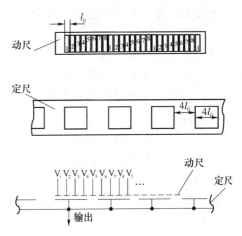

图 2.2.2　多级片容栅结构及输出示意图

## 2. 压力传感器

传感器由弹性元件、电阻应变片等组成。

电阻应变片是一种能将物体上的应变变化转换成电阻变化的敏感元件,主要有金属电阻应变片和半导体应变片两大类。金属电阻应变片又分为金属丝应变片和金属箔应变片。

金属电阻应变片的工作原理是基于电阻应变效应。导体的电阻随着机械变形而发生变化的现象称为电阻应变效应。金属丝或金属箔受到外力作用,其长度和截面积都要发生变化,从而改变金属的电阻值。受外力作用伸长时,长度增加,截面积减小,电阻值增加;受外力作用缩短时,长度减小,截面积增大,电阻值减小。

半导体应变片主要是利用硅半导体材料的压阻效应。如果在半导体晶体上施加作用力,半导体晶体除产生应变外,其电阻率会发生变化。这种由外力引起半导体材料电阻率变化的现象称为半导体的压阻效应。

半导体应变片和金属电阻应变片相比,灵敏系数很高,但在温度稳定性及重复性方面不如金属电阻应变片优良。

电阻应变片是应用很广的力电转换元件,通常它需要和电桥电路一起使用,由于其输出信号微弱,所以需要经放大器将电信号放大。

将电阻应变片粘贴在传感器中的弹性元件表面,当弹性元件受力作用产生应变时,电阻应变片便会感受到该变化而随之产生应变,并引起应变片电阻的变化。弹性元件把压力转换成了应变或位移,然后再由传感器将应变或位移转换成电信号。在这种间接转换的过程中,弹性元件是一个非常重要的部件。

在压力传感器中,一般是将 4 个电阻应变片成对地横向或纵向粘贴在弹性元件的表面,使应变片分别感受到元件的压缩和拉伸变形,并将 4 个应变片接成电桥电路,从电桥的输出中就可以得到应变量的大小,从而得知作用于弹性元件上的力。

压力传感器主要用来测量荷重及力,流动介质动态或静态压力等。

**3. 温度传感器**

温度传感器是利用某种材料或元件与温度有关的物理特性,将温度的变化转换为电量变化的装置。在测量中常见的温度传感器有热电阻、热敏电阻、PN 结温度传感器等。

物质的电阻率随温度的变化而变化的现象称为热电阻效应,一般金属导体的电阻值随温度的升高而增大。热电阻是利用金属材料的这一电阻-温度特性制成的测温元件。常用的热电阻有铜电阻和铂电阻。

半导体的导电方式是载流子导电,所以它的电阻率很大。随着温度的升高,大多数半导体中的载流子数目增多,导电率增大,电阻率也随之减小。这类半导体的电阻值随温度的升高而显著减小。热敏电阻就是利用半导体的电阻值随温度显著变化这一特性制成的热敏元件。它是由某些金属氧化物按不同的配方比例烧结制成的。在一定的温度范围内,根据热敏电阻阻值的变化,便可知被测物的温度变化。

半导体二极管或半导体三极管的 PN 结,在正向偏置下,结电压随温度的变化近似线性。利用 PN 结的这一电压-温度特性,可将半导体二极管或将集电极与基极短接的半导体三极管做成 PN 结温度传感器,进行温度的测量。

**4. 压电传感器**

一些晶体结构的材料,当受到外力作用出现机械形变时,产生极化,在相对的两个表面上出现正负束缚电荷的现象称为正压电效应。晶体受作用力产生的电荷量与外力的大小成正比。当外力去掉后,极化也消失;当作用力方向改变时,电荷的方向也随着改变。当给晶体加上电场时,晶体发生机械形变的现象称为电致伸缩效应,又称逆压电效应。

常见的压电材料有石英晶体、人工合成的多晶体陶瓷。

压电传感器的工作原理是基于压电材料的正压电效应,压电传感器能测量最终可变换为力的有关物理量。利用逆压电效应则可制作声波的发射换能器,广泛应用于发展迅速的超声波等技术中。

**5. 光电传感器**

光电传感器是利用光敏元件将光信号转换为电信号的器件,光电传感器的基本转换原理是光电效应。

光电效应是指当物质在一定频率的光的照射下释放光电子的现象。

当光照射金属或金属氧化物材料的表面时,会被材料内的电子所吸收。如果光子的能量足够大,吸收光子后的电子可挣脱原子的束缚逸出材料的表面,这种电子称为光电子,这种现象称为外光电效应,又称为光电子发射效应。某些物体受到光照射时,被原子所释放的电子不逸出物体表面,而只在物体内部运动并使其电特性发生变化,导电性能增加,这种现象称为内光电效应。某些半导体材料受到光的照射时,内部的载流子数增多,电导率增大而电阻减小的现象,称为光电导效应;当半导体的PN结受到光照射时,把PN结的两侧产生光生电动势的现象称为光生伏特效应。

常用的光电转换器件有基于外光电效应原理的光电管、光电倍增管,基于光电导效应原理的光敏电阻、光电二极管、光电三极管,基于光生伏特效应原理的光电池。

电荷耦合器件简称CCD,是利用大规模集成电路的技术制作的新型光电传感成像器件,可以把照射到CCD光敏面上的按空间位置分布的光强信息转换为按时间顺序串行输出的电信号,并可在各种显示器上再现原物体的图像。CCD分为线阵和面阵两大类型。线阵CCD是光敏元排列成一直线的器件,能传感一维图像。而面阵CCD是光敏元排列成一平面的器件,可以感受二维的平面图像。不论是线阵CCD还是面阵CCD,种类很多,具有不同的特点,适于不同的应用。

这种既有光电传感又有光电成像功能的器件,采用大规模集成的光电二极管或金属-氧化物-半导体光敏电容器阵列作为感光元件,进行光电转换,获得与光照强度相对应的光生电荷图像,通过电荷耦合器件进行电荷信息的存储、转移、传递,最终完成电荷图像的读取。

### 6. 霍尔传感器

霍尔传感器是基于霍尔效应的一种磁敏传感器。

将通有电流的物体放在磁场中,如果电流方向与磁场方向互相垂直,则在与磁场和电流方向都垂直的方向上会产生横向电势差,这个现象称为霍尔效应,产生的电势差称为霍尔电压。

采用产生霍尔效应显著的半导体材料制成霍尔器件,作为霍尔传感器中的磁电转换元件,可以进行电磁测量,如测量磁场、电流、电功率等磁物理量和电量。

霍尔传感器还可以利用磁场作为媒介,对很多物理量实现非接触式测量,通过转换测量力、位移、振动、加速度、转速、流量等非电量,广泛应用于工业、交通、通信、自动控制、家用电器等各个领域。

## 2.3 物理实验中的基本测量方法

物理测量是泛指以物理理论为依据,以实验仪器和装置及实验技术为手段进行测量的过程。物理测量的方法很多,本节将对常用的测量方法作简单介绍,使学生对基本测量方法有一个大概的了解,在后续的实验中用到这些测量方法时,再作详细的讨论。

**1. 比较法**

测量的基本概念是将待测量与一个已知的标准量相比较,因此,在物理实验中比较法是最基本、最普遍的测量方法。比较法又可分为直接比较法和间接比较法。

(1) 直接比较法

直接比较法是将待测量与一个经过校准的属于同类物理量的量具上的标准量进行比较,就可测得待测量。例如,用米尺测量长度;用天平称物体质量,当指针指示到达平衡时,就是将被测质量与标准质量(千克、克、毫克等)进行比较;测量光栅衍射的各级衍射角,是用比较法通过已刻好分度的弯游标测出结果的。

(2) 间接比较法

在通常情况下,大都是进行间接比较,即将被测量与"已知量"通过测量装置进行比较,当两者的效应相同时,它们的数值必然是相等的。例如,用惠斯通电桥测电阻就是利用间接比较法。测量声波波长可以用相位比较法——行波法和李萨如图形法。行波法是直接观测波在传播路径上相位的移动,通过测量相邻同相位点之间的距离而得到波长。较为直接有效的测量方法是李萨如图形法。由相互垂直振动的合成可知,当两相互垂直振动的频率相同时,两振动合成的李萨如图依两振动位相差 $\varphi_1 - \varphi_2$ 的不同而有不同形状的椭圆或直线,如图 2.3.1 所示,比较两振动的相位,当同样斜率的曲线出现时,相位差为 $2\pi$。

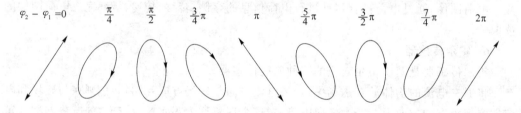

图 2.3.1　李萨如图形法进行相位比较

**2. 放大法**

在物理量的测量中,对于一些微小量,如微小长度、微弱电流、微弱电信号等,如果采用常规的测量方法,或者不能测量,或者精度不高。将被测量放大后再进行测量,这是一种基本测量方法,称为放大法(缩小也是一种放大,其放大倍数小于 1)。放大法具体又可分为机械放大、光学放大、电子学放大和累计放大等。

(1) 机械放大

通过机械原理和装置将被测量量加以放大称为机械放大。测量长度用的游标卡尺、螺旋测微计,就是分别利用游标原理、丝杠鼓轮机械将读数放大,使读数更为精确。又如测量压力用的弹性压力计,当压力变化时,弹性体发生伸长、位移等形变,通过接上机械放大装置,直接传到指示仪表进行读数。这些均属于机械放大。

（2）光学放大

当被测物体的线度很小时,由于人的视力的限制及操作上的困难,应用一般测长仪器无法进行直接测量,这时常用显微镜将被测物体放大后再进行测量。另外,当被测物体相距较远又不便于接近时,则可先用望远镜得到被测物体的像,然后再进行测量,上述应用光学原理进行的这种测量是无接触测量,它具有不破坏被测物体的原来状态等明显优点,在物理测量中得到广泛应用。光学放大也被广泛应用于其他测量技术或测量仪器中,如高灵敏度的电表、冲击电流计、复射式光点检流计等,都应用了光学放大的原理。在后续实验中将对此作详细介绍。

（3）电子学放大

微弱的电信号可以经放大器放大后进行观测,若被测物理量为非电量时,可经传感器转换为电量,再经电子学放大进行测量。电子学放大在电磁测量中应用最为广泛,在今后专业课的学习中将有许多机会学习各种电子学放大器。

（4）累计放大

在用秒表测量单摆的周期时,通常不是测一个周期的时间,而是累计测量单摆摆动50或100个周期的时间。这就是累计放大。若所用机械秒表的仪器误差为 0.1 s,设某单摆的周期约为 1 s,则测量单个周期时间间隔的相对误差为

$$E = \frac{0.1}{1.0} \times 100\% = 10\% \tag{2.3.1}$$

若累计测量 100 个周期的时间间隔,则相对误差为

$$E = \frac{0.1}{100.0} \times 100\% = 0.1\% \tag{2.3.2}$$

可见,测量精度大为提高。

同样,如要测量光的干涉条纹的间距为 $l$,由于 $l$ 的数量级很小,为了减小测量的相对误差,一般也不是一个间隔一个间隔地去测量,而是测量 $N$ 个条纹的总间距 $L = Nl$,以提高测量精度。

**3. 补偿法**

采用一个可以变化的附加能量装置,用以补偿实验中某部分能量损失或能量变换,使得实验条件满足或接近理想条件,称为补偿法。简言之,补偿法就是将因种种原因使测量状态受到的影响尽量加以弥补。例如,用电压补偿法弥补因用电压表直接测量电压时而引起被测支路工作电流的变化;用温度补偿法弥补因某些物理量(如电阻)随温度变化而对测试状态带来的影响;用光程补偿法弥补光路中光程的不对称等,这里简单地介绍电压补偿法和电流补偿法。

（1）电压补偿法

用电压表测电池的电动势 $E_x$,如图 2.3.2 所示,因电池内阻 $r$ 的存在,当有电流 $I$ 通过时,电池内部不可避免地产生电位降 $Ir$,因此,电压表指示的只是电池的端电压 $U$,即

$U = E_x - Ir$，显然，只有当 $I=0$ 时，电池的端电压才等于电动势 $E_x$。

如果有一个电动势大小可以调节的电源 $E_0$，使 $E_0$ 与待测电源 $E_x$ 通过检流计 G 反串起来，如图 2.3.3 所示。调节电动势 $E_0$ 的大小，使检流计指示为零，即 $E_0$ 产生一个与 $I$ 方向相反而大小相等的电流 $I'$，以弥补 $Ir$ 的损失，于是两个电源的电动势大小相等，互相补偿，可得 $E_x = E_0$，这时电路达到补偿。知道了补偿状态下 $E_0$ 的大小，就可得出待测电动势 $E_x$。

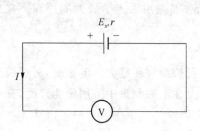

图 2.3.2 用电压表测量电池电动势

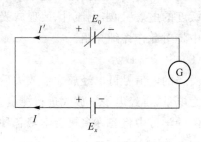

图 2.3.3 电压补偿法原理图

（2）电流补偿法

如图 2.3.4 所示，若用毫安表直接测量硅光电池的短路电流，由于电表本身存在内阻将影响测量结果的精度。若在电路右边附加一个电压可调的电源 $E$，如图 2.3.5 所示，当电路中 $B$，$D$ 两点电势相等时，检流计中无电流通过，即 $U_D = U_B$ 时，$I_G = 0$。此时，$DB$ 支路中，$I_1 = -I_1'$，两电流相互补偿。这样，通过毫安表中的电流 $I$ 即为光电池的短路电流。此为电流补偿法。

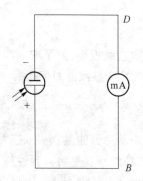

图 2.3.4 短路电流测量原理图

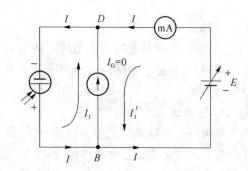

图 2.3.5 电流补偿法原理图

由于补偿法可消除或减弱测量状态受到的影响，从而大大提高了实验的精度，因此，这种实验方法在精密测量和自动控制等方面得到广泛应用。

**4. 转换测量**

物理测量中有许多不易测量的物理量，利用传感器将这些不易测量的物理量转换成易于测量的物理量，也是物理实验中常用的手法，在 2.2 节中介绍的传感器为科学实验和物理测量方法的改进提供了很好的条件。由于电学信号具有测量方便、快速的特点，同时电学仪器易于生产，通用性好，所以大多数情况下都是将这些不易测量的物理量转换成电量进行测量，如光电转换、热电转换、磁电转换、压电转换等。

**5. 模拟法**

模拟法是一种间接的测量方法。模拟法是指不直接研究某物理现象或物理过程的本身，而是用与该物理现象或过程相似的模型来进行研究的一种方法。采用模拟法的基本条件是模拟量与被模拟量必须是等效或相似的。模拟法用途很广，对于许多难以测量甚至无法测量的物理量或物理过程，都可以通过模拟法进行测量。另外，在工程设计中，也常采用模拟的试验研究方法。

模拟法可分为物理模拟和数学模拟。物理模拟就是保持同一物理本质的模拟，如用光测弹性法模拟工件内部的应力情况，用"风洞"（高速气流装置）中的飞机模型模拟实际飞机在大气中的飞行等。数学模拟是两个类比的物理现象遵从的物理规律具有相似的数学表达形式，如用稳恒电流来模拟静电场就是基于这两种场的分布有相同的数学形式。

把物理模拟和数学模拟两者互相配合使用，就能更见成效。随着计算机的引入，用计算机进行模拟实验更为方便，并能将两者很好地结合起来。

## 练 习 题

1. 把下列各数取 3 位有效数字：

(1) 1.075 1；　　　　(2) 0.862 49；　　　　(3) 27.051；　　　　(4) $8.971 \times 10^{-6}$；

(5) 3.145 01；　　　　(6) 52.65；　　　　　(7) 10.850；　　　　(8) 0.463 50。

2. 根据误差理论和有效数字运算规则，改正以下错误：

(1) $L = (12.830 \pm 0.35)$ cm；　　　　(2) $m = (1\,500 \pm 100)$ kg；　　　　(3) $I = (38.746 \pm 0.024)$ mA；

(4) 0.50 m = 50 cm = 500 mm；　(5) $g = (980.125\,0 \pm 0.004\,5)$ cm/s²；

(6) $R = 6\,371$ km = 6 371 000 m。

3. 用游标分度值为 0.02 mm 的游标卡尺测得某物体长度 $l = 25.68$ mm，其仪器误差为 _____ mm，不确定度为 _____ mm，测量结果为 _____。

4. 某地重力加速度 $g$ 的值为 979.729 cm/s²，有位学生用单摆分别测得 $g_1 = (979 \pm 1)$ cm/s²，$g_2 = (977.2 \pm 0.2)$ cm/s²，下列哪个说法是正确地理解了这两个测量结果：

(1) $g_1$ 的正确度高、精密度低，$g_2$ 的正确度低、精密度高；

(2) $g_1$ 的精密度高、正确度低，$g_2$ 的精密度低、正确度高；

(3) $g_1$ 的精密度、正确度都高，$g_2$ 的精密度、正确度都低；

(4) $g_1$ 的精密度、正确度都低，$g_2$ 的精密度、正确度都高。

5. 有两把钢尺，尺 A 是在 +20 ℃ 下校准好的，尺 B 是在 0 ℃ 下校准好的。现在用这两把尺去测量 0 ℃ 温度下的一根钢轨的长度。钢轨和两把尺都是用同一种材料制作的，测量结果尺 A 的读数为 $l_A$，尺 B 的读数为 $l_B$，则有：

(1) $l_A > l_B$;　　　(2) $l_A < l_B$;　　　(3) $l_A = l_B$。

该钢轨在 20 ℃时的长度为

(1) $l_A$;　　　(2) $l_B$;　　　(3) 既不是 $l_A$,也不是 $l_B$。

6. 用阿基米德原理测量物体密度 $\rho = \dfrac{m_1}{m_1 - m_2}\rho_0$,若要求 $\dfrac{\Delta \rho}{\rho}$ 的量级为 $10^{-3}$,问对 $\dfrac{\Delta m_1}{m_1}$,

$\dfrac{\Delta m_2}{m_2}$ 和 $\dfrac{\Delta \rho_0}{\rho_0}$ 量级的要求是否相同? 为什么?

7. 利用单摆测重力加速度,摆的周期 $T$ 为 2 s,测量摆长的相对不确定度为 0.05%,用秒表测量时间的仪器误差约为 0.05 s。若要测量结果 $g$ 的相对不确定度小于 0.1%,则至少要数_____个周期的摆动。

8. 计算下列结果(应写出具体步骤):

(1) $N = A + 5B - 3C - 4D$,其中 $A = 382.02, B = 2.03754, C = 56, D = 0.001036$;

(2) $x = 6.377 \times 10^8$,求 $\lg x$;

(3) $x = 3.02 \times 10^{-5}$,求 $e^x$;

(4) $x = 0.7836$ rad,求 $\sin x$;

(5) $\dfrac{100.0 \times (5.6 + 4.412)}{(79.00 - 78.00) \times 10.000} + 210.00$;

(6) $\dfrac{(142.2 + 1.08) \times 4.03}{5964 - 4720.0}$;

(7) $x = 265.3$,求 $\lg x$。

9. 指出下列情况属于随机误差还是系统误差:

(1) 视差;　　　(2) 仪器零点漂移;　　　(3) 电表的接入误差;　　　(4) 水银温度计毛细管不均匀。

10. 有甲、乙、丙、丁 4 人,用螺旋测微仪测量一个铜球的直径,各人所测得的结果分别为甲:$(1.2832 \pm 0.0004)$ cm;乙:$(1.283 \pm 0.0004)$ cm;丙:$(1.28 \pm 0.0004)$ cm;丁:$(1.3 \pm 0.0004)$ cm。问哪个人表示正确? 其他人错在哪?

11. 对某样品的温度重复测量 6 次,得到如下数据:$t(℃) = 20.43, 20.40, 20.42,$ 20.41, 19.10, 20.43。利用 $3\sigma$ 原则判断其中有无过失误差。

12. 推导出下列函数的合成不确定度表达式:

(1) $f(x, y, z) = x + y - 2z$;　　　　　(2) $f(x, y) = \dfrac{x - y}{x + y}$;

(3) $f(x, y) = \dfrac{xy}{x - y}, (x \neq y)$;　　　　　(4) $n(\theta) = \dfrac{\sin \theta_i}{\sin \theta_r}$;

(5) $I(x) = I_0 e^{-\beta x}$;　　　　　(6) $R_x = \dfrac{R_1}{R_2} R$;

(7) $E=\dfrac{Mgl}{\pi r^2 L}$；　　　　　　　　　(8) $y(x,z)=Ax^B+xz$。

13. 完成下列填空：

(1) $m=(201.750\pm0.001)$ kg$=($ 　　 $\pm$ 　　 $)$ g；

(2) $\rho=(1.293\pm0.005)$ mg/cm$^3=($ 　　 $\pm$ 　　 $)$ kg/m$^3=($ 　　 $\pm$ 　　 $)$ g/L；

(3) $t=(12.9\pm0.1)$ s$=($ 　　 $\pm$ 　　 $)$ min。

14. 用天平称一物体的质量,测量结果为：35.63 g,35.57 g,35.58 g,35.42 g,35.36 g, 35.72 g,35.11 g,35.80 g。试求其平均值 $\overline{m}$ 和标准偏差 $s(m)$。

15. 一个铅圆柱体,测得其直径 $d=(2.04\pm0.01)$ cm,高度为 $h=(4.12\pm0.01)$ cm,质量为 $m=(149.18\pm0.05)$ g。计算：

(1) 铅的密度 $\rho$；(2)铅的密度的不确定度 $u(\rho)$；(3)写出结果的正确表达。

16. 用最小二乘法对下列数据进行直线拟合,求出 $a,g$ 和相关系数 $r$。

$x=61.5$，　　71.2，　　81.0，　　89.5，　　95.5，　　101.6

$y=2.468$，　2.877，　3.262，　3.618，　3.861，　4.241

$$y=a+\left(\frac{4\pi^2}{g}\right)\cdot x$$

17. 为确定一弹簧的倔强系数,给弹簧加各种不同质量 $m$ 的砝码,并测定弹簧对应的伸长位置 $l$,结果如下：

| $m$/g | 200 | 300 | 400 | 500 | 600 | 700 | 800 | 900 |
|-------|------|------|------|------|------|------|------|------|
| $l$/cm | 5.10 | 5.50 | 5.90 | 6.80 | 7.40 | 8.00 | 8.60 | 9.40 |

用逐差法求弹簧的倔强系数。

# 第 3 章　基础物理实验

## 实验 3.1　示波器的使用

示波器是经常使用的电子仪器。凡是随时间变化的各种电信号都可以用示波器来观察它们的波形,测量它们的相位、频率以及电流、电压的大小。因此一切可以转化成电量的非电量信号都可以用示波器来观察。本实验主要是学习示波器的使用,利用示波器对电信号的波形进行观察,并对电信号的变化进行测量。

[实验目的]

（1）了解示波器的结构和工作原理;

（2）掌握示波器和信号发生器的使用;

（3）掌握测量后的数据处理过程。

[实验原理]

**1. 示波器的工作原理及使用**

（1）示波器显示波形的原理

示波器是利用电子束的偏转来观察电压波形的。示波管是它的关键部件,它的工作原理如图 3.1.1 所示。当电子枪被加热后发出的电子束经电场加速打到荧光屏上时,屏上的荧光物质就会发光,并产生一个亮点。由于电子束在到达荧光屏前要先经过两个相互垂直的偏转板 X 和 Y,并受到偏转板间电场的作用,因此它的位置会发生改变。

如果仅在 X 偏转板上加上一个变化的锯齿形电压,电子束受到该电场的作用,到达荧光屏的位置就会发生变化,电子束不断地重复从左向右的扫描过程,就可以看到一条水平的亮线。类似地,如果在 Y 偏转板上加一个变化的电压(如正弦波),就可以看到一条垂直的亮线,即亮点在该线上做正弦振荡。上述过程被描述在图 3.1.2 中。

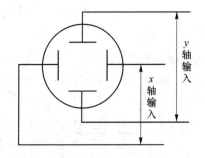

图 3.1.1　示波器信号输入原理示意图

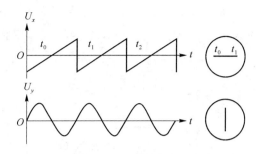

图 3.1.2　示波器显示波形的原理示意图

如果 Y 偏转板上加所要观察的周期性电压,在 X 偏转板上加锯齿形电压,则电子束将在两电场合力的作用下发生偏转,光点将在荧光屏上不断地改变位置。如果被观察信号的周期与锯齿形电压的周期完全一致,或者后者是前者的整数倍时,屏幕上的图形将通过一次次扫描得到同步再现,从而形成稳定的显示曲线。将上述过程描述在图 3.1.3 中。开始时,$x,y$ 的偏转电压均为零,荧光屏上的亮点在 $A$ 处,过了 $ab$ 时刻,电子束在 $U_x$ 和 $U_y$ 的共同作用下使亮点移到了 $B$ 处,再经过了 $bc$ 时刻,亮点移到 $C$ 处,最终经过 $cd$ 和 $de$ 段后亮点移到 $E$ 处,完成了一个完整的扫描过程,荧光屏上看到的是一条周期性的曲线。

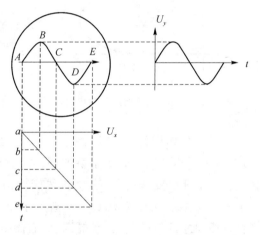

图 3.1.3　信号扫描过程示意图

（2）示波器显示李萨如图

如果在 X 和 Y 偏转板上分别加上正弦信号,此时屏幕上显示出李萨如图。当它们的频率比为整数比时,合成运动有稳定的闭合轨道,沿这种闭合轨道环绕一周后在水平和竖直方向往返的次数与两个方向的频率成正比。如图 3.1.4 所示,沿曲线循环一周时,水平方向往返两次,而竖直方向往返一次,它们的频率比为 2:1,如果用公式表示的话可以写成

$$\frac{f_y}{f_x} = \frac{n_x}{n_y} = \frac{1}{2} \tag{3.1.1}$$

式中,$f_x,f_y$ 分别代表 $x$ 轴和 $y$ 轴输入的信号频率,而 $n_x$ 和 $n_y$ 则分别代表李萨如图与假想的水平线和垂直线的切点数。从图 3.1.4 中可以看出,它与水平线和垂直线的切点数

之比恰好是 1：2，如果已知其中一个信号的频率，使用公式（3.1.1）可以方便地求出另一个频率。图 3.1.5 表示了两信号频率比分别为 1：2，1：3，2：3 时，不同相位差时的合成图。

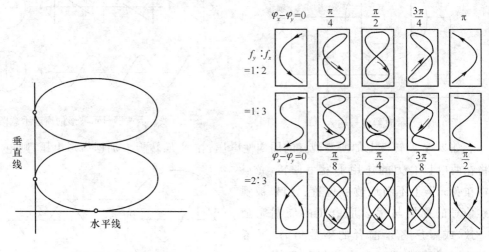

图 3.1.4　李萨如图与频率比　　　　　　图 3.1.5　不同相位差时的李萨如图

利用李萨如图除了可以测量频率外，还可以比较两个信号之间的相位差。图 3.1.6 显示了相同频率时的李萨如图。当 $f = f_0$，且同相位时，李萨如图为向右倾斜的直线。若不断改变 $f$ 的相位，则直线变成向右倾斜的椭圆、正椭圆、向左倾斜的椭圆，直至成为向左倾斜的直线，此时 $f$ 改变了相位 $\pi$。如继续改变 $f$ 的相位，则李萨如图形又会按照向左倾斜的椭圆、正椭圆、向右倾斜的椭圆顺序变化，直至回到最初的向右倾斜的直线为止。

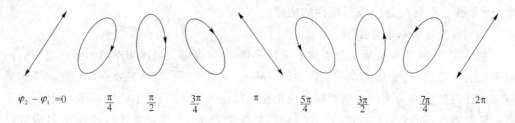

图 3.1.6　用李萨如图进行相位比较

**2. 模拟示波器**

实验中使用的是数字显示模拟示波器。如图 3.1.7 所示为示波器的面板图。该示波器为双踪示波器，可同时对两种信号进行观测，当电压偏转因子在 5 毫伏/格～5 伏/格时，带宽可由直流（DC）至 20 MHz；而电压偏转因子为 2 毫伏/格时，带宽可由直流（DC）至 10 MHz。

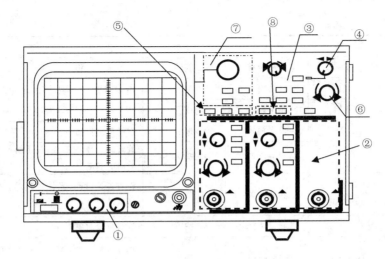

图 3.1.7 SS-7802A 型数字显示模拟示波器面板图

这里将示波器面板上可操作的旋钮按部位序号、名称及对应的功能列在表 3.1.1 中。

表 3.1.1 示波器面板旋钮与功能对应说明

| 部位序号 | 英文名 | 中文名 | 操作 | 功能 |
|---|---|---|---|---|
| ①<br>电源及屏幕 | POWER | 电源开关 | 按下 | 接通 220 V 电源 |
| | INTEN | 亮度 | 旋转 | 调节扫迹亮度 |
| | READOUT | 文字显示 | 旋转 | 旋转调节文字亮度 |
| | ON/OFF | 开关 | 按下 | 按下为是否显示文字 |
| | FOCUS | 聚焦 | 旋转 | 调节扫迹和文字的清晰程度 |
| ②<br>垂直部分 | CH1/CH2 | 输入接口 | 连接电缆 | 信号输入通道 |
| | EXT | 外触发接口 | 连接电缆 | 外触发信号输入通道 |
| | POSITION | 垂直位移 | 旋转 | 调节垂直位移 |
| | VOLT/DIV | 灵敏度 | 旋转 | 旋转:调节电压/分度值 |
| | VARIABLE | 调节 | 按下 | 按下再旋转为微调 |
| | DC/AC | 直流/交流 | 按下 | 直流时屏幕显示为:V<br><br>交流时屏幕显示为:$\widetilde{\text{V}}$ |
| | GND | 输入接地 | 按下 | 按下后相应通道接地,屏幕在电压后显示:$\perp$ |
| | ADD | 相加 | 按下 | 按下后屏幕显示的是 $y_1+y_2$ 信号,屏幕上通道 2 前显示+号,即:+2 |
| | INV | 反相 | 按下 | 按下后 $y_2$ 波形反相,屏幕显示:2:↓ |
| ③<br>触发部分 | TRIG LEVEL | 触发电平 | 旋转 | 调节触发电平,使波形稳定 |
| | READY | 触发准备 | 亮/灭 | Ready 亮时触发准备 |
| | TRIG'D | 触发指示 | 亮/灭 | 触发时 Trig'D 灯亮,可使波形稳定 |
| | SLOPE | 触发沿选择 | 按下 | 选择触发沿:上升显示+,下降显示- |
| | SOURCE | 触发源选择 | 按下 | 选择触发信号来源(CH1,CH2,EXT,VERT 和 LINE) |
| | COUPL | 触发耦合 | 按下 | 切换触发耦合模式<br>(AC,DC,HF-R,LF-R) |

45

| 部位序号 | 英文名 | 中文名 | 操作 | 功能 |
|---|---|---|---|---|
| ④位置 | POSITION | 水平位移 | 旋转 | 调节水平位移 |
| ⑤扫描模式 | AUTO | 自动模式 | 按下 | 按下后均为连续扫描状态,自动适用于50 Hz以上信号,正常适用于低频信号 |
| | NORM | 正常模式 | 按下 | |
| | SGL/RST | 单次模式 | 按下 | 选择单次扫描 |
| ⑥时间 | TIME/DIV VARIABLE | 时间分度调节 | 旋转/按下 | 旋转时选择A扫描,按下再旋转为微调,微调时时间前显示:> |
| ⑦功能键及光标 | FUNCTION COARSE | 功能开关 | 旋转/按下 | 设置延迟时间,光标位置等。旋转为微调,按下或连续按下为粗调 |
| | ΔV·Δt·OFF | 测量选择 | 按下 | 进行测量对象选择 |
| | TCK/C₂ | 光标线选择 | 按下 | 选择调整的光标线,光标边沿有亮点指示的线为可调整的线 |
| | HOLDOFF | 释抑 | 按下 | 调节释抑时间 |
| ⑧水平显示 | A | A扫描显示 | 按下 | 显示A扫描波形 |
| | X-Y | X-Y显示 | 按下 | 用于观测李萨如图或磁滞回线 |

### 3. 数字存储示波器

随着数字处理和微处理器技术的发展,出现了数字存储示波器。数字存储示波器对输入的信号通过模/数转换产生一连串的数据流,在内部时钟的作用下显示出波形,因此能够对显示的数据、波形直接进行读取、处理,并能进行数字滤波、波形录制、FFT频谱分析等多种功能。

TDS2002B型数字存储示波器的面板如图3.1.8所示。

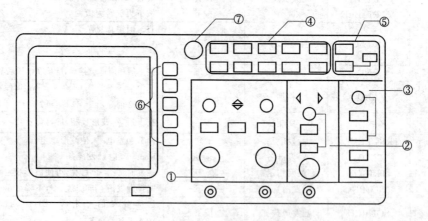

图3.1.8　TDS2002B型数字存储示波器面板图

结合图3.1.8所示的面板图,通过表3.1.2简要地介绍其基本功能。

## 表 3.1.2　TDS2002B 型数字存储示波器基本功能

| 部位序号 | 按钮名称 | 功能 |
|---|---|---|
| ①<br>垂直控制 | CH1 Menu | 相应通道的操作菜单 |
| | CH2 Menu | |
| | Math Menu | 数学运算菜单：加减运算、FFT 频谱分析等 |
| | 位置 | 调节波形垂直位置 |
| | 伏/格 | 调节垂直灵敏度（电压/分度值） |
| ②<br>水平控制 | 位置 | 调节波形水平位置 |
| | Set to Zero | 将水平位置恢复到参考零时间点 |
| | Horiz Menu | 水平设置菜单 |
| | 秒/格 | 调节水平扫描快慢（时间/分度值） |
| ③<br>触发控制 | 电平 | 调节触发电平，使波形稳定 |
| | Set to 50% | 将触发电平设定在触发信号幅值的垂直中点 |
| | Trig Menu | 触发设置菜单：设置触发类型、信源选择、边沿类型等 |
| | Force Trig | 使用这一按键在触发条件不能满足时完成一次触发 |
| | Trig View | 按下显示触发信号波形而不是当前通道波形 |
| ④<br>常用功能 | 自动量程 | 自动设置量程 |
| | Save/recall | 存储和调出按键：可存取波形和当前示波器的设置 |
| | Measure | 测量菜单，可同时测量 Freq（频率）、Period（周期）、Mean（平均值）、Pk-Pk（峰-峰值）和 RMS（有效值） |
| | Acquire | 采样方式设置菜单：Peak Detect（峰值检测）用以捕捉信号可能的高频毛刺，Average（平均）用以滤去信号中的噪声成分 |
| | REF MENU | 显示参考波形 |
| | Utility | 辅助系统设置菜单 |
| | Cursor | 光标测量菜单，移动光标进行测量，通过屏幕显示 Delta（增量）读出待测量 |
| | Display | 显示方式设置菜单：点显示，只显示采样点；矢量显示，将采样点之间用线连接起来，是通常的显示方式；余辉显示，将先前的信号在显示屏幕上停留一段时间，适合观测信号长期的异常；Format XY（XY 格式显示）显示李萨如图形 |
| | help | 帮助菜单 |
| | Default setup | 按下恢复默认设置 |
| ⑤<br>立即执行 | 自动设置 | 自动设定示波器各项控制值，以产生适合观察的波形显示 |
| | Single SEQ | 单次触发按钮 |
| | Run/stop | 单次触发时运行和停止波形采样 |
| ⑥菜单操作 | | 按下进行屏幕上的菜单操作 |
| ⑦调节旋钮 | | 打开光标测量菜单时用于移动光标 |

TDS2002B 型数字存储示波器提供 USB 接口可以把波形文件、波形数据文件以多种格式存储到外设，以便进行进一步的分析。

**4. 数字信号发生器**

数字信号发生器用数字合成方法产生一连串数据流,经过数/模转换器产生出一个预先设定的模拟信号,它具有频率精度高,全范围频率不分挡,直接数字设置,输出波形失真小,两路独立输出,可准确设置两路的相位差,可以输出多种波形等优点。

TFG1010 型数字函数信号发生器的面板如图 3.1.9 所示。

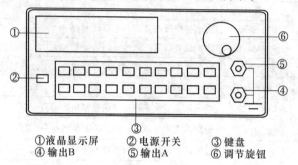

① 液晶显示屏　　② 电源开关　　③ 键盘
④ 输出B　　　　⑤ 输出A　　　⑥ 调节旋钮

图 3.1.9　TFG1010 型数字函数信号发生器面板图

TFG1010 型数字函数信号发生器前面板上共有 20 个按键,如图 3.1.9 所示。键体上的字表示该键的基本功能,直接按键执行基本功能。键上方的字表示该键的上挡功能,首先按【Shift】键,屏幕右下方显示"S",再按某一键可执行该键的上挡功能。例如,设定 B 路频率为 A 路频率的一次谐波,按【Shift】【谐波】【1】【Hz】;设定 A,B 两路的相位差为 90°,按【Shift】【相移】【9】【0】【Hz】。【MHz】【kHz】【Hz】【mHz】键是双功能键,在数字输入之后执行单位键功能,同时作为数字输入的结束键。例如,设定 A 路频率值 3.5 kHz,按【A 路】【频率】【3】【.】【5】【kHz】。不输入数字,直接按【MHz】键执行"Shift"功能,直接按【kHz】键执行"A 路"功能,直接按【Hz】键执行"B 路"功能,直接按【mHz】键可以循环开启或关闭按键时的提示声响。【菜单】键用于选择某些项目的选项。【<】【>】键用于移动数据上边的三角形光标,配合左右转动【调节旋钮】键可使光标指示位的数字增大或减小,并能连续进位或借位,由此可任意粗调或细调。

[实验内容]

(1) 学习和熟悉示波器面板上各功能键的使用(参见表 3.1.1)。

(2) 利用示波器测量信号频率。

(3) 利用示波器测量信号幅值。

[思考题]

实验中使用的示波器本身带有一个频率计,可以准确地读出所测的频率,为什么还要利用上述办法进行测量? 这有什么实际意义吗?

48

# 实验 3.2　空气中的声速测定

　　自然界中充满了各种各样的声音:收音机里播放的悦耳音乐声,飞机掠过长空时扰人的噪声,狂风的呼啸声,海涛的怒吼声,爽朗的欢笑声,欢畅的交谈声等,在日常生活中处处都可以听到。可见声音与我们的生活是密切相关的。对声音的测量是声学研究的一项重要内容。通过对与声音有关的各种物理量的测量和分析可以对声音有定量的概念,从而了解其规律性。本实验将学习声速测量的原理,并进行声速测量的实践。

[实验目的]

　　(1) 学会用不同的方法测定空气中的声速;
　　(2) 掌握数字式函数发生器、示波器的使用方法;
　　(3) 学会用逐差法处理测量结果,并对结果的不确定度进行分析。

[实验原理]

　　频率在 20～20 000 Hz 的机械振动在弹性媒质中所激起的弹性波称为声波。频率低于 20 Hz 的声波称为次声波,频率超过 20 000 Hz 的声波称为超声波。
　　声波的频率、波长、速度、相位等是声波的重要特性。对声波特性的测量是声学技术应用的重要内容,尤其是对声速的测定,在声波探伤、定伤、测距、显示等方面都有重要的意义。测量声速最简单、最有效的方法之一是利用声速 $v$、振动频率 $f$ 和波长 $\lambda$ 之间的基本关系:

$$v = f\lambda \tag{3.2.1}$$

测出声振动的频率 $f$ 和声波的波长 $\lambda$,由式(3.2.1)就可计算出声速 $v$。

　　本实验装置如图 3.2.1 所示。图中 $A_1$,$A_2$ 为结构相同的一对超声压电陶瓷换能器。$A_1$ 固定在底座上,可作超声波发射器,当把电信号加在换能器 $A_1$ 的电输入端时,$A_1$ 的端面 $S_1$ 产生机械振动并在空气中激发出超声波。由于端面 $S_1$ 的直径比波长大很多,可以近似地认为激发的超声波是平面波。$A_2$ 固定在拖板上,可作超声波接收器。当声波传到换能器 $A_2$ 的端面 $S_2$ 时,$S_2$ 接收到的振动会在换能器 $A_2$ 的电输出端产生相应的电信号。由发射器发出的超声波,

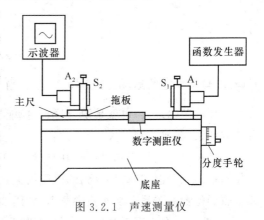

图 3.2.1　声速测量仪

经接收器反射后，将在两端面间来回反射并且叠加。叠加的波可近似地看做具有驻波加行波的特征。转动分度手轮，用螺杆推进拖板，使换能器 $A_2$ 移动，可以改变两个换能器之间的距离，换能器 $A_2$ 的移动位置可从数字测距仪上直接读出。

实验室中常利用示波器观察超声波的振幅和相位，用振幅法和相位法测定波长，由示波器直接读出频率 $f$。下面分别介绍频率和波长的测量。

**1. 声速的测量方法**

本实验涉及了几种不同的测量方法，在此仅作简单介绍。

（1）谐振频率

当一个振动系统受到另一系统周期性的激励时，若激励系统的激励频率与振动系统的固有频率相同，振动系统将获得最多的激励能量，此现象称为共振（谐振），共振现象存在于自然界的许多领域，共振频率往往与系统的一些重要物理特征有关，而频率的测量可以达到很高的准确度，因此共振法在频率和物理量的转换测量中具有重要的应用。

实验中使用的超声压电陶瓷换能器具有固有的谐振频率，当换能器系统的工作频率等于谐振频率时，换能器处于谐振状态，发射器发出的超声波功率最大，是最佳工作状态。当工作频率偏离其谐振频率时，系统的灵敏度将急剧下降，甚至会严重影响测量结果以致实验无法正常进行。因此调节谐振频率是顺利完成实验的重要一环。本实验使用的压电陶瓷换能器的谐振频率在 40 kHz 左右。

（2）振幅法

如前所述，由发射器发出的声波近似于平面波，经接收器反射后，波将在换能器的两端面间来回反射并且叠加。两列振动方向相同，振幅相等，沿相反方向传播的机械波的相干叠加将形成驻波。假设发射波和反射波为频率相同、振幅相等的两列波 $y_1$ 和 $y_2$，它们的波方程分别为

$$y_1 = A\cos(\omega t - kx) \tag{3.2.2}$$

$$y_2 = A\cos(\omega t + kx) \tag{3.2.3}$$

应用三角公式可以得到合成波的波方程：

$$y = y_1 + y_2 = 2A\cos kx\cos \omega t \tag{3.2.4}$$

式（3.2.4）所描述的运动形式称为驻波。当 $|\cos kx| = 1$，即 $kx = \dfrac{2\pi}{\lambda}x = n\pi(n = 0, \pm1, \pm2, \cdots)$ 时，振幅最大，也就是说，当两个换能器之间的距离等于半波长的整数倍时，将产生驻波现象，波幅达到极大。

由纵波的性质可以知道，振动的位移处于波节时，则声压处于波峰，如图 3.2.2 所示。接收器端面处于波节时，接收到的声压最大，经接收器转换成的电信号也最强。声压变化和接收器位置的关系可从实验中测出，如图 3.2.3 所示，当接收器端面移动到某个共振位置时，示波器上会出现最强的电信号（振幅最大），如果继续移动接收器，将再次出现最强

的电信号,两次共振位置之间的距离为 $\lambda/2$。

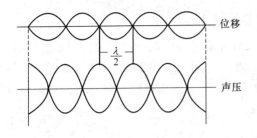

图 3.2.2 驻波

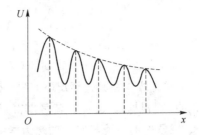

图 3.2.3 声压衰减示意图

从图 3.2.3 中还可以看出,声压的幅度随着接收器距声源位置远去而逐渐衰减。

(3) 相位法

波是振动状态的传播,也可以说是相位的传播。如图 3.2.4 所示,沿传播方向上的任何两点,如果其振动状态相同(相位差为 $2\pi$ 的整数倍),两点间的距离应等于波长 $\lambda$ 的整数倍,即

$$l = n\lambda \quad (n \text{ 为一正整数}) \tag{3.2.5}$$

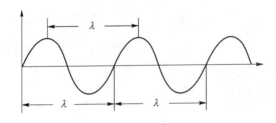

图 3.2.4 行波

利用这个公式可测量波长。由于发射器发出的是近似于平面波的超声波,当接收器端面垂直于波的传播方向时,其端面上各点都具有相同的相位。沿传播方向移动接收器时,总可以找到一个位置使得接收到的信号与发射的信号同相。继续移动接收器,直到接收的信号再一次和发射的信号同相时,移过的这段距离必然等于超声波的波长 $\lambda$。为了判断相位差并且测定波长,可以利用双踪示波器直接比较发射的信号和接收的信号,同时沿传播方向移动接收器寻找同相点。

(4) 李萨如图法

李萨如图法是相位法的一种。设信号发射器的输出信号为

$$x = A_1 \cos(\omega t + \varphi_1) \tag{3.2.6}$$

接收换能器的输出电信号为

$$y = A_2 \cos(\omega t + \varphi_2) \tag{3.2.7}$$

将这两路信号分别输入到示波器的两路通道 X 和 Y,形成的合成信号为

$$\left(\frac{x}{A_1}\right)^2+\left(\frac{y}{A_2}\right)^2-\frac{2xy}{A_1A_2}\cos(\varphi_2-\varphi_1)=\sin^2(\varphi_2-\varphi_1) \tag{3.2.8}$$

当 $\varphi_2-\varphi_1=\Delta\varphi$ 满足某些特定条件时,示波器屏幕上会出现一些特定的图形。例如,当 $A_1=A_2$,且 $\Delta\varphi=2n\pi$ 时,看到的是斜率为 1 的直线,而 $\Delta\varphi=(2n+1)\pi$ 时,则图形是斜率为 $-1$ 的直线。在其他情况下,则为不同的椭圆或圆。如果找到椭圆退化为相同斜率直线的点,则根据式(3.2.5)就可以得到波长 $\lambda$。

**2. 空气中的声速与空气的热力学参量**

声波在空气中的传播速度与声波的频率无关,只取决于空气本身的性质,相应的公式为

$$v=\sqrt{\frac{\gamma RT}{M}} \tag{3.2.9}$$

式中,$\gamma$ 为绝热系数,即空气定压比热容与定容比热容之比,$R$ 为摩尔气体常数,$M$ 为空气分子的摩尔质量,$T$ 为绝对温度。由此可见,气体中的声速 $v$ 和温度 $T$ 有关,还与绝热系数 $\gamma$ 及摩尔质量 $M$ 有关(后两个因素与气体成分有关)。因此,根据测定出的声速还可以推算出气体的一些参量。

在标准状态下,0 ℃时,声速为 $v_0=331.45\ \mathrm{m/s}$。在 $t$ ℃时,干燥空气中声速的理论值为

$$v_t=331.45\sqrt{\frac{273.15+t}{273.15}} \tag{3.2.10}$$

[实验仪器]

声速测量仪,函数发生器,示波器。

[实验内容]

**1. 用示波器观察接收器输出的电信号,并调节出压电陶瓷的谐振频率**

(1) 将接收器的输出端 $A_2$ 接入示波器的 CH1 通道,函数发生器的信号输出接到发射器 $A_1$ 上。调整示波器使示波器的荧光屏上显示出从接收器 $A_2$ 输出的正弦信号波形。

(2) 调节函数发生器输出的正弦信号的频率,使示波器上显示的从接收器 $A_2$ 输出的正弦信号波形的幅值最大,此时信号发生器的频率就是超声压电陶瓷谐振频率(谐振频率近似于 40 kHz)。将示波器上显示的频率值和信号发生器上显示的频率值同时记录下来。

**2. 振幅法测波长并求声速**

保持前面的连接,相对于 $A_1$ 由近及远地移动接收器 $A_2$,用示波器观察接收器的输出信号波形的幅值,每当接收器收到声压最大值时,记录一次接收器的位置 $x_i$(数字测距仪的读数),按顺序单向测量出 12 个声压最大时接收器的位置。

**3. 相位法测波长并求声速**

函数发生器的信号输出仍接到发射器 $A_1$ 上,接收器 $A_2$ 和发射器 $A_1$ 分别接示波器

的输入 CH1 和 CH2。

（1）行波比较法

① 调节示波器，使荧光屏上显示从发射器 $A_1$ 和接收器 $A_2$ 得到的两个同频率的简谐振动正弦曲线。将示波器的触发源选择开关置于发射器 $A_1$ 所接的输入端口上，以保持从发射器 $A_1$ 得到的正弦曲线的位置固定不变。

② 移动 $A_2$，观察比较两个正弦曲线，每当两个正弦曲线如图 3.2.5 所示时记下一次 $A_2$ 的位置 $x_i$，单向测量，按顺序记录 12 个同相点的位置。

图 3.2.5　两行波的比较

（2）李萨如图法

① 调节示波器，使荧光屏上显示出两个同频率相互垂直的谐振动的叠加图形（即李萨如图）。两振动的相位差不同，李萨如图也不同，如图 3.2.6 所示。每相邻两个同斜率直线所对应的接收器 $A_2$ 移动的距离为一个波长 $\lambda$。

李萨如图：

相位差：　　$-\pi$　　　　　$-\dfrac{\pi}{2}$　　　　　$0$　　　　　$\dfrac{\pi}{2}$　　　　　$\pi$

图 3.2.6　李萨如图

② 移动 $A_2$，按顺序记下同一斜率直线出现时 $A_2$ 的位置 $x_i$。

③ 单向测量，记录 12 个同相位点的位置，用逐差法处理数据，求出声速。

④ 根据正常情况下，干燥空气的平均摩尔质量 $M = 28.964 \times 10^{-3}$ kg/mol 以及摩尔气体常数 $R = 8.314\,5$ J/(mol·K)，由式（3.2.9）求空气的绝热系数 $\gamma$。

# 实验 3.3　惠斯通电桥测量中值电阻

电桥电路是电磁测量中电路连接的一种基本方式。由于它测量准确,方法巧妙,使用方便,所以得到广泛应用。电桥电路不仅可以使用直流电源,而且可以使用交流电源,故有直流电桥和交流电桥之分。

直流电桥主要用于电阻测量,它有单臂电桥和双臂电桥两种。单臂电桥常称为惠斯通电桥,用于 $1\sim10^6$ Ω 范围的中值电阻测量。双臂电桥又称为开尔文电桥,用于 $10^{-5}\sim11$ Ω 范围的低值电阻测量。

通过传感器,利用电桥电路还可以测量一些非电学量,如温度、湿度、应变等,因此电桥在非电量电测方法中有着广泛的应用。

电桥的种类繁多,但直流单臂电桥是最基本的一种,它是学习其他电桥的基础。

## [实验目的]

(1) 掌握惠斯通电桥(单臂电桥)测量中值电阻的原理和特点;

(2) 学会自搭惠斯通电桥测量未知电阻,并掌握计算测量结果的不确定度;

(3) 学会用 QJ23 型直流单臂电桥测中值电阻;

(4) 了解电桥灵敏度对测量结果的影响,以及常用减小测量误差的办法。

## [实验原理]

### 1. 惠斯通电桥的原理及结构

(1) 惠斯通电桥的测量原理

电桥是一种精密的电学测量仪器,可用来测电阻、电容、电感等。惠斯通电桥(也称单臂电桥)的原理图如图 3.3.1 所示。

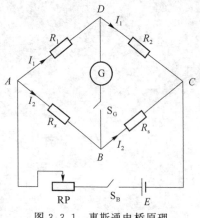

图 3.3.1　惠斯通电桥原理

$R_1,R_2,R_s$ 为阻值可调的标准电阻。$R_1$ 和 $R_2$ 为比率臂,$R_s$ 是比较臂,$R_x$ 为待测电阻。在 $B$ 和 $D$ 之间串接检流计 G,$E$ 是电源电动势,RP 为滑线变阻器。

调节 $R_1,R_2$ 和 $R_s$,使检流计上电流为零,即 $I_g=0$,此时电桥处于平衡状态,有 $U_{AD}=U_{AB}$,由欧姆定律得

$$I_1R_1=I_2R_x \qquad (3.3.1)$$

$$I_1R_2=I_2R_s \qquad (3.3.2)$$

由式(3.3.1)和式(3.3.2)可得

$$R_x=\frac{R_1}{R_2}R_s \qquad (3.3.3)$$

由式(3.3.3)可知,只要知道了 $R_1/R_2$ 和 $R_s$ 就可以得到待测电阻 $R_x$。

(2) 电桥的灵敏度

式(3.3.3)是在电桥平衡条件下推导出来的,而电桥是否平衡,在实验中是根据检流计的指针有无偏转来判断的。由于检流计的灵敏度是有限的,当电桥平衡时,检流计中不可能绝对没有电流通过,只不过是 $I_g$ 小到检流计检测不出来,因此实际电桥的平衡是相对的。假设电桥在 $R_1/R_2=1$ 时调到了平衡,则有 $R_x=R_s$,这时若把 $R_s$ 改变一个小量 $\Delta R_s$,电桥就应失去平衡,从而检流计就有电流 $I_g$ 通过。但是,如果 $I_g$ 小到检流计反应不出来,就会认为电桥是平衡的,因而得出 $R_x=R_s+\Delta R_s$,$\Delta R_s$ 就是由于检流计灵敏度不够所带来的测量误差。为此,引入电桥灵敏度 $S$ 的概念,它的定义是:

$$S=\frac{\Delta n}{\dfrac{\Delta R_x}{R_x}} \tag{3.3.4}$$

式中,$S$ 是桥臂电阻的相对变化 $\dfrac{\Delta R_x}{R_x}$(实际上是 $\dfrac{\Delta R_s}{R_s}$,因为 $R_x$ 是不能变的)与检流计相应的偏转格数 $\Delta n$ 的比值。从式(3.3.4)中可以看出,当 $\dfrac{\Delta R_x}{R_x}$ 一定时,$\Delta n$ 越大,电桥灵敏度越高。一般情况下,$R_1/R_2$ 不等于 1,当电桥平衡时,$R_x=\dfrac{R_1}{R_2}R_s$,在平衡点附近,有 $\Delta R_x\approx\dfrac{R_1}{R_2}\Delta R_s$,两式相比,可得 $\dfrac{\Delta R_x}{R_x}\approx\dfrac{\Delta R_s}{R_s}$。可见,即使 $R_1/R_2$ 不等于 1,在计算电桥灵敏度 $S$ 时,仍可将 $\dfrac{\Delta R_s}{R_s}$ 替代 $\dfrac{\Delta R_x}{R_x}$。需要注意的是,$\Delta R_s$ 不能取太大。

电桥灵敏度反映电桥对电阻相对变化的分辨能力。如果电桥灵敏度高,则对于待测电阻的微小变化,检流计将有明显的偏转。例如,$S=100$ 格$=1$ 格$/1\%$,那么 $R_x$ 改变 $1\%$ 时,检流计有 1 格的偏转。通常人眼能觉察出 $1/10$ 格的偏转,也就是说,该电桥平衡后,如果 $R_x$ 改变 $0.1\%$,人眼是可以分辨的。

为了进一步分析影响电桥灵敏度的各种因素,改写式(3.3.4)为

$$S=\frac{\Delta n}{\Delta I_g}\frac{\Delta I_g}{\dfrac{\Delta R_x}{R_x}}=S_iS_l \tag{3.3.5}$$

式中,$S_i$ 表示检流计的电流灵敏度,$S_l$ 表示电桥的线路灵敏度。

若不考虑电源内阻,根据式(3.3.5),由基尔霍夫定律,可得出

$$I_g=\frac{(R_2R_x-R_1R_s)E}{\Delta+R_g(R_1+R_2)(R_x+R_s)} \tag{3.3.6}$$

式中,$E$ 是电源电动势,$R_g$ 为检流计内阻,$\Delta=R_1R_2R_s+R_1R_2R_x+R_1R_sR_x+R_2R_sR_x$。

当 $I_g>0$ 时,图 3.3.1 中电流从 $D$ 点流向 $B$ 点。

根据式(3.3.5)和式(3.3.6),并考虑在平衡点附近 $R_2R_x-R_1R_s\approx0$,可得

$$S_1 = \frac{E}{R_1 + R_2 + R_s + R_x + R_g\left[2 + \left(\dfrac{R_1}{R_2} + \dfrac{R_s}{R_x}\right)\right]} \tag{3.3.7}$$

则整个电桥的灵敏度为

$$S = \frac{S_1 E}{R_1 + R_2 + R_s + R_x + R_g\left[2 + \left(\dfrac{R_1}{R_2} + \dfrac{R_s}{R_x}\right)\right]} \tag{3.3.8}$$

由式(3.3.8)可以得出以下结论：

① 电桥的灵敏度与检流计的灵敏度 $S_1$ 成正比；

② 电源电动势越高，电桥灵敏度就越高(但要注意，在提高电源电动势时，必须考虑电桥的额定功率，否则将会损坏桥臂电阻)；

③ 检流计内阻 $R_g$ 越小，电桥灵敏度越高；

④ 桥臂电阻($R_1, R_2, R_s, R_x$)越大，电桥灵敏度越低。

**2. 利用交换法减小误差的原理**

交换法测电阻一般情况下可减小误差。当电桥平衡时，由 $R_x = \dfrac{R_1}{R_2} R_s$ 可以得到它的不确定度为

$$\frac{u(R_x)}{R_x} = \sqrt{\left[\frac{u(R_1)}{R_1}\right]^2 + \left[\frac{u(R_2)}{R_2}\right]^2 + \left[\frac{u(R_s)}{R_s}\right]^2} \tag{3.3.9}$$

把 $R_x$ 与 $R_s$ 交换后，调整 $R_s$ 至 $R_s'$ 使得电桥重新平衡($R_1, R_2$ 不变)，有

$$R_x = \frac{R_2}{R_1} R_s'$$

上式与式(3.3.3)相乘有

$$R_x = \sqrt{R_s R_s'}$$

则

$$\frac{u(R_x)}{R_x} = \sqrt{\left[\frac{1}{2}\frac{u(R_s)}{R_s}\right]^2 + \left[\frac{1}{2}\frac{u(R_s')}{R_s'}\right]^2}$$

当 $R_s' \approx R_s$ 时，有

$$\frac{u(R_x)}{R_x} = \frac{\sqrt{2}}{2}\frac{u(R_s)}{R_s} \tag{3.3.10}$$

通过上面对不确定度的分析可知，使用了交换法，被测电阻的误差只取决于 $R_s$ 的误差(实际上略小于 $R_s$ 的误差)，显然比未交换时的误差减小了。

**[实验仪器]**

3 V 干电池，AC5/3 型直流指针式检流计，ZX21 型电阻箱，滑线变阻器，QJ23 型直流单臂电桥，开关，导线。

[实验内容]

**1. 自搭惠斯通电桥测电阻**

自搭惠斯通电桥并用其分别测量两未知电阻 $R_{x1}$ 和 $R_{x2}$。要求:所测出的 $R_{x1}$ 和 $R_{x2}$ 的结果有 4 位有效数字。

**2. 交换法测电阻**

在"实验内容 1"的基础上,交换 $R_s$ 和 $R_x$ 的位置,分别测两待测电阻的阻值。

**3. QJ23 型直流单臂电桥测两未知电阻**

要求选择合适的比率臂倍数,使被测电阻有 4 位有效数字,并利用公式(3.3.4)计算电桥灵敏度。

电阻箱的误差可以按照 $\dfrac{\Delta R}{R} = \left(0.1 + 0.2\,\dfrac{m}{R}\right)\%$ 进行计算,其中 $m$ 为所用旋钮个数。

[附录] **QJ23 型直流单臂电桥**

图 3.3.2 为 QJ23 型直流单臂电桥的电路原理图和面板图。

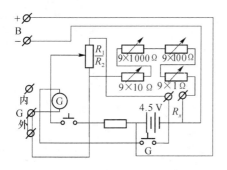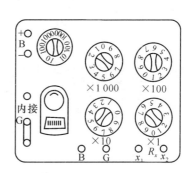

图 3.3.2　QJ23 型直流单臂电桥

在面板图中,右边 4 个旋钮相当于比较臂 $R_s$,调节旋钮"×1"、"×10"、"×100"、"×1 000",可得 0～9 999 Ω 的电阻。左上方的旋钮是比例臂,用来调节 $R_1/R_2$ 的比值。左下方是检流计。实验前先缓慢地调节检流计上的旋钮,使指针指零。按钮 B 和 G 分别是电桥内部电池电路和检流计电路中的开关。$x_1$ 和 $x_2$ 是待测电阻 $R_x$ 的接线柱。左上角 B 旁两个接线柱是供外接电源时用。左下角有 3 个接线柱,上面有一个金属片,若接通上面两个接线柱,露出"外",表示需要外接检流计,若接通下面两个接线柱,露出"内",表示用电桥内部的检流计。**注意:实验中不用外接电源和检流计。**

使用方法:

(1) 根据待测电阻的粗略值(标称值或用万用表测出的数值),选定合适的比例臂的数值,使电桥平衡时,比较臂 $R_s$ 的 4 个旋钮都能用上(测出 4 位数来)。

(2) 将比较臂旋钮旋到 $R_x$ 的粗略值上。

（3）测量时，先按下按钮"B"，再点按按钮"G"（即按一下立即放开），观察检流计偏转方向，调节 $R_s$ 值，直到点按按钮"G"时，检流计指针不动为止。此时，比较臂 $R_s$ 的数值乘以比例臂（$R_1/R_2$）的数值就是被测电阻 $R_x$ 的数值。

测量时，有时遇到下列情况：在根据粗测值选好合适的比例臂后，"×1"旋钮置于哪一位置上，检流计指针都不指零，如旋钮置于 4 时，指针偏向"＋"方 2 格，旋钮置于 5 时，指针偏向"－"方 6 格。说明测量值最后一位数在 4 与 5 之间一个值，这时可根据线性内插法求出这个值，即在 4 之后再取一位数，使测量结果为 5 位数。为简单起见，也仍可取 4 位，最后一位根据指针偏转的格数大小来取值，如上面说的情况，取 4 不取 5。

（4）使用完毕应将"B"和"G"按钮松开。

# 实验 3.4　开尔文电桥测量低值电阻

[实验目的]

(1) 掌握开尔文电桥(双臂电桥)测量低值电阻的原理和特点；
(2) 利用双臂电桥测量低值电阻；
(3) 了解热敏电阻的温度特性；
(4) 学会用最小二乘法和图解法处理实验数据。

[实验原理]

## 1. 双臂电桥的工作原理

用惠斯通电桥测量电阻的范围一般在 $1\sim10^6$ $\Omega$ 之间的中值电阻。对 1 $\Omega$ 以下的电阻(如金属材料的电阻、变压器的线绕电阻等低值电阻)来说,测量线路的附加电阻(一般为 $10^{-4}\sim10^{-2}$ $\Omega$)不能忽略,因此惠斯通电桥不能用来测量低值电阻。用惠斯通电桥测量低值电阻遇到的问题是附加电阻与待测电阻 $R_x$ 是直接串联的,当附加电阻与待测电阻的阻值相比不能忽略时,使用惠斯通电桥测量电阻的公式 $R_x=\dfrac{R_1}{R_2}R_s$ 就不能准确地得出 $R_x$ 的值。双臂电桥也称开尔文电桥,是在惠斯通电桥的基础上发展起来的,它使用了四端钮电阻,如图 3.4.1 所示,待测电阻 $R_x$ 是 $P_1$ 和 $P_2$ 间的电阻值,$P_1$ 和 $P_2$ 称为电压端,$C_1$ 和 $C_2$ 称为电流

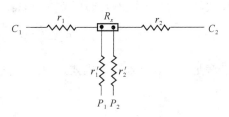

图 3.4.1　四端钮电阻

端。它可以消除附加电阻对测量结果的影响,双臂电桥一般用来测量 $10^{-5}\sim11$ $\Omega$ 之间的低值电阻。

双臂电桥的工作原理如图 3.4.2 所示,由于附加电阻 $r'_2$ 和 $r'_{s2}$ 的值非常小,分别给它们串上一个阻值较大的电阻 $R_3$ 和 $R_4$ 从而形成了如图 3.4.3 所示的实际的双臂电桥。图中 $r_2$,$r_{s2}$ 的阻值总和为 $r$；$r_1$,$r_{s1}$ 与电源内阻串联；$R_1$ 与 $r'_1$ 串联；$R_2$ 与 $r'_{s1}$ 串联；$R_3$ 与 $r'_2$ 串联；$R_4$ 与 $r'_{s2}$ 串联。因为 $R_1$,$R_2$,$R_3$,$R_4$ 和电源的内阻远大于跟它们串联的附加电阻,故附加电阻的影响可以忽略。而 $r=r_2+r_{s2}$ 的影响可以通过调节 $R_1$,$R_2$,$R_3$,$R_4$ 的阻值消去。

调节 $R_1$,$R_2$,$R_3$,$R_4$ 和 $R_s$,当流过检流计的电流为零时,电桥即达到平衡。这时,由于 $I_g=0$,因而:通过 $R_1$,$R_2$ 的电流相等,用 $I_1$ 表示；通过 $R_3$,$R_4$ 的电流相等,用 $I_2$ 表示；

通过 $R_x$，$R_s$ 的电流也相等，以 $I_3$ 表示。由 $B$，$D$ 两点电位相等可得

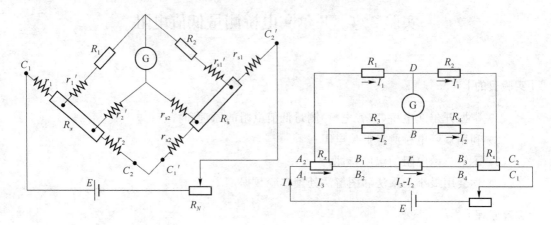

图 3.4.2  双臂电桥电路原理图　　　　图 3.4.3  双臂电桥电路图

$$I_1 R_1 = I_3 R_x + I_2 R_3 \tag{3.4.1}$$

$$I_1 R_2 = I_3 R_s + I_2 R_4 \tag{3.4.2}$$

$$I_2(R_3 + R_4) = (I_3 - I_2)r \tag{3.4.3}$$

将式(3.4.1)～式(3.4.3)联立求解，得

$$R_x = \frac{R_1}{R_2} R_s + \frac{rR_4}{R_3 + R_4 + r}\left(\frac{R_1}{R_2} - \frac{R_3}{R_4}\right) \tag{3.4.4}$$

若满足 $R_1/R_2 = R_3/R_4$，则式(3.4.4)右边的第二项为零，于是有开尔文电桥的平衡公式：

$$R_x = \frac{R_1}{R_2} R_s \tag{3.4.5}$$

为了保证 $R_1/R_2 = R_3/R_4$ 这一条件在电桥使用过程中始终成立，实际的电桥中，此部分被做成了一种特殊的结构，即将 $R_1$，$R_3$ 采用所谓的双十进电阻箱。在这种电阻箱里，两个相同十进电阻的转臂连接在同一转轴上，转轴在任一位置都保持 $R_1 = R_3$。而 $R_2$ 和 $R_4$ 可用两个电阻箱将 $R_2$ 和 $R_4$ 调到两个相等的定值（$R_2 = R_4$）。当然在制造仪器时，不可能将 $R_1$，$R_3$ 及 $R_2$，$R_4$ 做到绝对相等，为了消除 $r$ 对测量结果 $R_x$ 的影响，连接 $R_x$ 和 $R_s$ 两电流端的导线要尽可能短而粗，使 $r$ 尽可能的小。

**2. 电阻率的测量**

大部分金属的导电性能都很好。本实验的目的是通过对金属电阻的测量，比较金属电阻率的差别，以及影响电阻率大小的条件。金属材料的电阻率由式(3.4.6)给出：

$$\rho = \frac{SR_x}{L} = \frac{\pi D^2 R_x}{4L} \tag{3.4.6}$$

式中,$S$ 为金属棒的横截面积,$R_x$ 为电阻值,$L$ 为电阻对应的金属材料的长度,$D$ 为金属材料的直径。

[实验仪器]

QJ44 型双臂电桥,千分尺,四端钮电阻卡具,金属棒等。

[实验内容]　使用开尔文电桥测量金属棒的电阻率

(1)熟悉四端钮电阻的结构和使用方法。

(2)学会 QJ44 型双臂电桥的使用方法。

(3)用 QJ44 型双臂电桥测量给定金属电阻的阻值。为了保证测量在等精度条件下进行,要求:

①测量金属棒 1(金色)的电阻,测量的点从 200 mm 开始,连续测 6 个点,每隔50 mm 测一个(每次测量前应校准检流计零点和灵敏度)。

②测量金属棒 2(银色)的电阻,测量的点从 100 mm 开始,连续测 6 个点,每隔50 mm 测一个。

(4)用千分尺测量金属棒 1 的直径,分别在 6 个不同的位置测 6 次。

(5)用最小二乘法求出金属棒的电阻率 $\rho$ 和相关系数 $r$。

(6)利用图解法求出金属棒的电阻率,并将两种方法得到的结果进行比较。

[附录]　**QJ44 型双臂电桥**

QJ44 型双臂电桥的面板如图 3.4.4 所示。级别 0.2 级;使用温度范围 5～45 ℃;测量范围 0.000 01～11 Ω;基本量限 0.1～11 Ω。电桥在环境温度为(20±10) ℃,相对湿度小于 80% 的条件下,在基本量限内使用时的允许误差为 $|\Delta| = a\% R_{max}$,式中的 $a$ 为准确度等级,$R_{max}$ 为电桥读数的满刻度(Ω)。电桥内附的晶体管检流计的精度足够高,在基本量限内,滑线读数盘刻度变化 4 小格,检流计指针偏离零位不小于 1 格。电桥的工作电源为 1.5～2 V,晶体管检流计的工作电源为 6F22 型的 9 V 集层电池。使用时,先将"$B_1$"开关扳到"通"位,稳定约 5 min 后,调节检流计的指针到零位;按四端钮电阻连接法将被测电阻接在电桥相应 $C_1$,$P_1$,$P_2$,$C_2$ 的接线柱上。测量开始时可将灵敏度旋钮放在最低位置,并估计被测电阻的阻值范围,选择适当的倍率位置,然后先按"B"按钮,再按"G"按钮进行测量。测量过程中如发现灵敏度不够,应适当增加灵敏度。判定灵敏度是否合适,可移动滑线读数盘 4 小格,若检流计指针偏离零位约 1 格,就能满足测量要求。被测电阻可按式(3.4.7)计算:

被测电阻值＝倍率读数(步进读数＋滑线读数)　　　　　(3.4.7)

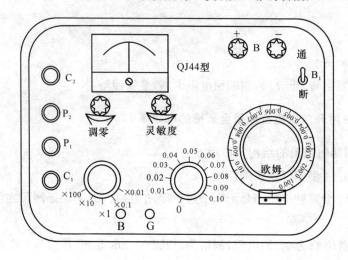

图 3.4.4　QJ44 型双臂电桥的面板图

其他与双臂电桥使用有关的问题可以参考实验室提供的使用说明书。

# 实验 3.5 霍尔元件测磁场

物理学家霍尔研究载流导体在磁场中受力性质时发现,任何导体通以电流时,如果存在垂直于电流方向的磁场,则导体内部会产生与电流和磁场方向都垂直的电场,这一现象称为霍尔效应,它是一种磁电效应。对于一般的金属导电材料,这一效应不太明显。20世纪 50 年代以来,由于半导体工艺的飞速发展,多种具有明显霍尔效应的材料先后被制作出来,霍尔效应的应用也随之发展起来。现在霍尔效应已经在测量技术、自动化技术、计算机和信息技术等领域得到广泛的应用。在测量技术中霍尔效应的典型应用是测量磁场。通过本实验,将会学习霍尔元件测磁场的原理,同时学习用"对称测量法"消除附加效应的影响。

[实验目的]

(1) 了解霍尔元件测量磁场的原理;

(2) 学会用霍尔元件测量磁场以及霍尔元件的电导率;

(3) 学习用"对称测量法"消除附加效应的影响。

[实验原理]

霍尔元件是一块矩形半导体薄片,假设它的长度为 $a$,宽度为 $b$,厚度为 $d$,将其放入与薄片相垂直的磁场中,如图 3.5.1 所示。

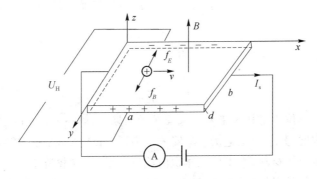

图 3.5.1　霍尔元件原理图

如果在半导体薄片上沿垂直于磁场 $B$ 的方向通以恒定电流 $I_s$,这时磁场对半导体薄片中定向迁移的载流子(电子或空穴)就产生了洛伦兹力 $f_B$ 的作用。设载流子的电荷为 $q$(为正电荷),漂移速度为 $\boldsymbol{v}$(即定向运动速度),则洛伦兹力的大小及方向可由 $f_B = q\boldsymbol{v} \times \boldsymbol{B}$ 确定。在洛伦兹力的作用下,载流子的运动方向发生偏转,使电荷在半导体片的相对两侧面上聚集,如图 3.5.1 所示,两侧面之间将出现电势差 $U_H$。这种现象是霍尔在 1879 年发现的,故称为霍尔效应。$U_H$ 称为霍尔电压。

在霍尔效应中,载流子在薄片侧面的聚集不会无限地进行下去,因为侧面聚集的电荷在薄片中形成横向电场。设电场强度为 $E$,方向由正电荷指向负电荷,此电场对载流子的作用力大小为

$$f_E = qE \tag{3.5.1}$$

从图 3.5.1 可以看出,电场力的方向与洛伦兹力的方向相反。在开始阶段,两侧面聚集的电荷不多,横向电场较弱,电场力小于洛伦兹力,电荷将继续向侧面聚集,电场将继续增强,电场力也就不断增大。最后,载流子所受的电场力和洛伦兹力相等,即

$$f_E = f_B \tag{3.5.2}$$

此时,侧面的电荷将不再增加,达到平衡状态,在半导体片中形成一个稳定的电场。此时半导体片中的横向电场强度为

$$E = \frac{f_E}{q} = \frac{f_B}{q} = vB \tag{3.5.3}$$

而两侧面的霍尔电压 $U_H$ 也达到一稳定值,即

$$U_H = Eb = vBb \tag{3.5.4}$$

设 $n$ 为半导体片中载流子浓度,则

$$I_s = \frac{dQ}{dt} = nqvbd , \qquad v = \frac{I_s}{nqbd}$$

代入式(3.5.4)得

$$U_H = \frac{1}{nqd} I_s B = K_H I_s B = R_H \frac{I_s B}{d} \tag{3.5.5}$$

式中

$$R_H = \frac{1}{nq} \tag{3.5.6}$$

$$K_H = \frac{1}{nqd} \tag{3.5.7}$$

$R_H$ 称为霍尔系数,单位为毫伏·毫米/(毫安·千高斯)〔mV·mm/(mA·kGS)〕;$K_H$ 称为霍尔元件的灵敏度,其单位是毫伏/(毫安·千高斯)〔mV/(mA·kGS)〕。

对于不同的半导体材料,由于单位体积内载流子数目 $n$(载流子浓度)不同,故 $R_H$ 也不同。如果霍尔元件的灵敏度 $K_H$ 已测定,可以用式(3.5.5)测量磁感应强度 $B$,即

$$B = \frac{U_H}{K_H I_s} \tag{3.5.8}$$

式中,$I_s$,$U_H$ 需要用仪表分别测量。为了准确测量磁场 $B$ 的值,流经霍尔元件的电流 $I_s$ 必须稳定。

应该指出式(3.5.8)是在假定理想情形下得到的。实际测量时,测得的值并不只是

$U_H$,还包括了其他因素带来的附加电压,因而根据 $U_H$ 计算出的磁感应强度 $B$ 也不准确。主要的附加电压如下。

（1）由于电极位置不对称产生的电势差（不等位电势）：因为制作霍尔元件时很难使 $A$、$A'$ 两点在同一等势面上（如图 3.5.2 所示），因此即使不加磁场，只要有电流 $I_s$ 通过，就有电势差 $U_0$ 产生，$U_0 = I_s R$（$R$ 是 $A$、$A'$ 所在的两个等势面之间的电阻），$U_0$ 的正负与流过霍尔片的电流 $I_s$ 的方向有关，与磁场无关。

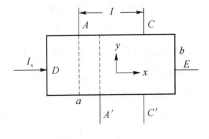

图 3.5.2　霍尔片示意图

（2）霍尔元件伴随霍尔效应还存在几种附加效应。

① 厄廷豪森（Etinghausen）效应（温差电效应）：由于霍尔片中载流子的速度不同，若速度为 $v$ 的载流子所受的洛伦兹力与电场力相等，则速度大于或小于 $v$ 的载流子在电场和磁场的作用下，将各自向不同方向偏转，从而在 $y$ 方向引起温差，由此产生温差电效应，在电极 $A$、$A'$ 上引起附加电压 $U_E$。且 $U_E \propto I_s B$，$U_E$ 的正负与 $I_s$ 和 $B$ 的方向的关系与 $U_H$ 相同。

② 能斯特（Nernst）效应（热磁效应）：由于给霍尔片加电流 $I_s$ 的两条引线的焊点 $D$、$E$ 电阻不等（见图 3.5.2），通过电流后在接点处产生不同的焦耳热，造成在 $x$ 方向有温度梯度，载流子沿梯度方向扩散而产生热扩散电流，在磁场的作用下，类似于霍尔效应在 $y$ 方向产生附加电场，相应的电压为 $U_N$。$U_N$ 的正负与磁场 $B$ 的方向有关，与 $I_s$ 的方向无关。

③ 纪-勒杜克（Righi-Leduc）效应（热磁效应产生的温差）：如②中所述的 $x$ 方向热扩散电流，由于热扩散电流的载流子的迁移率不同，在 $z$ 方向磁场 $B$ 作用下，绕不同的轨道偏转，在 $y$ 方向形成温度梯度。该温度梯度引起 $A$，$A'$ 间出现温差电压 $U_R$。$U_R$ 的正负只与磁场 $B$ 方向有关，与 $I_s$ 的方向无关。

（3）附加电压的消除：综上所述，测量霍尔电压时，除 $U_H$ 以外还包括上述 4 种附加电压，由于 $U_E$ 的正、负与 $I_s$，$B$ 的方向的关系与 $U_H$ 相同，因此不能采取改变 $I_s$ 和 $B$ 方向的方法予以消除。但是其引起的误差很小，可以忽略，而其他 3 种附加电压都可以通过改变 $I_s$ 或 $B$ 的方向来予以消除。

本实验还可以测量霍尔元件的电导率 $\sigma$。见图 3.5.2，设霍尔元件上 $A$，$C$ 两电极之间的距离为 $l$，元件的横截面积为 $S = bd$，则电阻为

$$R = \frac{1}{\sigma} \cdot \frac{l}{S}, \qquad \sigma = \frac{l}{S} \cdot \frac{1}{R} = \frac{l I_s}{S U_\sigma} \tag{3.5.9}$$

在磁场 $B$ 为零时，测出流过元件的电流为 $I_s$，$A$ 和 $C$ 之间的电势差为 $U_\sigma$，就可以从式（3.5.9）计算出 $\sigma$ 的值。

**[实验仪器]**

霍尔效应实验仪,霍尔效应测试仪。

霍尔效应实验仪如图 3.5.3 所示,磁场由规格大于 3.00 kGS/A 的电磁铁产生,磁铁线包的引线有星标者为头,线包为顺时针绕向。

样品为霍尔片,由 N 型半导体硅单晶片制作,尺寸为:厚度 $d=0.5$ mm,宽度 $b=4.0$ mm,$A$ 和 $C$ 电极间距 $l=3.0$ mm。$I_s$ 是给霍尔片加电流的换向开关,$I_M$ 是励磁电流的换向开关。当 $I_s$,$I_M$ 开关投向上方时均为正值,相反为负值。"$V_H$、$V_\sigma$"为切换开关,投向上方时测出霍尔电压值,投向下方时测出不等势电压 $U_\sigma$。

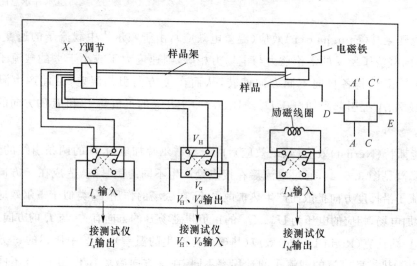

图 3.5.3　霍尔效应实验仪面板图

图 3.5.4 为霍尔效应测试仪面板,"$I_s$ 输出":0~10 mA 工作电流,电流大小通过"$I_s$ 调节"旋钮调节。

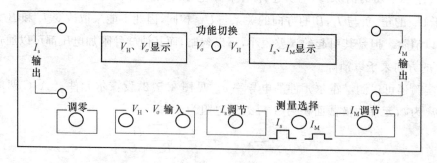

图 3.5.4　霍尔效应测试仪面板图

"$I_M$ 输出"：0～1 A 励磁电流,电流大小通过"$I_M$ 调节"旋钮调节。

$I_s$, $I_M$ 的值通过"测量选择"按键由同一个数字电流表显示。$U_H$, $U_\sigma$ 的值通过"功能切换"开关由同一个数字电压表显示,电压表用"调零"旋钮调节。

## [注意]

(1) 开机(或关机)前应将 $I_s$, $I_M$ 旋钮逆时针旋到底。仪器接通电源后,预热数分钟即可进行实验。

(2) 调节 $I_s$, $I_M$ 两旋钮需细心检查"测量选择"是否正确,电流不可过大。

## [实验内容]

**1. 测霍尔元件的 $U_H$-$I_s$ 曲线**

按图 3.5.3 接线,把霍尔元件旋至磁铁空气隙中间位置,打开电源开关,调节励磁电流 $I_M$ 为 0.600 A 不变。从 0.20 mA 到 2.00 mA 每隔 0.20 mA 改变一次 $I_s$,"功能切换"开关扳到 $V_H$,利用 $I_s$ 和 $I_M$ 换向开关测出 $U_1$, $U_2$, $U_3$, $U_4$,根据公式 $U_H \approx \dfrac{U_1-U_2+U_3-U_4}{4}$ 求出霍尔电压 $U_H$ 值。在坐标纸上以 $I_s$ 为横坐标,以 $U_H$ 为纵坐标,作 $U_H$-$I_s$ 曲线。

**2. 测电磁铁的励磁特性 $B$-$I_M$ 曲线**

保持 1 的接线不变,霍尔元件置于磁铁的空气隙中间位置,使 $I_s$ 保持 2.00 mA 不变。在 0.100 A 至 0.600 A 的区间依次改变励磁电流 $I_M$,间隔为 0.100 A。将"功能切换"开关扳到 $V_H$,测出相应的霍尔电压 $U_H$,然后分别代入式(3.5.8),计算出对应的磁感应强度值。以 $I_M$ 为横坐标,以 $B$ 为纵坐标,作 $B$-$I_M$ 曲线。

**3. 测电磁铁的磁场分布 $B$-$x$ 和 $B$-$y$ 曲线**

把霍尔元件旋至最左端,调节励磁电流 $I_M$ ＝ 0.600 A,霍尔电流 $I_s$ ＝ 2.00 mA,测出该位置时的 $U_H$ 值,并用式(3.5.8)计算出该处的 $B$ 值。然后,向右移动霍尔元件,每隔 2.00 mm 测一个 $U_H$ 值,并计算 $B$ 值,直至霍尔元件被移到最右边为止(注意:霍尔元件被移到接近磁铁空气隙中间位置附近时,可以隔 5 mm 测一个 $U_H$ 值)。以 $x$ 为横坐标,$B$ 为纵坐标,作 $B$-$x$ 曲线。

把霍尔元件旋至磁铁空气隙中部的最上端,励磁电流仍为 0.600 A,霍尔电流 $I_s$ ＝ 2.00 mA,测出该位置时的 $U_H$ 值。然后,向下移动霍尔元件,每隔 0.5 mm 测一个 $U_H$ 值,并计算 $B$ 值,直至霍尔元件被移到最下边为止。

把霍尔元件旋至磁铁空气隙左部边缘的最上端,重复刚才的测量,并将两次的测量曲线在同一坐标纸上作 $B$-$y$ 图。

**4. 测霍尔元件的电导率 $\sigma$**

将霍尔效应实验仪上标有"$V_H$、$V_\sigma$"切换开关掷向下方,霍尔效应测试仪的"功能切换"开关扳到 $V_\sigma$,测出不等势电压 $U_\sigma$ 值。用式(3.5.9)可计算出 $\sigma$ 的值。

[思考题]

(1) 是否存在更简单的消除附加电压的实验方案。

(2) 能否通过对实验数据的处理推测出不等位电势差 $U_0$ 的大小。

# 实验 3.6　集成霍尔传感器与简谐振动

霍尔器件是基于霍尔效应的磁传感器,它已经发展成一个品种多样的磁传感器产品族,并得到了广泛的应用。霍尔器件具有许多优点:结构牢固,体积小,重量轻,寿命长,安装方便,功耗小,频率高(可达 1 MHz),耐震动,不怕灰尘、油污、水汽及盐雾等的污染或腐蚀。霍尔器件包括霍尔线性器件和霍尔开关等。其中霍尔线性器件的精度高,线性度好;而霍尔开关器件无触点,无磨损,输出的波形清晰、无抖动、无回跳、位置重复精度高(可达微米级)。本实验将利用霍尔传感器研究简谐振动。

## [实验目的]

(1) 练习用静态伸长法测量弹簧的倔强系数;

(2) 了解集成霍尔传感器的基本组成部分和工作原理;

(3) 学会用开关型集成霍尔传感器测量弹簧振子的振动周期,并计算弹簧的倔强系数和有效质量。

## [实验原理]

弹簧在外力的作用下产生形变(伸长或缩短),在弹性限度内,弹簧的伸长量 $\Delta x$ 与所受拉力 $F$ 的大小成正比,这就是胡克定律,即:$F = k\Delta x$,式中的比例系数 $k$ 称为弹簧的倔强系数,它的值与弹簧的形状有关。如果知道弹簧相应的伸长量或缩短量 $\Delta x$,以及施加的外力 $F$,就可以根据胡克定律计算出 $k$ 的值。

本实验所使用的仪器如图 3.6.1 所示。弹簧铅直地悬挂在一个稳定的支架上,弹簧的自由端挂钩上悬挂着质量为 $M_1$ 的物体(在弹性限度内),弹簧自身的质量为 $M_0$,这样弹簧和物体构成一个弹簧振子。如果在弹簧上施加一个在弹性限度内的外力,如增加一个质量为 $m$ 的物体,弹簧就会有一定的伸长量 $\Delta x$,利用卡尺小镜上的刻度,可以测量出弹簧的位移量,从而得到:

$$k = \frac{mg}{\Delta x} \tag{3.6.1}$$

当然,也可以利用其他方法来测量 $k$ 值。如给弹簧振子增加一个外力,使物体离开平衡位置少许,当作用在弹簧上的外力撤销后,弹簧振子将在平衡位置附近作上下振动,它的动力学方程为

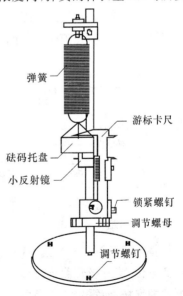

弹簧

游标卡尺

砝码托盘

小反射镜

锁紧螺钉

调节螺母

调节螺钉

图 3.6.1　实验装置示意图

$$kx + M\frac{\mathrm{d}^2 x}{\mathrm{d}t^2} = 0 \tag{3.6.2}$$

该方程的解为

$$x = A\cos(\omega t + \varphi) \tag{3.6.3}$$

式中,$\omega = \sqrt{k/M}$,由此可以得到系统的振动周期为

$$T = 2\pi\sqrt{\frac{M}{k}} \tag{3.6.4}$$

式中,$M = M_1 + M'$,且$M'$为弹簧的有效质量。只要测出弹簧振子的振动周期,就可以计算出弹簧的倔强系数$k$值。同样若已知弹簧的倔强系数$k$,测出弹簧振子的振动周期,也可以计算出弹簧的有效质量。测量弹簧振子振动周期的方法很多,本实验介绍一种用霍尔传感器测量弹簧振子振动周期的方法。其原理如图3.6.2所示。

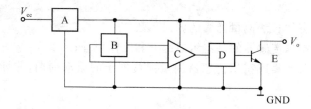

图 3.6.2 集成开关型霍尔传感器框图

集成开关型霍尔传感器是由稳压器 A、霍尔电压发生器 B(霍尔片)、差分放大器 C、施密特触发器 D 和输出 E 这 5 个基本部分组成。从输入端输入电压$V_{cc}$,经稳压器 A 后加到霍尔片两端,处于磁场中的霍尔片会在与外加电压和磁场相垂直的方向上产生霍尔电势差$U_H$,$U_H$经差分放大器 C 放大后被送至施密特触发器 D 整形成方波,然后输送到三极管 E 输出。如图3.6.3所示,未加磁场前,触发器输出低电位,三极管截止,此时 OC 门 E 输出高电位,这种状态称为"关"。当施加的磁场达到工作点($B_{op}$)时,触发器输出高电位(相对于地的电位),使三极管 E 导通,此时 OC 门输出端输出低电位,这种状态为"开"。继续增加磁场,器件将保持"开"状态。当减小磁场到低于$B_{op}$时,由于磁滞作用,

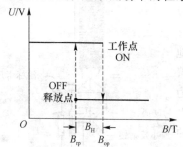

图 3.6.3 集成霍尔开关型传感器的
工作特性曲线

器件将继续保持"开"状态,直到施加的磁场减小到"释放点"($B_{rp}$)时,触发器才会翻转,输出低电位,使三极管截止,此时 OC 门 E 输出高电位,器件回到"关"状态。这样两次高、低电位的变换,使霍尔开关完成一次开关动作。而$B_{op}$和$B_{rp}$的差值称为磁滞,用$B_H$表示,即$B_H = B_{op} - B_{rp}$。由于在磁滞范围内,输出电压$V_o$是不变的,因而开关的输出稳定、可靠。这是集成霍尔开关型传感器的优良特性之一。

[实验仪器]

  开关型集成霍尔传感器简谐振动实验仪,集成开关型霍尔传感器,支架,弹簧,卡尺等。

  集成线性霍尔传感器:供电电压为 $4.5 \sim 6.0$ V。

  测量范围为 $-67 \sim +67$ mV(线性使用范围)。

  灵敏度 $K = (31.2 \pm 1.2)$ V/T,线性误差小于 $1.0\%$。

[实验内容]

**1. 用静态伸长法测量弹簧的倔强系数**

  (1)调节实验装置,使支架的立柱垂直,将弹簧固定在支架上部的悬臂上。

  (2)将卡尺装入槽中,并用卡子卡住。将悬挂于弹簧下方砝码盘的底部的指针靠拢游标尺上的小镜。调节卡尺的位置,使之满足测量弹簧下垂后的范围。

  (3)当系统平衡时,记录平衡位置的坐标(从卡尺上读出)。依次在砝码盘中放入砝码,每次放 1 g 砝码,并记录相应的坐标,共放入 5 g 砝码。然后依次取下砝码,每次取下 1 g,记下相应的坐标值。列表记录数据。

  (4)用作图法求弹簧的倔强系数 $k$。

**2. 测量霍尔开关的相关参数**

  测量霍尔开关型传感器的工作点 $d_{op}$ 和释放点 $d_{rp}$ 的位置。利用线性霍尔传感器测量相应的输出电压,并求出工作点磁场 $B_{op}$ 和释放点磁场 $B_{rp}$。

  (1)按图 3.6.4 接线,把开关型霍尔传感器(带发光管的)放在给定的盒内,并把一块小磁钢吸到盒上的钉子上,S 极朝向霍尔传感器。移动开关型霍尔传感器板,注意观察并记录下发光管亮($d_{op}$)和灭($d_{rp}$)时的位置坐标值。

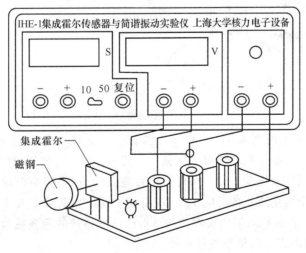

图 3.6.4 测霍尔开关型传感器工作点接线图

(2) 用线性霍尔传感器替换开关型霍尔传感器。使磁场强度为零时的线性霍尔传感器输出为 2.500 V。加上磁场后，分别测出线性霍尔传感器在上述($d_{op}$)和($d_{rp}$)位置时的电压值 $U$。利用式(3.6.5)计算出上述两位置的磁场强度 $B_{op}$ 和 $B_{rp}$ 的值。

$$B = \frac{U - 2.500}{K} \tag{3.6.5}$$

式中，$K$ 为线性霍尔传感器的灵敏度。

**3. 用开关型霍尔传感器测定弹簧振子的振动周期**

利用开关型霍尔传感器测定弹簧振子的振动周期，并利用公式(3.6.4)计算弹簧的倔强系数和有效质量。

(1) 按照图 3.6.5 连接线路，然后从支架上取下游标卡尺，并从弹簧上取下托盘。将一个带有挂钩的 20 g 砝码挂在弹簧的自由端，并把一块小磁钢吸在砝码底部，磁钢的 S 极向下。把开关型霍尔传感器(带指示灯的)装在支架上，并将固定螺钉拧紧。

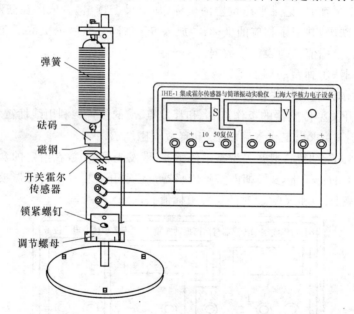

图 3.6.5　测振动周期接线图

(2) 打开实验仪上的电源开关。向下拉弹簧使系统开始振动，注意拉的时候一定要竖直向下，以保证弹簧振子只在竖直方向振动。调节霍尔片与磁钢之间的距离，在保证霍尔片正常工作的前提下(振动过程中小灯泡交替亮、灭)，尽量减小振动系统的振动幅度。测出系统振动 10 个周期所用的时间 $10T$(从面板上读出)，共测量 6 次。增加一个磁钢，重复上述测量。将 $T$ 的平均值代入式(3.6.4)，计算出弹簧的倔强系数 $k$ 值和有效质量。将测量结果与实验内容 1 的结果进行比较。

72

# 实验 3.7　灵敏电流计的研究

灵敏电流计也称直流检流计,是一种高灵敏度的磁电式仪表。它是根据载流线圈在磁场中受到力矩后会偏转的原理制成。它分为指针式和光点反射式两种,用来测量微弱电流($10^{-11}$～$10^{-6}$ A)或微小电压($10^{-7}$～$10^{-3}$ V),如光电流、生理电流、温差电动势等。灵敏电流计的另一种用途是平衡指零,即根据流过电流计的电流是否为零来判断电路是否平衡,它被广泛用于直流电桥和电位差计中。本实验将通过对灵敏电流计本身一些基本参数的测量,了解灵敏电流计的工作原理和使用方法。

## [实验目的]

(1) 了解灵敏电流计的工作原理;

(2) 掌握测定灵敏电流计内阻、灵敏度和临界外阻的方法;

(3) 观察灵敏电流计处于过阻尼、欠阻尼及临界阻尼时光点的 3 种运动状态,并学会正确使用灵敏电流计。

## [实验原理]

### 1. 灵敏电流计的构造

灵敏电流计的结构主要分为 3 部分,如图 3.7.1 所示。

(1) 磁场部分

此部分包括永久磁铁和圆柱形软铁心 F。永久磁铁产生磁场,圆柱形软铁心使磁铁极隙间磁场呈均匀径向分布,并增加磁极和软铁之间空隙中的磁场。

(2) 偏转部分

此部分为上下用金属张丝张紧可在磁场中转动的线圈,张丝同时作为线圈两端的电流引线,即 E 和 P。

(3) 读数部分

此部分有光源、小镜 m 和标尺。小镜固定

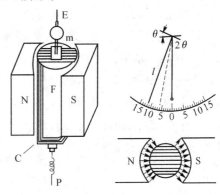

图 3.7.1　灵敏电流计结构

在线圈上,随线圈一起转动。它把从光源射来的光反射到标尺上形成一个光点,此部分相当于指针式电表中很长的指针。但是指针太长,线圈的转动惯量增大,灵敏度将下降。为了克服这样的缺点,采用光点偏转法,可使灵敏度大幅度地提高。有的灵敏电流

计常采用多次反射式,使标尺远离电流计的小镜,如图3.7.2所示,AC15型检流计就是此种灵敏电流计。光点经3个反射镜的反射后到达标尺,将电流的微小变化进行了放大。这实际上是光放大原理在电流放大上的具体应用。

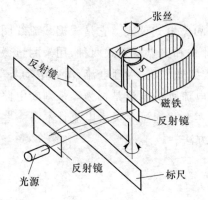

图3.7.2 光点反射式灵敏检流计工作原理

### 2. 灵敏电流计的读数

当有电流通过灵敏电流计的线圈时,线圈受到电磁力矩作用而偏转。当电磁力矩与张丝的扭转反力矩相等时,线圈就停止在某一位置上,即转过一定的角度,电流不变时,线圈就静止在该位置上。转过的角度与通过的电流 $I_g$ 的大小成正比。线圈转过 $\theta$ 角时,小镜 m 也转过 $\theta$ 角,因而反射光线相对平衡位置就转过了 $2\theta$ 角。此时,光点在标尺上移动一段距离 $n$, $n = l \cdot 2\theta$。由于 $n$ 与 $\theta$ 成正比,因此,$n$ 也就与电流 $I_g$ 成正比,可见,由光点的移动距离 $n$ 可测出电流 $I_g$ 的大小,即

$$I_g = kn \tag{3.7.1}$$

式中,$k$ 是比例常数,称为电流计常数;$k = \dfrac{I_g}{n}$,单位是 A/mm,即光点移动 1 mm 所对应的电流。$k$ 的倒数 $\dfrac{1}{k} = S_i$ 称为电流计的电流灵敏度,表示单位电流所引起的偏转。$k$ 越小,$S_i$ 越大,电流计灵敏度越高。

灵敏电流计的 $k$ 值,一般在电流计出厂时就在铭牌上给出。但由于调整、检修或长期使用,这个值会有些改变,所以在作精密测量时,需重新测定。

### 3. 线圈运动的阻尼特性

从电磁感应定律知道,线圈在磁场中运动时要产生感应电动势,通常电流计工作时,总是由它的内阻 $R_g$ 与外电路上的总电阻 $R_外$ 构成一个回路,因而线圈就有感应电流通过。这个电流与磁场相互作用,就会产生阻止线圈运动的电磁阻尼力矩 $M$,它的大小与回路总电阻成反比,即

$$M \propto \frac{1}{R_g + R_外} \tag{3.7.2}$$

可见 $R_g$ 一定时,$R_外$ 的大小就可以决定电磁阻尼力矩 $M$ 的大小,从而影响线圈的运动状态,由图3.7.3可以看到:

(1)当 $R_外$ 较大时,$M$ 较小,线圈作振幅逐渐衰减的振动,需经较长的时间才停止在新的平衡位置。$R_外$ 越大,$M$ 越小,振动时间也就越长。这种运动状态称为阻尼振动状态或亚阻尼状态。

（2）当 $R_{外}$ 较小时，$M$ 较大，线圈缓慢地趋向新的平衡位置，而不会越过平衡位置。$R_{外}$ 越小，$M$ 越大，达到平衡位置的时间越短，这种状态称为过阻尼状态。

（3）当 $R_{外}$ 适当时，线圈能很快达到平衡位置而不发生振动。这是前两种状态的分界状态，称为临界状态，这时对应的 $R_{外}$ 称为临界电阻 $R_{临}$。

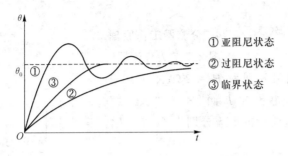

图 3.7.3　线圈运动状态曲线

从上述 3 种线圈运动状态可知，电流计工作于临界状态时，线圈到达平衡位置所需要的时间最短，最便于测量。因此，在实际工作中，必须考虑使电流计工作或接近工作在临界状态。为此，可采用下面的办法：

① 选择适当的电流计，使它的 $R_{临}$ 接近于 $R_{外}$。

② 如果电流计不能选择，则当 $R_{临} \gg R_{外}$ 时，可在电流计上串联一个电阻 $r$，使 $r+R_{外} \approx R_{临}$，如图 3.7.4 所示。但要注意，这时由于 $r$ 的引进，整个电路的灵敏度受到影响。

③ 当 $R_{临} \ll R_{外}$ 时，可在电流计上并联一个电阻 $r$，使 $\dfrac{rR_{外}}{r+R_{外}} \approx R_{临}$，如图 3.7.5 所示。同样，$r$ 的存在会影响整个电路的灵敏度。

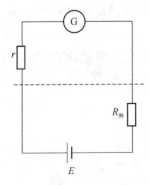

图 3.7.4　当 $R_{临} \gg R_{外}$ 时的情况

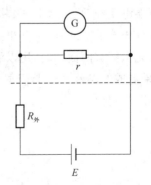

图 3.7.5　当 $R_{临} \ll R_{外}$ 时的情况

图 3.7.6　回零电路

考虑线圈从平衡位置回到零点的过程,可以在电流计两端并联一个开关 S,如图3.7.6所示。当 S 合上时,$R_{外}=0$,电磁阻尼很大,线圈立即停止运动,断开电路,在光点到达零点时再按下 S,光点就会停在零点,这样可以节约测量时间,S 称为阻尼电键。

**4. 分流器工作原理**

图 3.7.7 为分流器的电路原理图,分流电阻分别为:$R_1=2\ \Omega$;$R_2=18\ \Omega$;$R_3=180\ \Omega$。设输入电流为 $I$,而"×1"、"×0.1"、"×0.01"各挡通过电流计的电流分别为 $I_{g1}$,$I_{g2}$,$I_{g3}$,则可得:

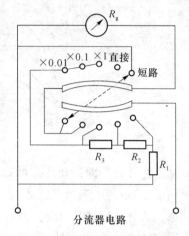

分流器电路

图 3.7.7　分流器电路原理图

$$I_{g1}=\frac{R_1+R_2+R_3}{R_1+R_2+R_3+R_g}I$$

$$I_{g2}=\frac{R_1+R_2}{R_1+R_2+R_3+R_g}I$$

$$I_{g3}=\frac{R_1}{R_1+R_2+R_3+R_g}I$$

解得:$I_{g1}=10I_{g2}=100I_{g3}$。分流电阻的大小,实际反映了检流计灵敏度的大小,即灵敏度按上述各挡依次减小。

**5. 灵敏电流计的内阻、灵敏度、外临界电阻的测量方法**

灵敏电流计的内阻($R_g$)、灵敏度($S_i$)、外临界电阻($R_{临}$)一般在电流计的铭牌上是标出的。但在使用一段时间之后,或经过维修,上述 3 个参数需要重新测定。测定上述 3 个参数的方法很多,一般采用的测定线路如图3.7.8所示。

电源端电压经 $R_0$ 一次分压,其分压值由伏特表测出,经换向开关 $S_2$ 加到 $R_a$ 和 $R_b$ 组成的二级分压器上。从 $R_b$ 上分出的电压加到 $R$ 和检流计 $G$ 上。使用 $S_2$ 的目的是使灵敏检流计光点能够两面偏转,用以消除因零点未调整好及回路中有寄生电势(主要是热电势)对结果造成的误差。$S_4$ 是阻尼开关。

根据欧姆定律

$$U_b=I_g(R_g+R)=I_bR_b,\ I_b=\frac{R_g+R}{R_b}I_g \tag{3.7.3}$$

$$I_a=I_b+I_g \tag{3.7.4}$$

$$U=I_bR_b+I_aR_a=I_b(R_b+R_a)+I_gR_a \tag{3.7.5}$$

由式(3.7.3)~式(3.7.5)可得

$$U=\left[R_a+(R_a+R_b)\frac{R_g+R}{R_b}\right]I_g \tag{3.7.6}$$

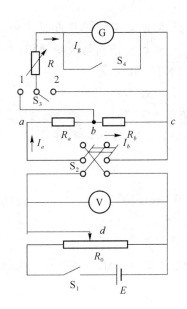

右侧图例说明：
$R_0$—滑线变阻器
$V$—伏特表
$S_1$—电源开关
$E$—电源电动势
$S_2$—双刀双掷开关
$R_a, R_b$—电阻箱组成二级分压器
$S_3$—单刀双掷开关
$S_4$—单刀单掷开关
$G$—待测灵敏电流计
$R$—电阻箱

图 3.7.8　测量电路

本实验中因 $R_a \gg R_b$，故式(3.7.6)可写成

$$I_g = \frac{UR_b}{R_a(R_b + R_g + R)} = kn \qquad (n \text{ 为光点偏转格数}) \qquad (3.7.7)$$

因 $k = \dfrac{1}{S_i}$，故式(3.7.7)可写成

$$S_i = \frac{R_a n}{UR_b}(R_b + R_g + R) \qquad (3.7.8)$$

式中，$R_a, R_b, R, n$ 都可以从仪器上直接读出，只有 $S_i$ 和 $R_g$ 是未知的，但对一个确定的检流计，只要接线柱确定(即选定"—"和"1"或"—"和"2")，则 $S_i$ 和 $R_g$ 皆可视为常量。当改变 $U$ 时，$n$ 就要发生变化，若要使 $n$ 变回原来的格数，可以通过调整 $R$ 来实现。因此若保证 $n$ 不变，改变 $U$ 就要相应调整 $R$。

改写式(3.7.8)为

$$R = -(R_b + R_g) + \frac{R_b US_i}{R_a n} \qquad (3.7.9)$$

设 $-(R_b + R_g) = A$，$\dfrac{R_b S_i}{R_a n} = B$，则式(3.7.9)为

$$R = A + BU \qquad (3.7.10)$$

可见，在 $R_a, R_b, n$ 保证不变的前提下，$R$ 和 $U$ 呈线性关系，只要测得两组 $U, R$ 的值就可以确定 $A$ 和 $B$，进而得到 $S_i$ 和 $R_g$ 的值。因为这种方法要求 $n$ 保证不变，所以通常称为定偏法。

作为一个例子，不妨选两组特殊值，调整 $U,R$ 使光点偏转到近似满偏 $n$ 格处，记下 $U,R$ 值。改变 $U$ 成 $U'=2U$，再改变 $R$ 到 $R'$，使光点偏转到与改变前相同的位置，记下 $U',R'$ 的值。把两组 $U,R$ 值分别代入式(3.7.9)可得出：

$$R_g = R' - 2R - R_b \tag{3.7.11}$$

代入数值可得出 $R_g$，将 $R_g$ 值代入式(3.7.8)可得 $S_i$ 的值。

在本实验中，为了减少随机误差对测量结果的影响，需测得多组 $U,R$ 值，数据处理可采用如下方法。

① 最小二乘法

用最小二乘法对数据进行直线拟合，可求出 $A,B$ 值，因 $R_a,R_b,n$ 可从仪器上直接读出，故可解出 $R_g,S_i$ 的值。

② 作图法

以 $U$ 为横坐标，$R$ 为纵坐标，在直角坐标纸上作 $R$-$U$ 图，直线的截距为 $A$，斜率为 $B$，从而可求出 $R_g$ 和 $S_i$ 的值。

[实验仪器]

AC15 型灵敏电流计，单刀双掷开关，电压表，电阻箱，直流稳压电源，滑线变阻器，双刀双掷开关。

[实验内容]

**1. 用定偏法测灵敏电流计内阻 $R_g$ 和灵敏度 $S_i$**

(1) 按图 3.7.8 接好线路，调整灵敏电流计机械零点，电流计分流器开关置"直接"挡。

(2) $R_b$ 取 $1\ \Omega$，$R_a \gg R_b$（$R_a \approx 10^4\ \Omega$），电压表指示 2 V。

① 依次改变 $R$ 和 $U$，保持 $n$ 近满偏 50 mm 处，$R_a$ 和 $R_b$ 不变，测 10 组数据；

② 依次改变 $R_a$ 和 $R$，保持 $n$ 近满偏 50 mm 处，$U$ 和 $R_b$ 不变，测 10 组数据；

③ 用最小二乘法处理方法①的数据，求出 $S_i$ 和 $R_g$ 的值，以及相关系数 $r$；

④ 用作图法处理方法②的数据，求出 $S_i$ 和 $R_g$ 的值。

**2. 测外临界电阻 $R_临$**

(1) 将灵敏电流计分流器开关置"直接"挡；置 $R$ 为 3 000 $\Omega$ 左右，合上 $S_2$，将 $S_3$ 倒向 1，调节 $R_0$ 使光点偏离零点 25 mm 左右，将 $S_3$ 迅速倒向 2，观察光点回零过程。

(2) 逐渐减小 $R$ 的值，重复上述过程，最后确定 $R_临$ 的值。

**3. 观察灵敏电流计亚阻尼状态、临界阻尼状态、过阻尼状态**

(1) 使 $R < R_临$（$R_临$ 为在实验内容 2 中测出的值），$S_3$ 合向 1，调 $R_0$ 使光点偏离零点 25 mm 左右，然后迅速将 $S_3$ 合向 2，观察光点运动状态并记录运动状态；

（2）使 $R = R_{临}$，重复（1）的步骤，描述光点的运动状态；

（3）使 $R > R_{临}$，重复（1）的步骤，描述光点的运动状态。

[思考题]

（1）若使电阻箱起到分压作用，应如何将电阻箱接入电路？

（2）分析本实验中 $R_{外}$ 主要由哪些电阻决定？在实验过程中，能否观察到 3 种阻尼运动状态？

[注意事项]

（1）本实验使用的灵敏电流计为 AC15/6 型，其灵敏度较高，为了保证操作时不过载，电源电压一定要取得较低（不大于测量一级分压的电压表的量程），而且要经过二级分压，且二级分压要取万分之一。

（2）测量时，要使电流计的分流器开关置于"直接"挡。

（3）在测量之前，应该调节电流计的机械零点，使光点静止在零位置，且在哪个挡位测量就在哪个挡位调整机械零点；经常注意电流计零点有无变化，如有变动，应及时调整。

（4）实验完毕或搬动电流计时，要将电流计的分流器置于"短路"挡。

# 实验 3.8  气体比热容比的测定

[实验目的]

（1）了解用不同方法测定空气比热容比的原理；
（2）测定空气比热容比。

[实验原理]

理想气体的定压摩尔热容量等于定容摩尔热容量与普适气体常数 $R$ 之和。由于 $R$ 恒为正值，故 $C_{p,\mathrm{m}} > C_{V,\mathrm{m}}$。用 $\gamma$ 表示 $\dfrac{C_{p,\mathrm{m}}}{C_{V,\mathrm{m}}}$，称 $\gamma$ 为比热容比(ratio of heat capacity)。它是一个重要的热力学常数，经常出现在热力学方程中。

本实验采用振动法测量 $\gamma$ 的值，实验装置如图 3.8.1 所示。

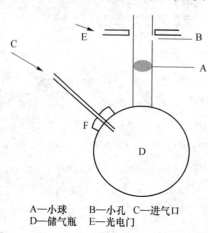

A—小球　　B—小孔　C—进气口
D—储气瓶　E—光电门

图 3.8.1　振动法测气体比热容比实验仪

在储气瓶 D 的上方有一小球 A，它的直径比玻璃管的直径小 $0.01 \sim 0.02 \mathrm{\,mm}$，它能在玻璃管中上下移动。通过瓶壁上的小口 F，可将气体注入瓶中。气瓶上方玻璃管的中部有一小孔 B，当小球在小孔的下方时，通过 C 向气瓶注入少量气体使气瓶内压力增大，则小球向上移动。当小球运动到小孔 B 上方时，容器内的气体可以通过小孔 B 流出，使气压下降小球下沉。只要控制好注入气体的流量，小球就能在小孔附近上下振动。振动周期可用光电计时器记录（光电门 E 接光电计时器）。

设小球质量 $m$，半径 $r$，当瓶内压力满足下式时小球处于力平衡状态（$p$ 是气体压强）：

$$p = p_0 + \frac{mg}{\pi r^2} \tag{3.8.1}$$

式中，$p_0$ 为大气压强。

若小球偏离平衡位置，则容器内压力有变化，小球动力学方程为

$$m\frac{\mathrm{d}^2 x}{\mathrm{d}t^2} = \pi r^2 \mathrm{d}p \tag{3.8.2}$$

因为小球振动过程相当快，所以容器内气体可近似地认为质量不变，且其经历的过程可以看成绝热过程，绝热方程为

80

$$pV^{\gamma}=K(常数) \tag{3.8.3}$$

对式(3.8.3)两边取全微分,有

$$\mathrm{d}p=-\frac{p\gamma\mathrm{d}V}{V} \tag{3.8.4}$$

$$\mathrm{d}V=\pi r^2 x \tag{3.8.5}$$

将式(3.8.4)、式(3.8.5)代入式(3.8.2),有

$$\frac{\mathrm{d}^2 x}{\mathrm{d}t^2}+\frac{\pi^2 r^4 p\gamma}{mV}x=0 \tag{3.8.6}$$

一般情况下,小球对容器中气体的压强远小于大气压,故取 $p\approx p_0$。则式(3.8.6)为简谐振动的动力学方程,其解为

$$\omega=\sqrt{\frac{\pi^2 r^4 p_0\gamma}{mV}}=\frac{2\pi}{T}$$

则

$$\gamma=\frac{4mV}{T^2 pr^4}=\frac{64mV}{T^2 p_0 D^4} \tag{3.8.7}$$

式中,$D$ 是小球的直径,$m$ 是小球的质量,$V$ 是气瓶的容积,$p_0$ 是大气压强。

[实验内容]

**1. 测量空气的比热容比**(空气的比热容比可近似为双原子气体)

实验室给出储气瓶容积 $V$,大气压强 $p_0$ 的值可采用标准大气压值。$V=2\ 640\ \mathrm{cm}^3$,$p_0=1.01\times10^5\ \mathrm{Pa}$。

(1) 小球直径 $D$,质量 $m$,由实验室给出。$D=14.00\ \mathrm{mm}$,$m=11.4\ \mathrm{g}$。

(2) 小球已放置在玻璃管中,注意光电门要放在玻璃管上小孔位置(注意不要使小孔 B 对着光电门)。

(3) 打开微型气泵开关,引入空气,调节气泵旋钮改变进气量,直到小球在玻璃管上小孔附近上下振动并且振幅适中为止。

(4) 振动周期由可预置次数的计时器测出。每次测量 50 个周期,共测 6 次,计算 $T$ 的平均值。

**2. 测量其他种类气体的比热容比**

更换气体时,应将小球取出,将气瓶中原有气体全部排出后,重复以上过程。

[注意事项]

(1) 实验装置已由实验室安装好。本实验中主要装置是玻璃制品,需要轻拿轻放。特别对玻璃管的要求很高,小球的直径仅比玻璃管的内径小 0.01～0.02 mm。因此小球表面不允许擦伤。不用时它停留在玻璃管的下方(用弹簧托住)。若想取出,只需在它振动时用手指堵住玻璃管上的小孔,稍微加大充气量,小球便可浮到上方开口处,可方便取出。

（2）从小到大调节气泵上旋钮控制气量大小，稍等半分钟，小球即可上下振动。切不可使小球冲出管外。仔细调节气泵旋钮，使小球在玻璃管中以小孔为中心上下振动。

表 3.8.1 中列出低压下不同种类气体的 $\gamma$ 值。

表 3.8.1 低压下气体的 $\gamma$ 值

| 气体类型 | 气体 | $\gamma$ 值 |
|---|---|---|
| 单原子 | He | 1.67 |
| | Ar | 1.67 |
| 双原子 | $H_2$ | 1.41 |
| | $N_2$ | 1.40 |
| | $O_2$ | 1.40 |
| | CO | 1.40 |
| 多原子 | $CO_2$ | 1.30 |
| | $SO_2$ | 1.29 |
| | $H_2S$ | 1.34 |

[数据处理]

计算空气的比热容比及其不确定度。

82

# 实验 3.9  导热系数的测定

[实验目的]

(1) 学习测定导热系数的方法;

(2) 了解稳态平衡法测导热系数所要求的实验条件及如何满足这些条件。

[实验原理]

导热系数是表征物质热传导性质的物理量。材料的成分及结构变化对导热系数的值都有较大影响,因此材料的导热系数往往要由实验进行测定。通常测量导热系数用稳态法或动态法两种。本实验采用稳态法测量导热系数。

热传导基本定律——傅里叶定律可以表示为

$$q = -\lambda \mathbf{grad}\, T \qquad (3.9.1)$$

式中,$q$ 为在垂直于某截面的方向上单位时间内通过单位截面积传递的热量;$\mathbf{grad}\, T$ 为沿垂直于截面方向的温度梯度,单位为 $J/(m^2 \cdot s)$;$\lambda$ 表示物体导热特性的比例常数,称为该物体的导热系数,单位为 $W/(m \cdot K)$,它是表明物质导热能力的物理参数。

大多数物质的导热系数是温度的函数,随着温度的升高略有增加,不过变化很小,因此在本实验中可以忽略不计。

由式(3.9.1)可知,当温度梯度相同且截面积相同时,$\lambda$ 越大,传递的热量越多。因此 $\lambda$ 值大的物体是热的良导体,而 $\lambda$ 值小的物体是热的不良导体。在实际应用时可以根据需要选择不同 $\lambda$ 值的物质(教材后的附表 4 中给出了一些物质的导热系数值)。在一维稳态导热的情况下(热流垂直于面 $S$,如图 3.9.1 所示),在距离 $h$ 内温差不太大的情况下,傅里叶定律可以表示为

$$\frac{\mathrm{d}Q}{\mathrm{d}t} = \lambda S \frac{T_1 - T_2}{h} \qquad (3.9.2)$$

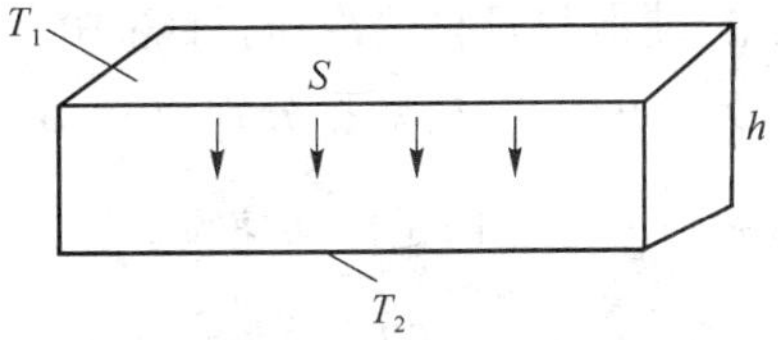

图 3.9.1  一维稳态导热示意图

式中,$\dfrac{\mathrm{d}Q}{\mathrm{d}t}$ 为单位时间传递的热量,可由实验测定;

$T_1$,$T_2$ 为待测物上、下两面的温度。

$$\lambda = \frac{h}{S(T_1 - T_2)} \cdot \frac{\mathrm{d}Q}{\mathrm{d}t} \qquad (3.9.3)$$

本实验中的被测物为一圆片状物体,故式(3.9.3)变为

$$\lambda = \frac{h_B}{S_B(T_1 - T_2)} \cdot \frac{\mathrm{d}Q}{\mathrm{d}t} = \frac{h_B}{(T_1 - T_2)\pi R_B^2} \cdot \frac{\mathrm{d}Q}{\mathrm{d}t} \qquad (3.9.4)$$

式中，$h_B$ 为圆片状物体厚度，$R_B$ 为该物体的半径。

### [实验内容]　测量圆片状橡皮的导热系数

（1）首先用卡尺分别测出橡皮 B 和散热铜盘 P 的厚度为 $h_B$ 和 $h_P$，直径为 $D_B$ 和 $D_P$，测出铜盘的质量，每个量分别测 6 次。列表记录数据。

（2）按照实验室给出的电路图接好线，用铜-康铜热电偶测温度 $T_1$，$T_2$ 的对应的电压值。

由于热电偶冷端温度为 0 ℃，对铜-康铜热电偶，当温度变化范围不太大时，其温差电动势（$E$）与待测温度（$T$）的比值是一个常数。因此，用式(3.9.4)计算时可直接以电动势代表温度值。为了便于测量 $T_1$ 和 $T_2$，测量装置中加热盘、散热盘与样品的接触没有缝隙，可以用稳态导热时加热盘和散热盘的温度来代替橡皮样品上、下表面的温度。加热盘相当于样品的热源，由于铜盘 P 的侧面和下表面暴露在环境中，则相当于冷源。根据稳态法的要求，样品的温度分布必须稳定，但这需要很长的时间，为了提高效率，可先用220 V 电压加热 15 min 左右，再降到 110 V 电压继续加热并维持此电压，以后每隔 2 min读一个温度值。如果在 5 min 内样品上、下表面温度 $T_1$，$T_2$ 的示值（即电压表的电压值）基本不变时，可认为物体的温度达到稳定状态。列表记录上述 $T_1$，$T_2$ 的值。

（3）测量 $\dfrac{dQ}{dt}$：当达到稳态时，$T_1$ 和 $T_2$ 不变。此时通过样品的传热速率与铜盘 P 从侧面和底面在温度 $T_2$ 时向周围散热的速率可以认为相等，故可以测出铜盘 P 在稳定温度 $T_2$ 时的散热速率。

① 测定铜盘 P 的冷却曲线，确定出对应于 $T_2$ 的冷却速率。

完成"2"的步骤后，移去橡皮 B，使发热盘底面与铜盘 P 直接接触，再用 110 V 电压加热。当铜盘温度比原来的温度高 10 ℃左右时（对应的电压值比 $V_2$ 约高 0.4 mV），移去发热盘，使散热盘自然冷却，每隔 10 s 读一次铜盘 P 的温度值，直到铜盘 P 的温度低于 $T_2$，大于和小于 $T_2$ 的数据分别取 5～6 个。列表记录数据并作 $T$-$t$ 曲线，找出对应 $T_2$ 位置的斜率，$\dfrac{dT}{dt}\bigg|_{T=T_2}$ 即是冷却速率。

② 注意：$mC\dfrac{dT}{dt}\bigg|_{T=T_2}$ 是铜盘 P 在温度 $T_2$ 时的散热速率（$m$ 为铜盘质量，$C$ 为其比热容）。这里求出的 $\dfrac{dT}{dt}$ 是铜盘 P 的全部表面积暴露在空气中的冷却速率，总散热面积为 $S_{上}+S_{下}+S_{侧}$。而本实验中铜盘 P 上表面是被样品盖着的，考虑到物体的冷却速率与它的表面积成正比，则稳态时铜盘热流量的表达式修正为

$$\frac{dQ}{dt}=mC\frac{dT}{dt}\frac{\pi R_P^2+2\pi R_P h_P}{2\pi R_P^2+2\pi R_P h_P}=mC\frac{dT}{dt}\cdot\frac{R_P+2h_P}{2R_P+2h_P} \tag{3.9.5}$$

将式(3.9.5)代入式(3.9.4)，得

$$\lambda = mC \frac{dT}{dt} \cdot \frac{R_P + 2h_P}{2R_P + 2h_P} \cdot \frac{h_B}{(T_1 - T_2) \cdot \pi R_B^2}$$

$$= \frac{2mCh_B}{(T_1 - T_2)\pi D_B^2} \cdot \frac{D_P + 4h_P}{D_P + 2h_P} \cdot \frac{dT}{dt} \qquad (3.9.6)$$

[误差分析]

实验误差主要来源是测量 $\lambda$ 时所要求的实验条件不能完全满足,包括:

(1) 实验要求在稳定导热条件下测量 $\lambda$,这就要求样品只能在垂直于面 $S$ 方向有热流,而无横向热流(即侧面无散热)。此条件只有在 $D_B \gg h_B$ 情况下才能成立。

(2) 测量样品上、下表面温度 $T_1$,$T_2$ 时,要求在温度分布达到稳定时进行测量。实验时用加热盘、散热盘两板的平衡温度来代替,要保证该条件样品与加热盘、散热盘之间必须紧密接触无缝隙。此条件实验时很难达到。

(3) 铜盘 P 在稳定温度 $T_2$ 下的冷却速率 $\left. \frac{dT}{dt} \right|_{T_2}$ 是从 $T$-$t$ 曲线上求得的,有一定的误差。

(4) 环境温度的起伏、样品本身的孔隙度、晶格的大小、周围环境的潮湿程度等都对测量结果有明显影响。

# 实验 3.10  刚体转动惯量的测定

转动惯量是刚体转动惯性大小的量度。它与刚体的质量、形状,转轴的位置有关。对于一些几何形状规则的刚体,可以通过数学计算求出其转动惯量。但是对于大多数形状复杂的刚体,是不能通过数学计算求出其转动惯量的,需用实验的方法测定。因此掌握刚体转动惯量的测量方法具有实际意义。

本实验采用扭摆测刚体转动惯量。

## [实验目的]

(1) 用扭摆测定几种不同形状刚体的转动惯量并与理论值进行比较;

(2) 验证转动惯量的平行轴定理。

## [实验原理]

扭摆的构造如图 3.10.1 所示,在扭摆的垂直轴上装有一个薄片状的螺旋弹簧,用以产生恢复力矩。在轴的上方可以装上各种待测物体。垂直轴与支座之间有轴承,其作用是尽可能降低摩擦力矩。

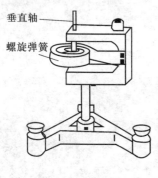

垂直轴

螺旋弹簧

图 3.10.1  扭摆

将装在垂直轴上的物体在水平面内转过角度 $\theta$,在弹簧恢复力矩 $M$ 的作用下,物体开始绕垂直轴作往复扭转运动。根据胡克定律,弹簧受扭转而产生的恢复力矩 $M$ 与所转过的角度成正比,即

$$M = -K\theta \tag{3.10.1}$$

式中 $K$ 为弹簧的扭转常数。根据转动定理,物体转动的角加速度为

$$\beta = \frac{\mathrm{d}^2\theta}{\mathrm{d}t^2} = \frac{M}{J} = -\frac{K}{J}\theta \tag{3.10.2}$$

式中,$J$ 为物体的转动惯量。

令

$$\omega^2 = \frac{K}{J} \tag{3.10.3}$$

有

$$\frac{\mathrm{d}^2\theta}{\mathrm{d}t^2} = -\omega^2\theta \tag{3.10.4}$$

方程(3.10.4)显示扭转运动具有角简谐振动的特征,即加速度与角位移成正比,且方

向相反。此方程的解为

$$\theta = A\cos(\omega t + \varphi) \tag{3.10.5}$$

式中,$A$ 为简谐振动的振幅,$\varphi$ 为初相位角,$\omega$ 为角频率。简谐振动的周期为

$$T = \frac{2\pi}{\omega} = 2\pi\sqrt{\frac{J}{K}} \tag{3.10.6}$$

即

$$J = \frac{K}{4\pi^2}T^2 \tag{3.10.7}$$

从式(3.10.7)可以看出,测得周期 $T$ 后,只要知道转动惯量 $J$ 和扭转常数 $K$ 中的任何一个量,就可以计算出另一个量。

实验中,将转动惯量为 $J_0$ 的物体装在扭摆垂直轴上测出周期 $T_0$,将转动惯量为 $J_1$ 的物体和转动惯量为 $J_0$ 的物体组合在一起,装在扭摆垂直轴上,测出周期 $T_1$,则根据式(3.10.7)可得

$$\frac{J_0}{J_1} = \frac{T_0^2}{T_1^2 - T_0^2} \tag{3.10.8}$$

若其中的 $J_1$ 是具有规则几何形状的物体的转动惯量,其值通过测量物体的质量和几何尺寸,经理论公式计算就可得出。那么,由式(3.10.7)和式(3.10.8)即可求出扭转常数为

$$K = 4\pi^2\frac{J_1}{T_1^2 - T_0^2} \tag{3.10.9}$$

根据刚体转动惯量的平行轴定理可知:质量为 $m$ 的刚体,对通过其质心轴的转动惯量为 $J_c$,则对于与其质心轴平行且距离为 $d$ 的转轴的转动惯量为

$$J = J_c + md^2 \tag{3.10.10}$$

将套有两个圆柱形金属滑块的细金属杆装在扭摆的垂直轴上,如图 3.10.2 所示。对称地改变两个金属滑块质心到垂直转轴的距离,根据式(3.10.10)可以得出转动的物体系对垂直轴的转动惯量为

$$J = J_4 + 2(J_c + m_5x^2) \tag{3.10.11}$$

式中,$J_4$ 为细金属杆对垂直轴的转动惯量,$J_c$ 是圆柱形金属滑块对通过其与垂直轴平行的质心轴的转动惯量,$m_5$ 为滑块的质量,$x$ 为滑块质心到垂直轴的距离。将式(3.10.11)代入式(3.10.7),有

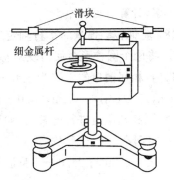

图 3.10.2 测量转动惯量的扭摆装置图

$$T^2 = \frac{4\pi^2(J_4 + 2J_c)}{K} + \frac{8\pi^2 m_5}{K}x^2 \tag{3.10.12}$$

式(3.10.12)表明 $T^2$ 与 $x^2$ 呈线性关系。

[实验仪器]

扭摆,由主机和光探头组成的数字计时仪,数字式电子台秤,卡尺,金属载物圆盘,待测转动惯量的物体:实心塑料圆柱体、金属圆筒、实心球体、细金属杆及金属滑块。

[实验内容]

(1) 熟悉扭摆的构造,使用方法,掌握数字计时器的正确使用要领。

(2) 调整扭摆基座底部螺丝,使水准泡中气泡居中。

(3) 用台秤、卡尺分别测出待测物体的质量及必要的几何尺寸。

(4) 测定扭摆弹簧的扭转常数。

在扭摆的垂直轴上装上转动惯量为 $J_0$ 的金属载物圆盘,调节光探头的位置使载物盘上挡光杆处于其缺口中央,测 10 个摆动周期所需的时间 $10T_0$。然后在载物圆盘上放置质量为 $m_1$、直径为 $D_1$、转动惯量为 $J_1$ 的实心塑料圆柱体。再测量 10 个周期所需的时间 $10T_1$。计算实心塑料圆柱体转动惯量的理论值,并由式(3.10.9)求出扭转常数 $K$ 的值。

(5) 用金属圆筒代替实心塑料圆柱体,多次测量摆动 $10T_2$ 所需的时间,计算金属圆筒的转动惯量 $J_2$,并与理论值进行比较。

(6) 取下载物圆盘,装上实心球体并进行多次测量,测出它摆动 $10T_3$ 所需的时间,计算球体的转动惯量 $J_3$,并与理论值进行比较。

(7) 将细金属杆穿过夹具且使其质心置于垂直转轴上,测出细金属杆摆动 $10T_4$ 所需的时间,计算细杆的转动惯量 $J_4$,并与理论值进行比较(夹具的转动惯量比细杆的转动惯量小得多,计算时可忽略)。

(8) 验证转动惯量的平行轴定理。

① 将两个圆柱形金属滑块对称地安装在金属杆上,滑块可以固定在金属杆上已刻好的槽口内,相邻槽口的距离为 5.0 cm。使滑块质心与垂直转轴的距离 $x$ 分别为 5.0 cm,10.0 cm,15.0 cm,20.0 cm,25.0 cm,测出对应于不同距离时的摆动周期。计算出相应的转动惯量,和理论值进行比较,并验证平行轴定理。

② 将两滑块不对称放置:即 5.0 cm 与 10.0 cm,10.0 cm 与 15.0 cm,15.0 cm 与 20.0 cm,20.0 cm 与 25.0 cm,验证平行轴定理。

[注意事项]

(1) 拧紧固定待测物与垂直轴的螺钉。

(2) 由于弹簧的扭转常数 $K$ 与摆角 $\theta$ 有关,因此在测量摆动周期 $T$ 时,摆角不宜过大或过小。一般在 $40° \sim 90°$ 之间时,弹簧的扭转常数 $K$ 基本保持不变。

(3) 挡光杆不要和光探头相碰,光探头不能放在强光下。

[**思考题**]

（1）如何利用扭摆测定任意形状物体绕特定轴的转动惯量？

（2）测细杆的转动惯量时，为什么称细杆质量时必须把安装夹具取下？而计算其转动惯量时又不考虑夹具的转动惯量？

# 实验 3.11　用玻尔共振仪研究受迫振动

## [实验目的]

（1）测定玻尔共振仪中摆轮受迫振动的幅频特性和相频特性；

（2）学习用频闪法测定受迫振动时摆轮与外力矩的相位差。

## [实验原理]

物体在周期外力的持续作用下产生的振动为受迫振动，这种周期性的外力为强迫力。如果强迫力按余弦振动规律变化，则稳定后的受迫振动也将为余弦振动。

本实验使用的是由摆轮、驱动电机和控制装置构成的玻尔共振仪，其中摆轮在弹性力矩的作用下，在平衡位置附近自由地摆动。若给摆轮加上阻尼力矩、强迫力矩，则摆轮实际上是在弹性力矩、阻尼力矩、周期性强迫力矩三者共同作用下运动。其动力学方程为

$$J\frac{\mathrm{d}^2\theta}{\mathrm{d}t^2}=-K\theta-B\frac{\mathrm{d}\theta}{\mathrm{d}t}+M_0\cos\omega t \tag{3.11.1}$$

式中，$J$ 是摆轮的转动惯量，$K\theta$ 为弹性力矩，$B\dfrac{\mathrm{d}\theta}{\mathrm{d}t}$ 为阻尼力矩，$M_0$ 为强迫力矩的幅值，$\omega$ 为强迫力的角频率。

令

$$\omega_0=\sqrt{\frac{K}{J}}，2\beta=\frac{B}{J}，M=\frac{M_0}{J}$$

式（3.11.1）变为

$$\frac{\mathrm{d}^2\theta}{\mathrm{d}t^2}+2\beta\frac{\mathrm{d}\theta}{\mathrm{d}t}+\omega_0^2\theta=M\cos\omega t \tag{3.11.2}$$

方程（3.11.2）的解为

$$\theta=\theta_1\mathrm{e}^{-\beta t}\cos(\omega't+\alpha)+\theta_2\cos(\omega t+\varphi)$$

式（3.11.2）中的第一项是在阻尼力矩作用下的减幅振动，经过一段时间系统达到稳定状态后，衰减将消失，上式变为

$$\theta=\theta_2\cos(\omega t+\varphi) \tag{3.11.3}$$

式（3.11.3）为受迫振动达到稳定状态后的等幅振动，其表达式虽然和简谐振动表达式相同，但是其实质是不同的。第一，$\omega$ 不是系统的固有角频率，而是强迫力矩的角频率。第二，受迫振动的振幅和初相位不是取决于振动系统的初始状态，而是依赖于系统的性质、阻尼的大小、强迫力的特征。把式（3.11.3）代入式（3.11.2），理论计算可得

$$\theta_2 = \frac{M}{\sqrt{(\omega_0^2 - \omega^2)^2 + 4\beta^2 \omega^2}} \tag{3.11.4}$$

$$\varphi = \arctan \frac{2\beta\omega}{\omega^2 - \omega_0^2} \tag{3.11.5}$$

式中,$\theta_2$ 为振幅,$\varphi$ 为稳定振动与强迫力矩之间的相位差。从式(3.11.4)、式(3.11.5)可知系统的振幅、相位取决于强迫力矩 $M$、角频率 $\omega$、阻尼系数 $\beta$、系统的固有角频率 $\omega_0$ 这 4 个因素。第三,当强迫力矩的角频率为 $\omega_r$ 时,产生共振。振幅有极大值,共振时角频率 $\omega_r$ 和振幅 $\theta_r$ 分别为

$$\omega_r = \sqrt{\omega_0^2 - 2\beta^2} \tag{3.11.6}$$

$$\theta_r = \frac{M}{2\beta \sqrt{\omega_0^2 - \beta^2}} \tag{3.11.7}$$

从式(3.11.6)、式(3.11.7)可以看出,阻尼系数 $\beta$ 越小,共振时角频率越接近系统的固有角频率,振幅也越大。在不同阻尼系数情况下,受迫振动的幅频特性和相频特性曲线分别如图 3.11.1、图 3.11.2 所示。

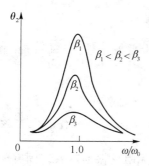

图 3.11.1　幅频特性

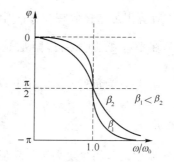

图 3.11.2　相频特性

[实验仪器]

玻尔共振仪及其电器控制箱。

[实验内容]

(1) 测量系统的固有角频率 $\omega_0$。

(2) 测阻尼系数 $\beta$。测量"阻尼选择"扳到"2"(和"4")时的振幅 $\theta$(在测量过程中不要改变),并用逐差法计算阻尼系数 $\beta$ 值,其中 $\beta = \dfrac{\ln \theta_i/\theta_{i+5}}{5T'}$。

(3) 分别测量阻尼选择为"2"、"4"时受迫振动的幅频特性、相频特性。

① 打开电源和电机开关,当受迫振动稳定后,练习读振幅和周期的值。

② 打开闪光灯,练习用频闪法测相位差 $\varphi$;仅在测相位差时按下闪光灯按钮,测完立

即放开。闪光灯应放在底座上,切勿拿在手中直接照射刻度盘。

③ 改变电机转速记录振幅、周期和相位差的值。

**[注意事项]**

(1) 电机转速的初值和终值及改变的幅度完全由相位差决定。例如,当 $\beta=2$ 时,首先选择初值,调节控制箱右上方第二个旋钮(电机转速线圈),改变电机的转速,使 $\varphi$ 为 20°左右,然后电机转速线圈每减小 0.2 刻度,分别记录一次转速、周期、振幅和相位差的值;当 $\varphi$ 处于区间(65°,110°)时,每隔 0.05 刻度测一次;当 $\varphi>110°$ 时,电机转速又以 0.2 刻度为间隔减小,直到 $\varphi$ 接近 160°为止。

(2) 记录数据时,先记录振幅,再记录周期,最后再用频闪法测相位差(不要在记录周期时启动闪光灯)。

**[数据处理]**

(1) 计算系统的固有频率 $\omega_0$;

(2) 计算阻尼选择放在"2"时的阻尼系数 $\beta$ 值;

(3) 在坐标纸上分别作阻尼选择"2"和"4"时的幅频特性($\theta-\dfrac{\omega}{\omega_0}$)和相频特性

($\varphi-\dfrac{\omega}{\omega_0}$)曲线($\varphi$ 为负值),并标出共振峰的数值。

**[误差分析]**

本实验中误差的主要来源是阻尼系数 $\beta$ 的测定和无阻尼振动时系统固有频率 $\omega_0$ 的测定。测阻尼系数时采用逐差法处理数据以减小误差。实验中假定弹簧的扭转系数 $K$ 为常数,但实际上由于制造工艺及材料性能的影响,$K$ 值随扭转角度的改变有微小的变化(约 3%),因而造成在不同振幅时系统的固有频率有变化。

**[附录]**

BG-2 型玻尔共振仪由振动仪和电器控制箱两部分组成。振动仪部分如图 3.11.3 所示。铜质圆型摆轮 A 安装在机架上,蜗卷弹簧 B 的一端与摆轮 A 的轴相连,另一端可固定在机架上,在弹簧弹性力的作用下,摆轮可绕轴自由往复摆动。在摆轮的外围有一圈槽型缺口,其中一个长形凹槽 C 比其他凹槽 D 长许多。在机架上对准长型缺口处有一个光电门 H。它与电器控制箱连接,用来测量摆轮的振幅和振动周期。在机架下方装有一对带铁心的线圈 K,摆轮 A 恰巧嵌在铁心的空隙中。按电磁感应原理,当线圈中通过电流后,摆轮将受到电磁阻尼力矩的作用,改变电流值可使阻尼大小相应变化。为使摆轮作受迫振动,电机轴上装有偏心轮,通过连杆机构 E 带动摆轮,在电动机轴上装有带反光刻线的有机玻璃转盘

92

F,它随电机一起转动。由它可以从角度读数盘 G 读出相位差,角度盘不随电机轴转动。调节控制箱上的电机转速多圈电位调节旋钮,可以改变加在电机上的电压,使电机的转速在实验范围内可调。由于电路采用特殊稳速装置,电机采用惯性很小带有测速装置的特种电机,所以转速极为稳定。电机前的有机玻璃转盘 F 上装有两个挡光片。在角度读数盘中央上方处也装有光电门 N(强迫力矩信号),并与控制箱连接,用以测量强迫力矩的周期。

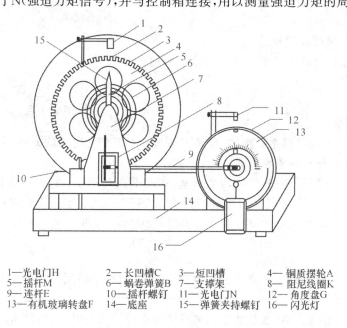

| 1—光电门H | 2— 长凹槽C | 3— 短凹槽 | 4— 铜质摆轮A |
| 5—摇杆M | 6— 蜗卷弹簧B | 7—支撑架 | 8— 阻尼线圈K |
| 9—连杆E | 10—摇杆螺钉 | 11—光电门N | 12—角度盘G |
| 13—有机玻璃转盘F | 14—底座 | 15—弹簧夹持螺钉 | 16—闪光灯 |

图 3.11.3　玻尔共振仪结构

摆轮振幅是利用光电门测出摆轮外圈处凹型缺口个数,可在数显装置直接显示此值,精度为 $2°$。

玻尔共振仪电器控制仪面板图说明如下。

周期显示:显示时间,计时精度为 0.001 s。利用面板"摆轮,强迫力"和"周期选择"开关可分别测量摆轮强迫力矩的单次和 10 次周期所需时间。复位按钮仅"10"周期时起作用,测"1"周期时会自动复位。

强迫力周期:此旋钮是带有刻度的十圈电位器,调节它可以精确改变电机转速,即改变强迫力矩周期。此刻度只能大致确定强迫力矩周期的值在多圈电位器上的位置。

阻尼选择:此开关可以改变通过阻尼线圈直流电流的大小,达到改变摆轮阻尼系数的目的。此开关分为 6 挡,"0"处阻尼电流为零,"1"处最小约为 0.3 A 左右,"5"处阻尼电流最大,约为 0.6 A,阻尼电流用稳压装置提供。

闪光灯:此开关仅在测量相位差时使用。平时将其放在"关"的位置。

电机开关:此开关是控制电机是否转动的。

# 实验 3.12　液压拉伸法测量弹性模量

[实验目的]

（1）学会测量弹性模量的一种方法；

（2）掌握光杠杆放大法测量微小长度的原理。

[实验原理]

**1. 弹性模量**

弹性模量是工程材料重要参数，反映了材料弹性形变与应力的关系，它只与材料性质有关，是选择工程材料的重要依据之一。

设有长为 $L$，截面积为 $S$ 的均匀金属丝，在两端以外力 $F$ 相拉后，伸长 $\Delta L$。实验表明，在弹性范围内，单位面积上的垂直作用力 $F/S$（正应力）与金属丝的相对伸长 $\Delta L/L$（线应变）成正比，其比例系数就称为弹性模量，用 $E$ 表示，即

$$E = \frac{F/S}{\Delta L/L} = \frac{FL}{S\Delta L} \tag{3.12.1}$$

这里的 $F$，$L$ 和 $S$ 都易于测量，$\Delta L$ 属微小变量，实验中将用光杠杆放大法测量。

**2. 实验装置**

本实验的整套装置由"数显液压加力弹性模量拉伸仪"和"光杠杆"组成。

数显液压加力弹性模量拉伸仪如图 3.12.1 所示，金属丝上下两端用钻头夹具夹紧，上端固定于双立柱的横梁上，下端钻头卡的连接拉杆穿过固定平台中间的套孔与拉力传感器相连。加力装置施力给传感器，从而拉伸金属丝。所施力大小由电子数字显示系统显示在液晶显示屏上。加力大小由液压调节阀改变。下面介绍实验装置各个部分的构造与作用。

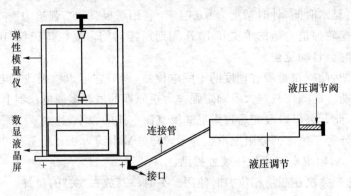

图 3.12.1　数显液压加力弹性模量拉伸仪

（1）光杠杆及放大原理

图 3.12.2 为光杠杆的结构示意图。在等腰三角形铁板 1 的三个角 A,B,C 上各有一个尖头螺钉,底边连线上的两个螺钉 B 和 C 称为前足尖,顶点上的螺钉 A 称为后足尖,2 为光杠杆倾角调节架,3 为光杠杆反射镜。调节架可使反射镜作水平转动和俯仰角调节。测量标尺在反射镜的侧面并与反射镜在同一平面上,如图 3.12.3 所示。测量时两个前足尖放在弹性模量测定仪的固定平台上,后足尖则放在待测金属丝的测量端面上,该测量端面就是与

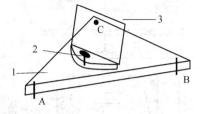

图 3.12.2 光杠杆的结构示意图

金属丝下端夹头相固定连接的水平托板。当金属丝受力后,产生微小伸长,后足尖便随测量端面一起作微小移动,并使光杠杆绕前足尖连线转动一微小角度,从而带动光杠杆反射镜转动相应的微小角度,这样标尺的像在光杠杆反射镜和调节反射镜之间反射,便把这一微小角位移放大成较大的线位移。这就是光杠杆产生光放大的基本原理。下面导出本实验的测量原理公式。

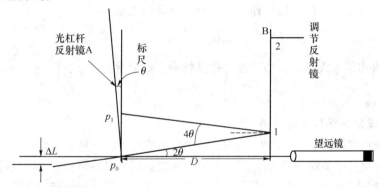

图 3.12.3 NKY-2 型光杠杆放大原理示意图

如图 3.12.3 所示为 NKY-2 型光杠杆放大原理示意图;如图 3.12.4 所示为俯视图。开始时光杠杆反射镜与标尺在同一平面,在望远镜上读到的标尺读数为 $p_0$,当光杠杆反

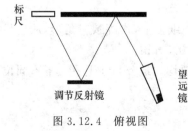

图 3.12.4 俯视图

射镜的后足尖下降 $\Delta L$ 时,产生一个微小偏转角 $\theta$,在望远镜上读到的标尺读数 $p_1$,$p_1 - p_0$ 即为放大后的钢丝伸长量 $N$,常称为视伸长。由图可知

$$\Delta L = b\tan\theta \approx b\theta$$

$$N = p_1 - p_0 = 2D\tan 2\theta \approx 4D\theta$$

所以它的放大倍数为

$$A_0 = \frac{N}{\Delta L} = \frac{p_1 - p_0}{\Delta L} = \frac{4D}{b} \tag{3.12.2}$$

式中,$b$ 为光杠杆常数或光杠杆腿长,为光杠杆后足尖 A 到两前足尖 BC 连线的垂直距

离；$D$ 为调节反射镜到标尺的距离。

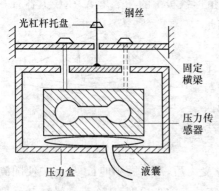

图 3.12.5　液压加力装置示意图

（2）液压加力装置

如图 3.12.5 所示，压力传感器固连在固定横梁上，在外力作用下可发生微小形变但基本不发生整体位移。压力盒是和钢丝连接在一起的，当通过液压调节阀使液囊内注入更多的液体时，压力盒和压力传感器都受到一个新增加的力（作用在两者上的力大小相等、方向相反），此力通过压力盒作用在钢丝上形成拉力，同时其数值又可借助压力传感器直接在液晶屏上读出来。

（3）测量公式

钢丝的截面积为

$$S=\frac{1}{4}\pi d^2$$

利用式（3.12.2）可得出钢丝伸长量与标尺读数的关系：

$$\Delta L=\frac{b}{4D}N$$

将上面两式代入式（3.12.1）整理可得弹性模量的测量公式

$$E=\frac{16FLD}{\pi d^2 bN}$$

### 3. 系统误差分析与消减办法

（1）为防止钢丝因不直而出现假伸长，在测量前应将金属丝拉直并施加适当的预拉力。

（2）由于钢丝在加外力后，要经过一段时间才能达到稳定的伸长量，这种现象称为滞后效应，这段时间称为驰豫时间。为此每次加力后应等到显示器数据稳定后再进行测读数据。

（3）测力秤的误差，本实验所用的数字测力秤的示值误差为 ±10 g。

（4）关于其他测量量的误差分析与估算。

① 由于测量条件的限制，$L, D, b$ 3 个量只作单次测量，它们的误差限应根据具体情况估算。其中 $L, D$ 用钢尺测量时，其极限误差可估算为 3 mm。

② 测量光杠杆常数 $b$ 的方法是，将 3 个足尖压印在硬纸板上，作等腰三角形，从后足尖至两前足尖连线的垂直距离即为 $b$，其误差限可估算为 0.5 mm。

③ 金属丝直径 $d$ 用千分尺多次测量时，应注意测点要均匀地分布在上、中、下不同位置，千分尺的仪器误差取 0.004 mm。

[实验仪器]

数显气（液）压加力弹性模量测定仪，新型光杠杆，螺旋测微计，钢卷尺、游标卡尺各一个。

[实验内容]

**1. 调节光路**

(1) 粗调

① 将光杠杆放置好,两前足尖放在与平台固联的两个小圆柱上,后足尖置于与钢丝固定的圆形托盘上,并使光杠杆反射镜平面与照明标尺基本在一个平面上。调节光杠杆平面镜的倾角螺钉,使平面镜与平台面基本垂直。

② 调节望远镜使其目测水平并与光杠杆等高。从望远镜上方看去,光杠杆反射镜中望远镜头的像应处于中间靠右位置,若观察到的现象与此不符,需微调光杠杆反射镜的倾角。

③ 调整调节反射镜,至目测(从望远镜上方看去)能看到照明标尺经调节反射镜投射到光杠杆反射镜的像为止。

④ 在水平面上调整望远镜方位以找到标尺的像。

(2) 细调

① 调整望远镜的目镜,使能看清望远镜内的十字叉丝;

② 调节物镜手轮,直到清晰地看到直尺的像并且无视差。

**2. 测量**

(1) 按下数显测力秤的"开/关"键。待显示器出现"0.000"后,用液压加力盒的调节螺杆加力,显示屏上会出现所施拉力。为测量数据准确,将数显拉力从 10 kg 开始,每间隔 1 kg 记录一次标尺读数,共记录 10 组数据 $n_0, n_1, n_3, n_4, n_5, n_6, n_7, n_8, n_9$。

(2) 观测完毕应调节液压调节螺杆至最外,使测力秤指示"0.000"附近后,再关掉测力秤"电源"。(注意:这一步对保护仪器非常重要。)

(3) 测量 $D, L, b, d$ 值,其中 $D, L, b$ 只测一次,$d$ 用千分尺在金属丝的不同位置测 6 次,记入自行设计的表格中。

[数据处理]

(1) 用最小二乘法处理数据算出相关系数;由数据处理结果推算出弹性模量的数值。

(2) 利用作图法处理数据,给出弹性模量的数值。

[思考题]

(1) 实验中测量各个长度为什么要用不同的仪器来测定?

(2) 实验中,如果钢丝直径加倍,其他条件保持不变,试问:

① 弹性模量将变为原来的几倍?

② 增加相同的液压,钢丝的伸长量将变为原来的几倍?

# 实验 3.13　共振法测量弹性模量

**[实验目的]**

(1) 了解动态弯曲共振法测量弹性模量的原理及实验方法；

(2) 掌握外推法处理实验数据；

(3) 进一步熟悉信号源和示波器的使用。

**[实验原理]**

测量弹性模量的方法很多，拉伸法和共振法是常见的两种基本方法，本实验采用的是第二种方法。弹性模量的相关知识可参见实验 3.12。

考虑一根无任何外力作用下长为 $L$、直径为 $d(L \gg d)$ 的长细棒，取其轴线方向为 $x$ 轴，则其振动的动力学方程为

$$\frac{\partial^4 u}{\partial x^4} + \frac{\rho S}{EI}\frac{\partial^2 u}{\partial t^2} = 0 \tag{3.13.1}$$

长细棒沿 $z$ 方向振动，如图 3.13.1 所示，$u(x,t)$ 指长细棒 $x$ 处截面在 $t$ 时刻的 $z$ 方向位移。$E$ 为试棒的弹性模量，$\rho$ 为材料密度，$S$ 为棒的横截面积，$I$ 为其截面的惯量矩（只与截面半径有关）。

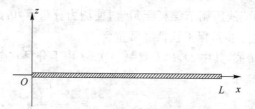

图 3.13.1　长细棒沿 $z$ 方向振动

$$I = \int z^2 \, dS \tag{3.13.2}$$

利用分离变量法可求出方程(3.13.1)的通解

$$u(x,t) = X(x)T(t) = (B_1 \operatorname{ch} Kx + B_2 \operatorname{sh} Kx + B_3 \cos Kx + B_4 \sin Kx)A\cos(\omega t + \varphi) \tag{3.13.3}$$

式中

$$\omega = \left(\frac{K^4 EI}{\rho S}\right)^{\frac{1}{2}} \tag{3.13.4}$$

式(3.13.4)称为频率公式。由式(3.13.4)可看出，若长细棒的材料和尺寸一定，则 $E$，$I$，

$\rho,S$ 就确定了,共振频率 $\omega$ 仅取决于 $K$,而 $K$ 为振动方程(3.13.3)中的待定系数,下面分析它的可能取值。

实验中,试棒总是被支撑(或悬挂)。如果支撑点在试棒的节点,即处于共振状态的棒中,位移恒为零的位置附近(如图3.13.5、图3.13.6中的节点位置),支撑点对棒的作用可忽略,此时方程(3.13.1)、方程(3.13.3)才成立。共振时棒的两端均处于自由状态,此时的边界条件为:两端横向作用力和弯矩均为零,所以

$$\frac{\mathrm{d}^3 X}{\mathrm{d}x^3}\bigg|_{x=0}=0, \quad \frac{\mathrm{d}^3 X}{\mathrm{d}x^3}\bigg|_{x=L}=0, \quad \frac{\mathrm{d}^2 X}{\mathrm{d}x^2}\bigg|_{x=0}=0, \quad \frac{\mathrm{d}^2 X}{\mathrm{d}x^2}\bigg|_{x=L}=0 \quad (3.13.5)$$

由此可解得

$$\cos KL \cdot \operatorname{ch} KL = 1 \quad (3.13.6)$$

用数值解法求得本征值 $K$ 和棒长 $L$ 应满足:

$$K_n L = 0, 4.730, 7.853, 10.996, 14.137, \cdots \quad (3.13.7)$$

其中,$K_0 L = 0$ 的根对应于静止状态,因此将 $K_1 L = 4.730$ 记做第一个根,对应的振动频率称为基振频率,此时棒的振幅分布如图3.13.2所示。而图3.13.3曲线对应于 $K_2 L = 7.853$,称为一次谐波。

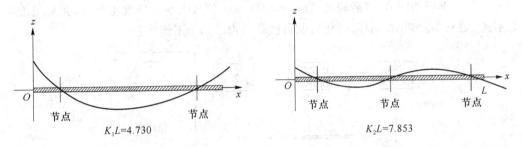

图 3.13.2　基振频率时棒的振幅分布　　　图 3.13.3　一次谐波时棒的振幅分布

将第一个本征值 $K_1 = \dfrac{4.730}{L}$ 代入式(3.13.4),可以得到自由振动的固有频率为

$$\omega = \left(\frac{4.730^4 EI}{\rho S L^4}\right)^{\frac{1}{2}} \quad (3.13.8)$$

实验中,基振频率可利用仪器测量出来,因此由此式可推出该金属棒的弹性模量为

$$E = 1.9978 \times 10^{-3} \frac{\rho L^4 S}{I} \omega^2 \quad (3.13.9)$$

对于直径为 $d$ 的圆棒,其惯量矩 $I = \iint_S z^2 \mathrm{d}S = \dfrac{\pi d^4}{64}$,代入式(3.13.9)得

$$E = 1.2619 \frac{L^4 \rho}{d^2} f^2 \quad (3.13.10)$$

式中,$f$ 为频率。在实际测量中,由于不能满足 $L \gg d$,所以上式应乘以一个修正系数 $T_1$,即

$$E = 1.261\ 9 \frac{L^4 \rho}{d^2} f^2 T_1 \qquad (3.13.11)$$

$T_1$ 可根据 $d/T$ 的不同数值和材料的泊松比查表得到,如表 3.13.1 所示。

**表 3.13.1　钢棒的修正系数表**

| 径长比 $d/L$ | 0.02 | 0.04 | 0.06 | 0.08 | 0.10 |
|---|---|---|---|---|---|
| 修正系数 $T_1$ | 1.002 | 1.008 | 1.019 | 1.033 | 1.051 |

**[实验仪器]**

功率函数信号发生器,动态弹性模量测定仪,游标卡尺,直尺,待测金属棒。

**[实验内容]**

(1) 阅读实验室给出的各种资料(包括动态弹性模量测定仪使用说明书等)。

(2) 将各设备按图 3.13.4 连接线路。启动信号发生器,频率置于 2.5 k 挡,衰减置 0 dB,调节信号幅度使输出信号约为 1 V。连续调节频率粗调至激发换能器发出相应的响声。调出李萨如图形,然后轻敲桌面,示波器 $y$ 轴信号大小立即发生改变,并与敲击强度有关(观察李萨如图形纵轴变化),说明整套装置已处于工作状态。

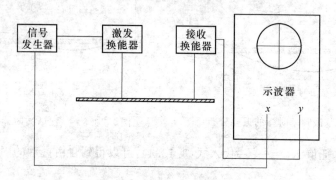

图 3.13.4　实验装置示意图

(3) 将支撑支架的两个换能器支脚调到两端,把两端有刻度的试棒放在脚上。由零开始调节输出频率,直至在某一频率使李萨如图形出现 $y$ 极大(此时应细调频率,找到 $y$ 出现极大时的频率)。然后用尖嘴镊子沿 $x$ 轴方向移动,观察振动强度是否按图 3.13.2 发生变化。可以发现,当尖嘴镊子触及节点时,示波器波形变化不大;当尖嘴镊子触及腹点时,示波器图形变化很大。

(4) 测量各钢棒试样的 $f_1$-位置曲线,用外推法推出节点的基频共振频率(一次谐波共振频率为选作)。

调节支脚位置,使试样两端离支脚距离都为 5 mm(若试棒较长,则取 10 mm),每隔

100

5 mm测一次共振频率,测到接近节点位置,共测 5 个点(如果测不出基频频率,可适当增大输出信号幅度)。画出共振频率与支脚位置的关系曲线,由该曲线确定节点位置的基频共振频率(将该曲线延长)。

(5) 测量各钢棒试样的直径及长度。

注意:当支撑点在节点上(或附近)时,很难找到谐振频率。

(6) 采用悬挂法测有刻度试样的 $f_1$-位置曲线,用外推法推出节点的共振频率(选作)。

## [注意事项]

(1) 采用支撑法时,支脚应与试棒垂直。

(2) 采用悬挂法时,吊扎必须牢固,两根悬丝必须在通过试样直径的铅垂面上,悬挂或支撑都不能在节点上。

(3) 实验时,应尽量选择信号功率小些,否则实验效果不好,会出现许多假共振(尤其是悬挂法),而且噪声太大。

## [附录]

**1. 功率函数信号发生器(DCY-3A 型)**

该信号发生器能输出正弦波、方波、三角波等各种信号,输出功率幅度可调,频率分若干挡,每挡均可分别粗调和细调连续调节旋钮。该仪器同时还有数字测频装置,本身带有数字显示频率计,既可以测量该仪器的输出信号频率,又可以测量外接信号的频率。具体操作说明参见实验室使用说明书。

**2. 动态弹性模量测定仪**

实验装置示意图如图 3.13.4 所示。被测试样可以用支撑架放在换能器上(也可以用细线悬挂在换能器上)。信号发生器输出的正弦波信号加在激发换能器上,引起支撑架跟着上下振动,激发试棒发生振动,接收换能器将试棒的振动变为电信号,输入到示波器 $y$ 轴。改变信号发生器输出频率,试棒的振动幅度会改变,当试棒发生共振时,此时的频率即为试棒的某个振动模式的频率。

# 实验 3.14　组合透镜实验

## [实验目的]

（1）观察透镜成像的像差，测定透镜的焦距；

（2）组装简易望远镜和显微镜，测量望远镜和显微镜的分辨本领。

## [实验原理]

### 1. 透镜

透镜是组成各种光学仪器的基本光学元件，观察研究透镜的成像规律、测定透镜的焦距是几何光学实验的重要内容。

（1）像差

单色光在近轴条件下能够近似实现理想的透镜成像，即成像清晰且保持与原物的几何相似性和同样的色彩。若不能满足近轴条件，就会造成像和物不相似而失真，成像不清晰，或者出现不正确的彩色等现象。实际中的透镜成像与理想的透镜成像存在的差异称为像差。最主要的像差有如下几种。

① 球面像差

从透镜的光轴上一物点所发出的单色光束经透镜折射后，不再会聚于一个像点上，而是成为迷漫的圆斑，所成的像变得模糊了。这种现象称做球面像差，简称球差。球差主要是由于透镜表面是球面造成的，在光学实验中，当选用的透镜焦距和直径的比值较小时，可以明显地观察到。

② 彗形像差

从透镜的光轴外一物点发出的单色粗光束经透镜后，往往由于光束较粗，使其外围部分不满足近轴条件，即使符合近轴条件的部分也由于光束经过透镜时的不对称造成物的成像不是一个斑点，而是形状如彗星的光斑。这种像差称为彗形像差，简称彗差。实际上，其他像差要比彗差显著得多，故仅在特殊情形下，方可观察到纯粹的彗差。在光学实验中，当透镜不是严格地垂直于光路时就可以观察到。

③ 色像差

光轴上物点所发出的不同波长的多色光经透镜成像时，将得到一系列与不同波长对应的不重合的像点，各呈现不同的颜色，不在光轴上的物点经透镜后也将随不同的波长有不同的成像点，呈彩色分布于离光轴远近不同处，使像的清晰度遭到了破坏。这是因为目前所有的光学材料的折射率均与光波波长有关。这种由于折射率随波长不同，使得物点上不同颜色的光经透镜后的成像点不同而造成的像差称为色像差，简称色差。

（2）透镜成像公式

在近轴的条件下,薄透镜的成像规律可以用公式

$$\frac{1}{s}+\frac{1}{s'}=\frac{1}{f} \tag{3.14.1}$$

表示。式中,$s$ 为物距,实物为正,虚物为负;$s'$ 为像距,实像为正,虚像为负;$f$ 为透镜焦距,凸透镜为正,凹透镜为负。

（3）常用的透镜焦距的测定方法

① 凸透镜

• 自准法（平面镜法）

如图 3.14.1 所示,位于透镜焦平面上的物体 AB 发出的光经过透镜 L 成为不同方向的平行光,再经过与光轴垂直的平面反射镜 M 反射后仍为平行光,反射的平行光又经过透镜成倒立的实像 A′B′ 于物方焦平面上,像与物大小相等,物距即为透镜焦距 $f$。

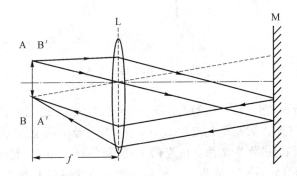

图 3.14.1　自准法测焦距

• 共轭法（位移法、贝塞尔法）

如图 3.14.2 所示,使物 AB 与像屏的距离保持 $b>4f$ 不变。移动透镜,当物距为 $s_1$ 时,在屏上形成放大的实像 A′B′;当物距为 $s_2$ 时,成缩小的实像 A″B″。透镜在两次成像之间的位移为 $a$,根据透镜成像公式(3.14.1)和图 3.14.2 的几何关系,可得出透镜的焦距。

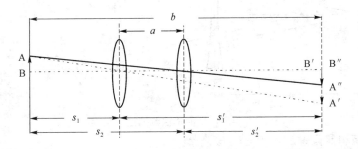

图 3.14.2　共轭法光路图

② 凹透镜

凹透镜不能成实像,因此一般要借助于一凸透镜与凹透镜组合成透镜组来测量凹透镜的焦距。

• 辅助透镜法(成像法)

如图 3.14.3 所示,先使物体 AB 发出的光经凸透镜 $L_1$ 后形成一大小适中的实像 $A'B'$,然后在 $L_1$ 与 $A'B'$ 之间放入待测凹透镜 $L_2$,对于 $L_2$ 来说 $A'B'$ 为虚物,可以产生一实像 $A''B''$,$L_2$ 到 $A'B'$ 和 $A''B''$ 的距离分别为 $s_2$ 和 $s_2'$,根据透镜成像公式(3.14.1)可得凹透镜 $L_2$ 的焦距。

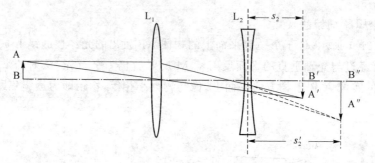

图 3.14.3 辅助透镜法光路图

• 平面镜法

如图 3.14.4 所示,在光路共轴的条件下,凹透镜 $L_2$ 放在适当的位置不动,移动凸透镜 $L_1$,使物屏上的物点 A 发出的光经过 $L_2$,$L_1$ 折射,再经平面镜 M 反射回来,在物屏上得到一个与物大小相等的倒立实像。由光的可逆原理可知,由 $L_1$ 射向平面镜 M 的光线是平行光线,点 $A'$ 是凸透镜 $L_1$ 的焦点。根据已知的凸透镜的焦距 $f_1$,测得的 $L_2$ 的光心 $O_2$ 与 $L_1$ 的光心 $O_1$ 之间的距离,以及 A 与 $O_1$ 的距离,可求得凹透镜的虚物距 $s_2$ 和实像距 $s_2'$,利用透镜成像公式(3.14.1)即可求出凹透镜 $L_2$ 的焦距。

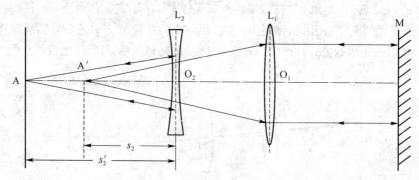

图 3.14.4 平面镜法测凹透镜焦距

**2. 望远镜和显微镜**

望远镜和显微镜都是光学实验中常用的助视光学仪器,也是其他的一些光学仪器的主要组成部分。了解望远镜和显微镜的构造原理和基本性能有利于进一步加深对透镜成

104

像规律的认识以及熟悉其他光学仪器的正确使用。

望远镜和显微镜的基本光学系统可参考第 2 章 2.1 节的相关内容。

（1）放大率

望远镜主要用来帮助人眼观察远处的目标，而显微镜则主要用来帮助人眼观察近处的微小物体，但都是用于增大被观测物体对眼睛的张角，是起视角放大作用的助视光学仪器。望远镜和显微镜对物体的放大能力都可通过视角放大率来表示。

正常人眼能清楚地观察物体而不致疲倦的最短距离是 250 mm，称为明视距离。同一物体对眼睛的视角与物体离眼睛的距离有关。若被观测物体对眼睛的视角为 $\theta_0$，而通过光学仪器所成的像对眼睛的视角为 $\theta$，则该光学仪器的视角放大率（简称放大率或放大倍数）为

$$\Gamma = \frac{\theta}{\theta_0} \approx \frac{\tan \theta}{\tan \theta_0} \qquad (3.14.2)$$

用望远镜观测的物体成像于观察者的明视距离和无穷远之间。根据望远镜基本光学原理图的几何光路及理论计算可得出望远镜的放大率为

$$\Gamma_{\mathrm{T}} = -\frac{f_1}{f_2} \qquad (3.14.3)$$

开普勒望远镜的放大率为负值，形成的是倒立的虚像；伽利略望远镜的放大率为正值，成正立的虚像。

用显微镜观测的物体成像于观察者的明视距离处。根据显微镜的基本光学系统，经理论计算可得显微镜的放大率为

$$\Gamma_{\mathrm{M}} = -\frac{ls}{f_1 f_2} \qquad (3.14.4)$$

式中，$l$ 是明视距离，$s$ 是物镜的像方焦点 $F_1'$ 与目镜的物方焦点 $F_2$ 之间的距离。

（2）像分辨本领

根据光的衍射理论，望远镜和显微镜等助视光学仪器对任一物点成像时，因孔径光阑的夫琅和费衍射作用，其像不是一点，而为一光斑。若两个物点靠得很近，相应的光斑可能重叠过多而无法分辨它们是两个物点的成像。为此，常用分辨本领表示光学仪器分辨细节的能力。但各种光学仪器因构造和用途不同，衡量各自分辨本领的方式也就不同。

望远镜的物镜焦距长，被观测的物体距物镜较远，因而所接收的近似为平行光。因此，望远镜的分辨本领用最小分辨角表示，其理论值为

$$\delta_\theta = 1.22 \frac{\lambda}{D} \qquad (3.14.5)$$

式中，$\lambda$ 是照明光的波长，$D$ 为物镜的入射孔径，角度的单位是 rad。

显微镜的物镜焦距短，被观测的微小物体放在物镜焦点附近，因而接收的光束发散角较大。因此，显微镜的分辨本领用最小分辨距离表示，其理论值为

$$\delta_y = \frac{0.61\lambda}{n\sin(\theta/2)} \tag{3.14.6}$$

式中,$\lambda$ 是照明光波波长,$n$ 为物与物镜间介质的折射率,$\theta$ 为轴上物点对物镜入射孔径的张角。

[实验仪器]

凸透镜,凹透镜,反射镜,光阑,品字屏,显示屏,球差屏,滤色片,卤钨灯,平行光管,鉴别率板,卡尺,光学导轨,光具座等。

[实验内容]

（1）透镜成像设计实验:

① 观察透镜成像的像差现象。

② 测量透镜的焦距并与标称值比较。选择两个凸透镜、一个凹透镜进行测量;对每个透镜分别采用不同的方法进行测量。

③ 对观测中出现的现象和问题进行分析、研究,并加以解决。

（2）助视光学仪器设计实验:

① 望远镜。

• 组装出观测效果较好的简易望远镜并给出有关参数。

• 借助装有鉴别率板的平行光管产生的平行光作为观测物体,测定所组装出的望远镜最小分辨角的实验值,并与理论值比较;选用不同的圆孔光阑加在望远镜物镜前,观测入射孔径对分辨本领的影响。

• 白光照明,取 550 nm 作为波长的平均值。

② 显微镜。

• 组装出观测效果较好的简易显微镜并给出有关参数。

• 以鉴别率板为观测物体,测定所组装出的显微镜在物镜前附加不同小孔光阑时的最小分辨距离的实验值;观测入射孔径对分辨本领的影响。

（3）自行设计并进行对透镜及助视光学仪器其他参数、性能的实验研究。

[注意事项]

（1）对实验应进行优化设计;

（2）要正确处理及表述有关数据。

[附录]

### 1. 平行光管

平行光管的光学系统的结构如图 3.14.5 所示。光源通过毛玻璃均匀照亮分化板,照射到物镜上。分化板位于物镜的焦平面处,成像于无穷远,因而从物镜射出的光为平行光。

平行光管配上不同的分化板、附件和测微目镜系统,可测定透镜及透镜组等光学系统的焦距(配玻罗板)、分辨率(配鉴别率板),检验成像质量(配星点板),还可进行距离的测量及光学玻璃均匀性的检查等。

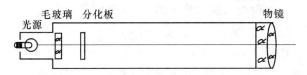

图 3.14.5　平行光管光学系统结构

平行光管物镜焦距为 550 mm。

**2. 鉴别率板**

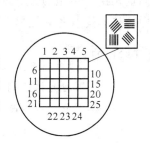

图 3.14.6　鉴别率板

鉴别率板上有 25 个图案单元,如图 3.14.6 所示,每个图案单元中有 4 组方向不同的等间距的平行线条,第 1 图案单元到第 25 图案单元的线条宽度逐渐递减。具体的线条宽度可查阅实验室的相关资料。

鉴别率板可用来测量物镜或物镜组的分辨本领。

将平行光管放在被测物镜前,鉴别率板位于平行光管物镜的焦平面处,成像于无穷远。鉴别率板上的线条作为物,在被测物镜的焦平面处用目镜观察,找出刚能被分辨出线条的图案单元号码,即可从表中查得相应的线条宽度,则被测物镜的最小分辨角为

$$\theta = \frac{d}{f'} = \frac{2a}{f'} \qquad (3.14.7)$$

式中,$a$ 为线条宽度,$d$ 为线条间距,$f'$ 为平行光管物镜焦距。

# 实验 3.15　分光计的调整和使用

分光计是一种测定光线偏转角度的精密仪器,不但可以用来观测光谱,测定折射率、波长、色散率,还可以用来做光的偏振等实验,是光学实验中常用的基本光学仪器。分光计的调整原理、方法和技巧在光学仪器中有一定的代表性,学习使用分光计可为使用其他更复杂和精密的光学仪器打下良好基础。

分光计装置较精密,结构较复杂,调节要求也较高,使用时应注意了解其基本结构和测量光路,严格按照要求和步骤进行耐心地调节。分光计的调整和使用技术是光学实验中的基本技术之一,必须正确掌握。

[实验目的]

(1) 了解分光计的构造原理及各部件的作用;

(2) 学习分光计的调整方法;

(3) 学会用分光计测量光的偏转角度。

[实验原理]

**1. 分光计介绍**

分光计的型号很多,但结构基本相同,主要由平行光管、望远镜、载物台和读数圆盘等部分组成。分光计的下部是一个三角底座,中央有一个中心轴,望远镜、载物台和读数圆盘可绕中心轴转动。物理实验室常用的分光计如图 3.15.1 所示,下面作简单介绍。

(1) 平行光管

平行光管的构造如图 3.15.2(a)所示。在管的一端装有一个消色差的透镜,另一端有一个宽度可调的狭缝,狭缝装在一个可伸缩的套筒的一端。伸缩套筒可把狭缝调到透镜的焦平面上,当平行光管外有光照亮狭缝时,通过狭缝的光经透镜后就成为了平行光。

(2) 望远镜

望远镜是由物镜和阿贝式自准直目镜组成,如图 3.15.2(b)所示。消色差的物镜固定在望远镜筒的一端,镜筒另一端的阿贝式自准直目镜由目镜、分划板、阿贝棱镜和照明系统等组成。分划板上有叉丝刻线,且边上粘有一块 45°的全反射小棱镜,棱镜表面涂有不透明薄膜,薄膜上刻了一个空心十字,它被电珠灯光照亮时,调节目镜前后位置,可在望远镜的视场中看到如图 3.15.2(c)所示的图像。当分划板在物镜的焦平面时,如果用一光学平面反射镜将被电珠发出的光照亮的空心十字反射,使之进入物镜,如图 3.15.2(d)所示,则在物镜的焦平面上形成亮十字像。若平面镜的镜面与望远镜光轴垂直,亮十字像将恰好落在叉丝刻线上部的交叉点上,如图 3.15.2(e)所示。

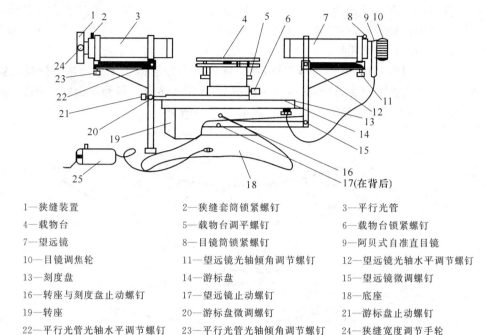

| 1—狭缝装置 | 2—狭缝套筒锁紧螺钉 | 3—平行光管 |
|---|---|---|
| 4—载物台 | 5—载物台调平螺钉 | 6—载物台锁紧螺钉 |
| 7—望远镜 | 8—目镜筒锁紧螺钉 | 9—阿贝式自准直目镜 |
| 10—目镜调焦轮 | 11—望远镜光轴倾角调节螺钉 | 12—望远镜光轴水平调节螺钉 |
| 13—刻度盘 | 14—游标盘 | 15—望远镜微调螺钉 |
| 16—转座与刻度盘止动螺钉 | 17—望远镜止动螺钉 | 18—底座 |
| 19—转座 | 20—游标盘微调螺钉 | 21—游标盘止动螺钉 |
| 22—平行光管光轴水平调节螺钉 | 23—平行光管光轴倾角调节螺钉 | 24—狭缝宽度调节手轮 |
| 25—望远镜照明系统电源变压器 | | |

图 3.15.1　分光计的外形结构

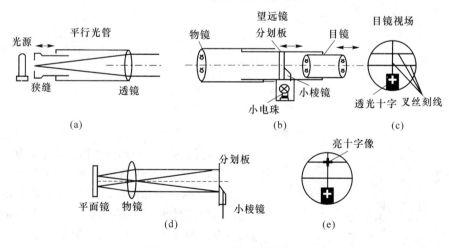

图 3.15.2　分光计的光学系统

（3）载物台

载物台是一圆形平台,用来放置光学元件,如光栅、棱镜等。平台下有 3 个螺钉,用来调节平台的水平度。

（4）读数圆盘

读数圆盘由 360° 刻度盘和游标盘两部分组成。测量时，使望远镜带动刻度盘一起绕分光计的中心轴转动，而将游标盘锁定，保持游标盘上的弯游标位置固定不动。分光计的读数原理与游标卡尺相同。刻度盘上的 29 个分度小格对应于弯游标上的 30 个分度小格，刻度盘上最小分度值是 30′，因此，弯游标的最小分度值是 1′。读数方法是根据弯游标的零刻线所在的位置，读出刻度盘上的值，再读出弯游标上与刻度盘恰好对齐的刻线的值，两者相加即为所测角度的读数值，如图 3.15.3 所示。

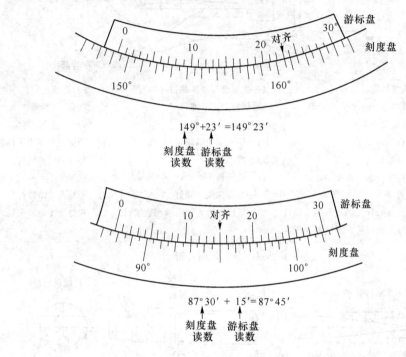

图 3.15.3　分光计的读数

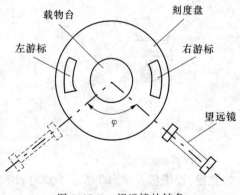

图 3.15.4　望远镜的转角

分光计在相隔 180° 的对称方向上有两个弯游标。测量时，两个弯游标处要同时读数，分别算出两弯游标处前后两次读数之差，再取平均值，可以消除读数圆盘的圆心与分光计的中心轴线不重合所引起的偏心差。如图 3.15.4 所示，望远镜在某一个位置时，左、右两边的弯游标处的读数分别为 $\theta_{L1}$ 和 $\theta_{R1}$，转到另一个位置时，左、右两边的弯游标处的读数分别为 $\theta_{L2}$ 和 $\theta_{R2}$，则两个弯游标处前后两次读数差分别为

$$\varphi_L = |\theta_{L2} - \theta_{L1}|$$

$$\varphi_R = |\theta_{R2} - \theta_{R1}|$$

因而望远镜光轴绕过分光计中心轴的角度是

$$\varphi = \frac{1}{2}(\varphi_L + \varphi_R) = \frac{1}{2}(|\theta_{L2} - \theta_{L1}| + |\theta_{R2} - \theta_{R1}|) \tag{3.15.1}$$

（5）分光计的调整

① 调整要求

• 望远镜能够接受平行光（即望远镜聚焦于无穷远）；

• 平行光管能够发出平行光；

• 望远镜与平行光管的光轴共轴，且与分光计的中心轴垂直。

② 调整方法

• 粗调

用目视法进行粗调，使望远镜与平行光管大致共轴且与中心轴垂直，载物台平面大致与中心轴垂直。

• 细调可分为 4 步

（a）调整望远镜聚焦于无穷远

首先旋转目镜调焦轮（10），同时从目镜中观察，直至从目镜中看到分划板上的叉丝刻线清晰为止。然后接通望远镜照明系统，将光学平行平板的一个光学面对着望远镜物镜，且使光学面与望远镜光轴垂直。松开目镜筒锁紧螺钉（8），前后伸缩移动望远镜目镜，使亮十字像清晰，锁紧螺钉（8）。此时，望远镜已聚焦于无穷远。

（b）调整望远镜光轴与分光计中心轴垂直

借助于光学平行平板调节，将光学平行平板放在载物台上，放置方法可参考图 3.15.5。当光学平行平板的一光学面法线与望远镜光轴平行时，亮十字像和叉丝刻线的上交点 P 完全重合，如果载物平台旋转 180°后，光学平行平板的另一个光学面对准望远镜时仍然完全重合，则说明望远镜光轴已垂直于分光计中心轴。一般开始时它们并不重合（例如，可能与图 3.15.6 所示情况类似），需要仔细调节才能实现。调节时应先从望远镜中看到由光学平行平板的一个光学面反射的亮十字像，转动载物平台 180°，找到由另一光学面反射的亮十字像后，再分别就每个面反射的亮十字像所在的位置进行仔细调节。最简单的调节方法是采取渐近法，即先调载物平台下的调平螺钉，使亮十字像和叉丝刻线上交点之间的上下距离减小一半，再调节望远镜光轴的倾角调节螺钉（11），使亮十字像和叉丝刻线上交点重合。然后转动载物平台 180°，使另一光学面对着望远镜物镜，进行同样调节，如此反复数次，直至来回转动载物台时，光学平行平板的两个光学面反射的亮十字像都能与 P 点重合为止。

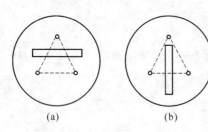

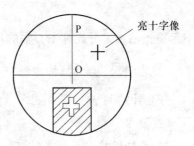

图 3.15.5　光学平行平板的摆放　　图 3.15.6　亮十字像的位置

（c）调整平行光管发出平行光

将已聚焦于无穷远的望远镜作为标准进行调节。从载物台上取下光学平行平板,点燃汞灯,将狭缝照亮。松开狭缝套筒锁紧螺钉(2),前后移动狭缝装置,使望远镜中看到轮廓清晰的狭缝像,慢慢旋动狭缝宽度调节手轮(24),使狭缝宽度利于观测(缝像宽一般不超过 1 mm)。

（d）调整平行光管光轴与分光计中心轴垂直

仍用光轴已垂直于分光计中心轴的望远镜作为标准。转动狭缝使之呈水平,调节平行光管光轴倾角调节螺钉(23),使狭缝与分划板中间水平刻线重合,再转动狭缝使之呈铅直状,与分划板上竖刻线重合,锁紧螺钉(2)。

待上述过程完成后,分光计就达到了调整要求。

③ 注意事项

• 在调整平行光管的过程中,不能再调节望远镜,否则已调好的望远镜系统的状态将被破坏,需要重新调整;

• 调整好的分光计在使用过程中,不可再调节望远镜和平行光管,否则,已调好的分光计的状态将被破坏,需重新调整。

**2. 最小偏向角法测三棱镜的折射率**

（1）测量原理

光线由一种介质进入另一种介质时,在界面发生折射,如图 3.15.7 所示。根据折射定律有

$$n_1 \sin \theta_i = n_2 \sin \theta_t \qquad (3.15.2)$$

式中,$\theta_i$ 和 $\theta_t$ 分别表示入射角和折射角,$n_1$ 和 $n_2$ 则表示存在于不同的介质区间的折射率。折射率不仅与介质本身有关,还和光的频率有关。

如图 3.15.8 所示,$AB$ 和 $AC$ 为三棱镜的两个透光的光学面,它们的夹角 $A$ 称为三棱镜的顶角。$BC$ 为不透光的毛玻璃面,称为三棱镜的底面。入射光 $S_1$ 以入射角 $\theta_{i1}$ 入射

到了三棱镜的 $AB$ 光学面上，经两次折射后，出射光 $S_2$ 以折射角 $\theta_{t2}$ 从三棱镜的 $AC$ 光学面射出，入射光延长线与出射光反向延长线的夹角 $\delta$ 称为偏向角。偏向角是一个变化的角，从理论和实验都可以证明当入射光线 $S_1$ 和出射光线 $S_2$ 处于光路对称，即 $\theta_{i1}=\theta_{t2}$ 时，偏向角最小，记为 $\delta_{\min}$，称为最小偏向角。

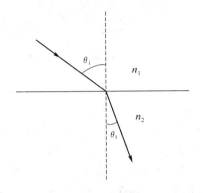

图 3.15.7　光在界面上的折射　　　　图 3.15.8　光通过三棱镜的折射

根据图中的几何关系以及折射率公式，并令空气的折射率为 1，可以得到三棱镜对某单色光的折射率 $n$ 与最小偏向角 $\delta_{\min}$ 和顶角 $A$ 的关系：

$$n=\frac{\sin\theta_{i1}}{\sin\theta_{t1}}=\frac{\sin\frac{1}{2}(\delta_{\min}+A)}{\sin\frac{1}{2}A} \tag{3.15.3}$$

只要测出棱镜的顶角 $A$ 和最小偏向角 $\delta_{\min}$，按照式（3.15.3）就可算出棱镜对该单色光的折射率 $n$。

（2）测量方法

① 调节三棱镜两个光学面的法线垂直于分光计中心轴

将待测三棱镜放在载物平台上，采用自准法，即利用已调节好的望远镜自身产生的平行光校准三棱镜的两个光学面法线，使它们都能与望远镜的光轴平行，亦即与分光计中心轴垂直。为了便于调节，可按图 3.15.9 所示的方法放置三棱镜，即三棱镜的三条边均与载物台 3 个调平螺钉的连线垂直，以尽量减小调节中的相互影响。调节方法可以参考图 3.15.10，当三棱镜的光学面 $AB$ 对着望远镜物镜时，调节载物台调平螺钉 2（其与螺钉 1 的连线垂直于 $AB$）；然后转动载物平台，将光学面 $AC$ 对准望远镜物镜，调节载物台调平螺钉 3（其与螺钉 1 的连线垂直于 $AC$）。反复几次，直至无论如何转动载物台，从望远镜中看到的三棱镜的两个光学面反射的亮十字像都能与分划板的叉丝刻线上交点 P 重合为止。至此，待测三棱镜两个光学面的法线与分光计中心轴已垂直，可以进行测量了。

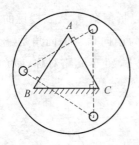

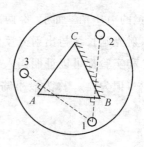

图 3.15.9 三棱镜的摆放          图 3.15.10 载物台螺钉的调节

② 三棱镜顶角的测定

• 自准法测顶角

利用望远镜自身产生的平行光,测量三棱镜的顶角。将三棱镜按照调整时的位置摆放到载物台上,如图 3.15.11 所示。将望远镜对准三棱镜的一个光学面,使亮十字像与分划板上交叉线重合,记下两个游标处的读数 $\theta_{L1}$,$\theta_{R1}$;然后转动望远镜,将其对准三棱镜的另一个光学面,使亮十字像与分划板上交叉线重合,再次记下两个游标处的读数 $\theta_{L2}$ 和 $\theta_{R2}$(测量时,亮十字像如果不能与分划板上交叉线重合,则说明已调好的载物台或望远镜系统的状态已被破坏,需要重新调整)。测量时望远镜光轴绕分光计中心轴转过的角度 $\beta$ 与三棱镜顶角 $A$ 的关系可由下式给出:

$$A=180°-\beta=180°-\frac{1}{2}(\,|\,\theta_{L2}-\theta_{L1}\,|+|\,\theta_{R2}-\theta_{R1}\,|\,) \qquad (3.15.4)$$

• 反射法测顶角

(a) 将待测三棱镜放在载物台上,让三棱镜的顶角正对着平行光管光轴,使平行光管射出的平行光束被棱镜的两个透光的光学面分成两部分,且棱镜的顶角应在载物台中部,否则,经棱镜光学面的反射光不能进入望远镜,如图 3.15.12 所示。先用眼睛观察棱镜两个光学面反射的光线,如果有一个面看不到反射光,说明棱镜的顶角未对准平行光管光轴,需调整三棱镜的摆放位置。

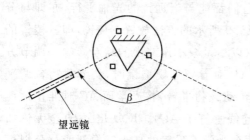

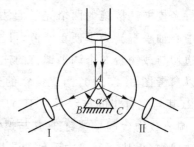

图 3.15.11 自准法测顶角示意图        图 3.15.12 反射法测顶角示意图

114

（b）将望远镜中分划板上的竖线对准从三棱镜的一个光学面反射的光线，从两个游标处可读出角度 $\theta_{L1}$ 和 $\theta_{R1}$；再转动望远镜使之对准从棱镜的另一个光学面反射的光线，又可从两个游标处读出角度 $\theta_{L2}$ 和 $\theta_{R2}$。按照式（3.15.5）（请自行推导）即可计算出三棱镜的顶角 $A$。

$$A = \frac{\alpha}{2} = \frac{1}{4}\left( \mid \theta_{L2} - \theta_{L1} \mid + \mid \theta_{R2} - \theta_{R1} \mid \right) \qquad (3.15.5)$$

③ 最小偏向角的测定

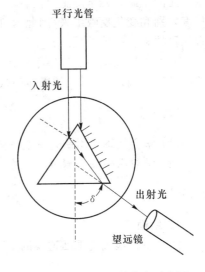

图 3.15.13 测最小偏向角示意图

• 将三棱镜按照图 3.15.13 所示的位置摆放。由于望远镜光轴是围绕分光计中心轴转动的，因此出射光的反向延长线应通过分光计的中心轴。

• 慢慢转动载物台和望远镜，使望远镜光轴大致在出射光线的位置，同时通过望远镜观察，直到视野内出现光谱线。将望远镜对准光谱线，然后轻轻转动载物台，同时注意谱线的移动情况，观察偏向角的变化。

• 沿偏向角减小的方向慢慢地转动载物台，使偏向角继续减小。当载物台转到某一位置时，谱线开始向反方向移动，谱线的折返点对应的角度就是最小偏向角。用游标盘止动螺钉（21）固定游标，慢慢地转动望远镜光轴支架，使分划板上的竖线对准待测谱线，从两个游标处读出此位置对应的角度 $\theta_{L1}$ 和 $\theta_{R1}$。

• 转动载物台或三棱镜，使棱镜处于与刚才对称的位置，重复以上步骤，测出此时折返点的位置 $\theta_{L2}$ 和 $\theta_{R2}$。则最小偏向角为

$$\delta_{\min} = \frac{1}{4}\left( \mid \theta_{L2} - \theta_{L1} \mid + \mid \theta_{R2} - \theta_{R1} \mid \right) \qquad (3.15.6)$$

④ 注意

• 读数时，左右两个游标的位置及第 1 和第 2 次的前后顺序不能搞错，即 $\theta_{L1}$ 和 $\theta_{L2}$ 是同一个游标的第 1、第 2 两次读数，而 $\theta_{R1}$ 和 $\theta_{R2}$ 是另一个游标处的前后两次读数。

• 若望远镜从位置 1 转到位置 2 的过程中，刻度盘的 0°刻线通过了某一个游标的零刻线，则该游标处的读数应加上 360°（或 −360°）。

[实验仪器]

分光计，光学平行平板，三棱镜，汞灯。

[实验内容]

（1）对照图 3.15.1 或实物，熟悉分光计各部分的具体结构及调整、使用方法；

（2）调整分光计至达到测量要求；

（3）测定三棱镜的顶角；

（4）测定汞灯光谱线的最小偏向角。

# 实验 3.16　光的等厚干涉

　　光的干涉是光学的主要内容之一,光的干涉条纹可以将在可见光波长数量级的微小长度差别和变化反映出来,因此为科学研究与精密计量提供了重要的方法,且广泛应用在现代科技和生产等领域。

　　光的干涉现象中的等厚干涉是一种常见的物理现象,在实验中,通过观测牛顿环这个等厚干涉特例,加深对光的干涉的认识和理解,了解光的等厚干涉的一些应用。

**[实验目的]**

　　(1) 学会熟练使用钠光灯及读数显微镜;
　　(2) 学习用牛顿环测量球面镜曲率半径的原理和方法。

**[实验原理]**

### 1. 牛顿环

曲率半径很大的平凸透镜的凸面和一个平面玻璃接触在一起时,透镜与玻璃之间形成的空气薄膜层厚度从中心接触点到边缘逐渐增加,如图 3.16.1 所示。当波长为 $\lambda$ 的光线照射到空气形成的薄膜上时,它在薄膜的上表面被分割成反射和折射两束光,折射光在薄膜的下表面反射后,又经上表面折射,与上表面的反射光交叠,发生干涉。两束光交叠处空气薄膜层的厚度很小,若将其设为 $h$,则两相干光线的光程差为

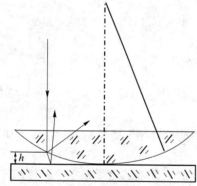

图 3.16.1　干涉光路示意图

$$\Delta L = 2h + \frac{\lambda}{2} \tag{3.16.1}$$

式中,$\lambda/2$ 是光线由光疏媒质到光密媒质反射时产生的附加光程差。

两光线相互干涉的条件是

$$\Delta L = 2h + \frac{\lambda}{2} = \begin{cases} k\lambda & k=1,2,3,\cdots & \text{加强(亮)} \\ (2k+1)\dfrac{\lambda}{2} & k=0,1,2,\cdots & \text{减弱(暗)} \end{cases} \tag{3.16.2}$$

　　由于光程差 $\Delta L$ 是随空气薄膜层的厚度 $h$ 改变的,空气厚度相同处的干涉状态相同,即厚度相同处产生同一级干涉条纹,厚度不同处产生不同级次的干涉条纹,因此是等厚干涉。

　　同理,由空气薄膜下表面折射出来的透射光束同样会产生干涉,只是干涉加强和减弱的条件有所不同,折射光束没有 $\lambda/2$ 的附加光程差问题。

牛顿环仪就是由一个曲率半径很大的平凸透镜与一个平板玻璃叠在一起构成的。当单色平行光垂直照射到牛顿环仪的平凸透镜上时,透镜的凸面附近就会发生等厚干涉现象。如果用显微镜来观察,便可清楚地看到许多明暗相间的、间隔逐渐减小的、同心的圆干涉条纹,如图3.16.2所示,这种等厚干涉条纹称为牛顿环。

由反射光干涉的光路分析以及干涉条件可知,如果透镜与平板玻璃间的接触良好,则在接触点 $O$ 处的空气层厚度 $h=0$,光程差 $\Delta L = \dfrac{\lambda}{2}$,因此,反射光干涉产生的等厚圆干涉条纹的中心是一暗点。

如果在透射方向观察,也可以看到透射光干涉产生的牛顿环。本实验中观察牛顿环的实验装置及原理光路,如图 3.16.3 所示。

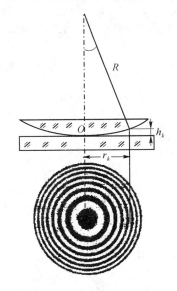

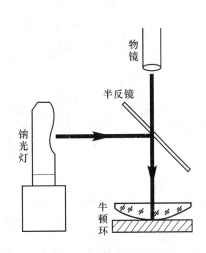

图 3.16.2　牛顿环几何关系图　　　　图 3.16.3　牛顿环实验光路及装置示意图

### 2. 用牛顿环测透镜的曲率半径

在图 3.16.2 中,透镜的曲率半径为 $R$,与空气层厚度 $h_k$ 对应的第 $k$ 级干涉圆条纹的半径为 $r_k$,由几何关系可得

$$R^2 = (R - h_k)^2 + r_k^2 \qquad (3.16.3)$$

所以 $r_k^2 = 2h_k R - h_k^2$,由于 $R \gg h_k$,$h_k^2$ 可忽略,因此得到

$$h_k = \frac{r_k^2}{2R} \qquad (3.16.4)$$

式(3.16.4)说明:$h_k$ 与 $r_k^2$ 成正比,即离开中心愈远,光程差增加愈快,因此,干涉环愈密。

由式(3.16.2)可知,对反射光干涉产生的 $k$ 级暗环有

$$\Delta L = 2h_k + \frac{\lambda}{2} = (2k+1)\frac{\lambda}{2} \quad k = 0,1,2,\cdots \qquad (3.16.5)$$

将式(3.16.4)代入式(3.16.5),整理后可得

$$r_k^2 = kR\lambda$$

或

$$R = \frac{r_k^2}{k\lambda} \tag{3.16.6}$$

由式(3.16.6)可知,若已知 $\lambda$,测出第 $k$ 级暗条纹的半径 $r_k$,便可算出透镜的曲率半径 $R$;若已知 $R$,测出 $r_k$ 后,可算出光波波长 $\lambda$。但在实验中如果直接用此公式,会给测量带来较大的误差,其原因有二:

(1) 实际观察牛顿环时发现,牛顿环的中心不是一个点,而是一个不甚清晰的暗或亮的圆斑。其原因是透镜与平板玻璃接触时,由于接触压力引起形变,使接触处为一圆面,而圆面的中心很难定准,因此 $r_k$ 不易测准。

(2) 镜面上可能有灰尘等存在而引起一个附加厚度,从而形成附加的光程差,这样,绝对级数也不易定准。

为了克服上述困难,需对式(3.16.6)进行处理,取暗环直径 $D_k$ 来替代半径 $r_k$,$D_r = 2r_k$,则式(3.16.6)可写成:

$$D_k^2 = 4kR\lambda$$

或

$$R = \frac{D_k^2}{4k\lambda} \tag{3.16.7}$$

若 $m$ 与 $n$ 级暗环直径分别为 $D_m$ 与 $D_n$,有

$$D_m^2 = 4mR\lambda \tag{3.16.8}$$
$$D_n^2 = 4nR\lambda \tag{3.16.9}$$

式(3.16.8)和式(3.16.9)相减,得

$$R = \frac{D_m^2 - D_n^2}{4(m-n)\lambda} \tag{3.16.10}$$

公式(3.16.10)中,只出现相对级数 $m-n$,无须知道待测暗环的绝对级数,而且涉及的是与牛顿环的直径有关的量 $D_m^2 - D_n^2$,即使牛顿环中心无法定准,也不会影响对 $R$ 的测量。

### 3. 用读数显微镜观测劈尖干涉

如图 3.16.4(a)所示,两块平面玻璃成劈形放置,中间充以折射率为 $n$ 的物质。当单色光垂直射到劈尖形的薄膜上时,在劈尖的上表面被分割成两部分:一部分光从劈尖的上表面反射;一部分进入劈尖,从下表面反射。两光在劈尖的上表面叠加,形成等厚干涉。若借助于显微镜来观察,可看到如图 3.16.4(b)所示明暗相间的等厚干涉条纹。

设单色光的波长为 $\lambda$,光线入射处薄膜的厚度为 $h_k$,与 $k$ 级干涉条纹对应的两相干光的光程差为 $\Delta L$,则有

$$\Delta L = 2nh_k + \frac{\lambda}{2} = \begin{cases} k\lambda & k=1,2,3,\cdots \quad \text{明条纹} \\ (2k+1)\dfrac{\lambda}{2} & k=0,1,2,\cdots \quad \text{暗条纹} \end{cases} \tag{3.16.11}$$

两相邻干涉明(暗)条纹所对应的厚度差为

$$h_{k+1} - h_k = \frac{\lambda}{2n} \tag{3.16.12}$$

若劈尖上表面有 $N$ 个条纹,则劈尖最厚处的薄膜厚度为

$$h_{\max} = N\left(\frac{\lambda}{2n}\right) \tag{3.16.13}$$

如果测出单位长度上的干涉条纹数 $N_0$ 及劈尖的长度 $L$,也可得出劈尖最厚处的厚度:

$$h_{\max} = N_0 L\left(\frac{\lambda}{2n}\right) \tag{3.16.14}$$

如图 3.16.4 所示,利用由两块平板玻璃和电容器纸构成的空气(折射率为 $n=1$)劈尖可以测量电容器纸的厚度。

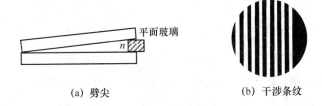

(a) 劈尖          (b) 干涉条纹

图 3.16.4 劈尖干涉

在半导体的生产工艺中,将硅片上的氧化膜腐蚀一部分,使氧化层与非氧化层交界处形成一个劈尖,如图 3.16.5(a)所示,用显微镜可观察到如图 3.16.5(b)所示的二氧化硅(折射率 $n=1.5$)薄膜的等厚干涉条纹。这样就可以通过测量二氧化硅劈尖的干涉条纹数得到硅氧化膜的厚度。

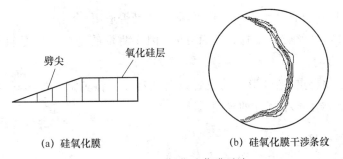

(a) 硅氧化膜          (b) 硅氧化膜干涉条纹

图 3.16.5 二氧化硅薄膜干涉

[实验仪器]

钠光灯,读数显微镜,牛顿环仪,劈尖装置。

[实验内容]

(1)熟悉读数显微镜的使用方法(可参考附录中相关内容)。

（2）调整测量装置,观察反射光干涉产生的牛顿环,实验装置如图 3.16.3 所示。

① 调整半反镜,使读数显微镜的目镜中看到均匀明亮的光场。

② 调节读数显微镜的目镜,使叉丝刻线清晰、无视差。再调节读数显微镜的物镜调节手轮,置镜筒于最低位置,然后,边观察边升高物镜,直至在目镜中观察到清晰的牛顿环。

（3）测量牛顿环的直径,求透镜的曲率半径。

（4）观察透射光干涉产生的牛顿环。

（5）调节读数显微镜,观察劈尖产生的等厚干涉条纹。

（6）测量电容器纸的厚度。

（7）测量硅氧化膜的厚度。

[注意事项]

（1）在测量时,读数显微镜的测微鼓轮应沿一个方向转动,中途不可倒转;

（2）环数不可数错,在数的过程中发现环数有变化时,必须重测;

（3）测量中,应保持桌面稳定,不受振动,不得移动牛顿环装置,否则重测。

[思考题]

（1）本实验为什么要用单色光源,若用普通灯光将会出现什么现象?

（2）公式 $R=\dfrac{D_m^2-D_n^2}{4(m-n)\lambda}$ 是用暗环的直径推导出来的。

① 如果牛顿环中心是亮斑而非暗斑,此公式是否适用?

② 测直径时,叉丝交点不通过圆环中心,因而测量的是弦而不是直径,仍用该式计算,对结果有无影响?

（3）试从条纹特点、条纹形成的位置以及观察方法和实验中观察到的现象比较反射光和透射光干涉产生的牛顿环的异同。

[附录] 读数显微镜

**1. 结构原理**

读数显微镜由显微镜镜筒和螺旋测微读数移动装置组成,其形式较多。物理实验常用的读数显微镜如图 3.16.6 所示。显微镜由装有叉丝刻线分划板的目镜和物镜组成,调节调焦手轮,镜筒可上下移动,使观察者看到清晰的像。同时镜筒固定在测微螺杆上,旋转测微鼓轮,就推动了测微螺杆前进或后退,从而带动了显微镜左右移动,移动的距离可以从读数装置读出。目镜中的叉丝刻线作为测量读数时的对准标线。反光镜和半反镜主要用于增加视场亮度。

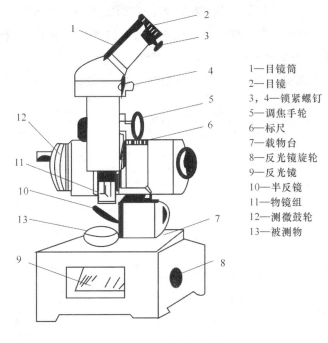

图 3.16.6　读数显微镜

1—目镜筒
2—目镜
3，4—锁紧螺钉
5—调焦手轮
6—标尺
7—载物台
8—反光镜旋轮
9—反光镜
10—半反镜
11—物镜组
12—测微鼓轮
13—被测物

**2. 使用方法**

(1) 调整反光镜或半反镜,使能从读数显微镜的目镜中看到均匀明亮的光场。

(2) 旋转目镜,使叉丝成像清晰。

(3) 将被测物放置在工作台面上。

(4) 调节物镜调焦手轮将被测物的像聚焦在叉丝平面上,使被测物的像和叉丝无视差。

(5) 转动测微鼓轮,使叉丝的交点或刻线与被测物的像的一端重合即可读出一数值。沿同一个方向继续转动鼓轮,使叉丝的交点与被测物的像的另一端重合,又可得到另一读数。两者之差即为被测物的尺寸。

(6) 读数方法和螺旋测微计相同,主尺的分度值为 1 mm,由主尺读出毫米以上的数值;测微鼓轮共有 100 个刻度,其分度值为 0.01 mm,毫米以下的数值就由测微鼓轮读出,可估读到 0.001 mm 那一位。

**3. 注意事项**

(1) 调焦前,应先转动调焦手轮,使镜筒下降接近被测物,然后眼睛从目镜中边观察边调节物镜调焦手轮慢慢升高镜筒调焦,以避免显微镜和被测物相碰挤而损坏。

（2）显微镜的移动是靠测微螺旋装置的推动，而螺纹配合存在间隙，所以测微鼓轮转动方向改变时，会产生空转，只有转过螺套和螺杆之间的间隙后，显微镜才能跟着移动。因此，读数显微镜沿相反方向对准同一位置的两次读数将不同，由此造成的测量误差称为回（空）程差。所以在测量过程中，鼓轮要沿一个方向旋转。

（3）当主尺对准某条刻度线时，鼓轮读数应为"0"。如果零点不准，则读数时要修正零点误差。

# 实验 3.17　衍射光栅

光栅是具有空间周期性结构的用于分光的光学元件。光栅的种类很多,广泛应用于光谱分析、计量、光通信和信息处理等领域。通过不同的制作方法可分别得到原制光栅、复制光栅和全息光栅。在玻璃上借助于精密的刻线机用金刚石刻制光栅,技术性很强,生产成本也很高,所以原制光栅价格昂贵。常用的光栅是复制光栅和全息光栅。本实验所用的光栅是平面透射全息光栅,是用激光全息照相法拍摄于感光玻璃板上制成的。

[实验目的]

(1) 观察光的衍射现象,加深对光栅衍射原理的理解;
(2) 进一步熟悉分光计的调节和使用;
(3) 学会测量平面透射光栅的光栅常数;
(4) 会用平面透射光栅测定光波波长;
(5) 学习测量光栅的角色散。

[实验原理]

### 1. 衍射光栅和光栅方程

平面透射光栅是由大量等宽、等距、排列紧密的平行狭缝构成,能将入射的复色光按波长的大小以不同的角度衍射而达到分光的目的。设缝宽为 $a$,相邻两缝间不透光部分的宽度为 $b$,$d = a + b$,称为光栅常数。

如图 3.17.1 所示,一束平行单色光与光栅法线成 $\theta$ 角入射到光栅平面上时,通过每一条狭缝的光线发生衍射现象,通过许多狭缝衍射后的平行光,用会聚透镜会聚,则产生干涉现象。如果在透镜焦平面上的会聚点 $P$ 处的光振动是加强的,就会产生明条纹。明条纹实际上是光源狭缝的衍射像,是一条锐细的亮线。其光程差 $CA + AD$ 等于波长的整数倍 $k\lambda$,即

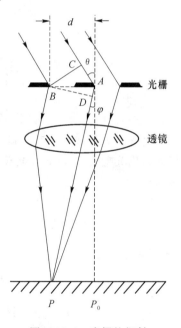

图 3.17.1　光栅的衍射

$$d(\sin \varphi_k \pm \sin \theta) = k\lambda \qquad (3.17.1)$$

式(3.17.1)称为光栅方程,式中的加号表示衍射光和入射光在光栅法线的同一侧,减号表示两者分别在法线的两侧。

如果光线垂直入射,$\theta = 0$,则光栅方程(3.17.1)简化为

$$d\sin \varphi_k = k\lambda \qquad (3.17.2)$$

式中,$k$ 为衍射光谱的级数,$k = 0, \pm 1, \pm 2, \cdots$;$\varphi_k$ 为第 $k$ 级谱线的衍射角。

如果入射光不是单色光,则由式(3.17.2)可以看出,光的波长不同,其衍射角 $\varphi_k$ 也各不相同,于是复色光将被分解。而在中央 $k=0$,$\varphi_k=0$ 处,各色光仍重叠在一起,组成中央明条纹。在中央明条纹两侧对称地分布着 $k=1,2,\cdots$ 级光谱,各级光谱线都按波长大小的顺序依次排列成一组彩色谱线,这样复色光就被分解为单色光,如图 3.17.2 所示。

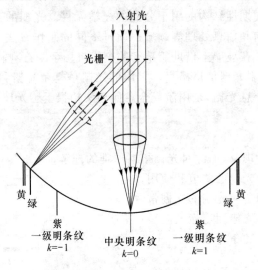

图 3.17.2　光栅衍射光谱示意图

由光栅方程式(3.17.2)可知,用分光计测出某已知波长 $\lambda$ 谱线的第 $k$ 级衍射角 $\varphi_k$,便可计算出光栅常数 $d$;如果光栅常数 $d$ 为已知,则可测出光波的波长 $\lambda$,如图 3.17.3 所示。

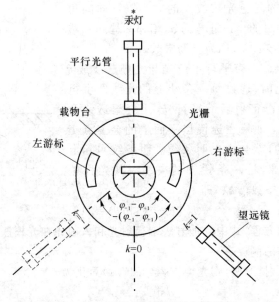

图 3.17.3　光栅光谱线衍射角的测量

124

## 2. 衍射光栅的角色散

角色散是光栅、棱镜等分光元件的重要参数,它表示单位波长间隔内两单色谱线之间的角间距,即角色散

$$D = \frac{\mathrm{d}\varphi_k}{\mathrm{d}\lambda} \qquad (3.17.3)$$

由光栅方程式(3.17.2)对 $\lambda$ 微分,可得光栅的角色散

$$D = \frac{k}{d\cos\varphi_k} \qquad (3.17.4)$$

由式(3.17.4)可知,光栅常量 $d$ 愈小,角色散愈大。此外,光谱的级次愈高,角色散也愈大。而且光栅衍射时,如果衍射角不大,则 $\cos\varphi_k$ 近似于不变,光谱的角色散几乎与波长无关,即光谱随波长的分布比较均匀,这和棱镜的不均匀色散有明显的不同。

[实验仪器]

分光计,光栅,汞灯。

[实验内容]

(1) 调节分光计达到测量要求(参见实验 3.15 分光计的调整和使用);

(2) 调节光栅平面与平行光管光轴垂直、光栅刻痕与分光计中心转轴平行;

(3) 观测衍射光谱:测汞光谱线的衍射角,求光栅常数和汞光谱线的波长以及光栅的角色散。

[注意事项]

(1) 光栅是易损的光学元件,使用时要小心,不能用手触摸光栅面;

(2) 汞灯在使用过程中不能频繁启闭;汞灯光线很强,不要长时间直视。

[思考题]

(1) 比较棱镜和光栅分光的主要区别。

(2) 有 3 块透射光栅,分别为 100 条/毫米,500 条/毫米和 1 000 条/毫米。以钠光灯为光源,垂直入射光栅,每块光栅最多能看到几级光谱?为什么?要使钠光两条谱线分离得尽可能远,应选择哪一块光栅为好?

(3) 设计一种不用分光计,只用米尺和光栅去测量光栅常数和波长的方案。

# 实验 3.18　光的偏振

1808 年马吕斯(E.L.Malus)发现了光的偏振现象后,人们进一步认识了光的本性。通过光的偏振现象的研究,人们又对光的传播(如反射、折射、吸收和散射等)的规律有了新的认识。光偏振现象在光学计量、晶体性质和实验应力分析、光学信息处理等方面有着广泛的应用。

[实验目的]

(1) 观察光的偏振现象,加深对光的偏振的基本规律的认识;

(2) 熟悉常用的起偏振和检偏振的方法;

(3) 了解椭圆偏振光、圆偏振光的产生方法和波片的作用原理。

[实验原理]

### 1. 自然光与偏振光

光波是一种电磁波。光波的电矢量 $E$ 的振动方向和磁矢量 $H$ 的振动方向相互垂直,且均与波的传播方向相垂直,因此是横波。由于光对物质的作用主要是电矢量 $E$ 的作用,所以把电矢量 $E$ 称做光矢量。用电矢量 $E$ 的振动方向代表光波的振动方向。

在光的传播过程中,光矢量的振动方向保持在某一确定方向的光称为线偏振光,如图 3.18.1 所示,若光矢量随时间作有规则的变化,光矢量的末端在垂直于传播方向的平面上的轨迹呈椭圆或圆,则分别称为椭圆偏振光或圆偏振光,如图 3.18.2 所示。

图 3.18.1　线偏振光　　　　图 3.18.2　椭圆偏振光和圆偏振光

设沿同一方向传播的频率相同,振动方向相互垂直,并具有固定相位差 $\Delta\varphi$ 的两个线偏振光的振动分别沿 $x$ 和 $y$ 轴,其两个振动方程可分别表示为

$$E_x = A_x \sin \omega t \tag{3.18.1}$$

$$E_y = A_y \sin(\omega t + \Delta\varphi) \tag{3.18.2}$$

合振动方程为

$$\frac{E_x^2}{A_x^2}+\frac{E_y^2}{A_y^2}-\frac{2E_xE_y}{A_xA_y}\cos(\Delta\varphi)=\sin^2(\Delta\varphi) \qquad (3.18.3)$$

式(3.18.3)说明,一般情况下合振动的轨迹在垂直于传播方向的平面内呈椭圆偏振光。

当 $\Delta\varphi=k\pi(k=0,\pm1,\pm2,\cdots)$ 时,式(3.18.3)变为

$$E_x=\pm\frac{A_x}{A_y}E_y \qquad (3.18.4)$$

合振动矢量始终在同一方向作简谐振动,说明合成结果是线偏振光。

当 $\Delta\varphi=(2k+1)\dfrac{\pi}{2}(k=0,\pm1,\pm2,\cdots)$ 时,式(3.18.3)可写成

$$\frac{E_x^2}{A_x^2}+\frac{E_y^2}{A_y^2}=1 \qquad (3.18.5)$$

这是椭圆方程,说明合成结果是椭圆偏振光。若 $A_x=A_y$,则合矢量端点的轨迹是圆,为圆偏振光。

根据以上的讨论可知,沿同一方向传播的频率相同,振动方向相互垂直,并具有固定相位差的两个线偏振光的合成光振动矢量末端的轨迹既可以是直线,也可以是椭圆或圆。同理,线偏振光、椭圆偏振光和圆偏振光都可以分解成两个振动方向互相垂直并且具有相同的传播方向和频率以及对应有确定的相位关系的线偏振光。

一般光源发出的光是由大量的原子或分子辐射形成的。单个原子或分子每次辐射发光是线偏振光。但每个原子或分子每次发光时刻、振动初位相和振动方向具有的随机性,使大量的原子或分子辐射的光在各个方向的振动的概率是相同的,在宏观上极短而微观上足够长的时间内,各个方向的光矢量的时间平均值相等,对外不呈现偏振性,这种光称为自然光,如图 3.18.3(a)所示。

自然光可看成由两个振幅相等、振动方向相互垂直的没有固定的相位关系的线偏振光组成的,其光强各占自然光总光强的一半,如图 3.18.3(b),(c)所示。

在发光过程中有些光矢量在某一个方向上出现的概率大于其他方向,这样的光称为部分偏振光,如图 3.18.4 所示。

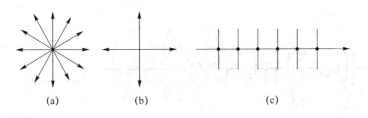

(a)    (b)      (c)

图 3.18.3　自然光

图 3.18.4　部分偏振光

### 2. 获得和检验偏振光的常用方法

将自然光变成偏振光的器件称为起偏器,用来检验偏振光的器件称为检偏器。检偏器可以作为起偏器用,起偏器也可以作为检偏器用。下面介绍本实验中使用的产生偏振光和检验偏振光的方法及有关定律。

#### (1) 偏振片和马吕斯定律

某些晶体对两个互相垂直的光矢量振动具有不同的吸收本领。具有这种选择性吸收性质的晶体称为二向色性晶体。当入射光的振动方向与晶体的光轴垂直时,光被吸收而不能透过;当入射光振动方向与晶体光轴平行时,光很少被吸收而能透过晶体。

在透明塑料薄膜上涂敷一层二向色性的微晶,然后拉伸薄膜,使二向色性晶体沿拉伸方向整齐排列,把薄膜夹在两片透明塑料片或玻璃片之间便成为偏振片。每块偏振片都有一个特有的偏振化方向(透光轴),即当光波穿过它时,只允许光矢量的振动方向与偏振化方向平行的光波通过,而光矢量的振动方向与偏振化方向垂直的光波被吸收。因此,自然光通过偏振片后,就成为光矢量的振动方向与偏振化方向平行的偏振光,如图3.18.5所示。但实际上由于吸收不完全,所得的偏振光只能达到一定的偏振程度,这要视偏振片的质量而定。

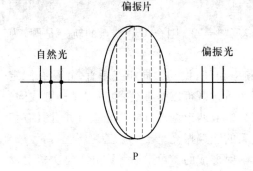

图 3.18.5　偏振片的二向色性

若在偏振片 $P_1$ 后面再放一偏振片 $P_2$,$P_2$ 就可以检验经 $P_1$ 后的光是否为偏振光,即 $P_2$ 起了检偏器的作用。当起偏器 $P_1$ 和检偏器 $P_2$ 的偏振化方向(透光轴)之间的夹角为 $\phi$ 时,如图3.18.6所示,则通过检偏器 $P_2$ 的偏振光强度 $I$ 满足马吕斯定律:

$$I = I_0 \cos^2 \phi \qquad\qquad (3.18.6)$$

式中,$I_0$ 为通过起偏器 $P_1$ 的透射光的光强。

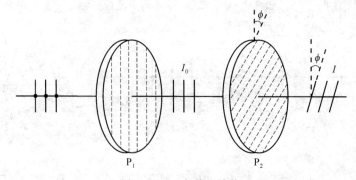

图 3.18.6　起偏和检偏

由式(3.18.6)可知,线偏振光通过检偏器 $P_2$ 的透射光强 $I$ 随 $\phi$ 作周期性变化。如果转动检偏器,透射光强随之变化:当 $\phi=0°$ 时,透射光强 $I=I_0$ 最大;当 $\phi=90°$ 时,会出现全暗情形(消光状态),即 $I=0$;如果自然光(包括圆偏振光)照射到检偏器上,则不论怎样转动检偏器,透射光强都不变化;如果是部分偏振光(包括椭圆偏振光)照到检偏器上,转动检偏器,透射光强有变化,但不会出现光强为零(即没有全暗)。

(2)波片与圆偏振光和椭圆偏振光

当一束光射入各向异性的晶体时,会产生双折射现象,分成两束振动方向不同的线偏振光,晶体对这两束光的折射率不同。其中一束折射光称为寻常光或 o 光;另一束折射光称为非常光或 e 光,如图 3.18.7 所示。在双折射晶体材料中还存在这样的特殊方向,沿着这个特殊的方向传播的光不发生双折射,该方向称为晶体的光轴。

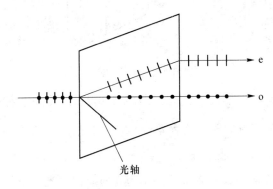

图 3.18.7 双折射晶体

当振幅为 $A$,振动方向与光轴的夹角为 $\theta$ 的线偏振光垂直入射到厚度为 $d$、表面平行于自身光轴的各向异性晶体片上后,分解为振动方向相互垂直的、沿相同方向传播的 e 光和 o 光,如图 3.18.8 所示。则有

$$\begin{cases} A_e = A\cos\theta \\ A_o = A\sin\theta \end{cases} \tag{3.18.7}$$

折射率不同的 o 光和 e 光,传播速度并不相同,因而会产生相位差。经过厚度为 $d$ 的晶体片后,o 光和 e 光之间产生的光程差为

$$\Delta L = (n_o - n_e)d \tag{3.18.8}$$

相位差为

$$\Delta\varphi = \frac{2\pi}{\lambda}(n_o - n_e)d \tag{3.18.9}$$

式中,$\lambda$ 为光在真空中的波长,$n_o$ 和 $n_e$ 分别为晶体对 o 光和 e 光的折射率。

由式(3.18.3)和(3.18.9)可知,经过晶体片以后,o 光、e 光合成的振动将随相位差的不同而具有不同的偏振状态。在偏振技术中,常将这种能使互相垂直的光振动产生一定

129

相位差的晶体片称做波片。适当选取波片的厚度就可以使出射的 o 光和 e 光之间产生确定数值的相位差。

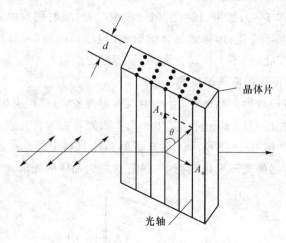

图 3.18.8　波片

实际中最常用的是 1/4 波片。对于波长为 λ 的单色光,凡是厚度满足能使 o 光和 e 光之间产生 $\Delta L = \pm \dfrac{\lambda}{4}$,或其奇数倍的光程差,即 $\Delta\varphi = \pm \dfrac{\pi}{2}$,或其奇数倍的相位差的波片,称为 1/4 波片,其作用是使光的偏振态发生改变。

设波长为 λ、振动方向与波片光轴的夹角为 θ 的线偏振光垂直入射到 1/4 波片上,在波片中分解为 o 光和 e 光,通过波片后产生了 $\Delta\varphi = \dfrac{\pi}{2}$ 的相位差。由式(3.18.3)和式(3.18.7)可知,线偏振光通过 1/4 波片后的偏振状态随偏振光的振动方向与波片光轴的夹角 θ 的不同而不同:θ＝0 时,$A_e = 0$,产生振动方向平行于波片光轴的线偏振光;$θ = \pm 90°$时,$A_e = 0$,产生振动方向垂直于波片光轴的线偏振光;$θ = \pm 45°$时,$A_e = A_o$,产生圆偏振光;θ 为其他值时,产生椭圆偏振光。

反之,椭圆偏振光垂直通过 1/4 波片后,可能仍然是椭圆偏振光,但是,当椭圆的长轴(或短轴)与 1/4 波片的光轴垂直或平行时,则变为线偏振光;而圆偏振光垂直通过 1/4 波片后,将变成线偏振光。

波片的厚度能使 o 光和 e 光之间产生 $\Delta L = \pm \dfrac{\lambda}{2}$,或其奇数倍的光程差,即 $\Delta\varphi = \pm \pi$,或其奇数倍的相位差的波片,称为半波片或 1/2 波片;波片的厚度能使 o 光和 e 光之间产生 $\Delta L = \pm \lambda$,或其整数倍的光程差,即 $\Delta\varphi = \pm 2\pi$,或其整数倍的相位差的波片,称为全波片。由式(3.18.3)可知,线偏振光垂直通过半波片或全波片后,仍为线偏振光。

当波片的厚度使 o 光和 e 光之间产生的光程差为 $\dfrac{\lambda}{4}$ 或其奇数倍,$\dfrac{\lambda}{2}$ 或其奇数倍和 λ

或其整数倍以外的其他任意值时,线偏振光垂直通过波片后一般产生椭圆偏振光。

自然光和部分偏振光的两个正交分量之间的相位差是无规则的,自然光或部分偏振光通过波片,其两个正交分量之间虽引入一恒定的相位差,但其结果还是无规则的,因而自然光或部分偏振光通过波片后仍为自然光或部分偏振光。

（3）偏振状态和光强

用检偏器检验偏振光时,透射光的强度随检偏器的偏振化方向(透光轴)而变。

在两个偏振片 $P_1$ 和 $P_2$ 之间插入 1/4 波片,三元件的平面彼此平行,单色自然光垂直通过起偏器 $P_1$ 变成光强为 $I_1$ 的线偏振光。如图 3.18.9 所示,当 1/4 波片的光轴(e 轴)与起偏器 $P_1$ 的透光轴间的夹角为 $\theta$,与检偏器 $P_2$ 的透光轴间的夹角为 $\phi$ 时,若不计各器件的光能损失,则透过偏振片 $P_2$ 后光强为

$$I_2 = I_1(\cos^2\theta\cos^2\phi + \sin^2\theta\sin^2\phi) \tag{3.18.10}$$

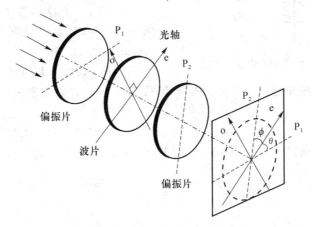

图 3.18.9　各种偏振光产生的原理图

$\theta = 0°$ 时,透过偏振片 $P_2$ 后光强为

$$I_2 = I_1\cos^2\phi \tag{3.18.11}$$

说明通过 1/4 波片后照射到偏振片 $P_2$ 的是线偏振光,由式(3.18.11)得相对光强分布为

$$\frac{I_2}{I_1} = \frac{1}{2} + \frac{1}{2}\cos(2\phi) \tag{3.18.12}$$

$\theta = 45°$ 时,透过偏振片 $P_2$ 后光强为

$$I_2 = \frac{1}{2}I_1 \tag{3.18.13}$$

说明通过 1/4 波片后照射到偏振片 $P_2$ 的是圆偏振光,相对光强为

$$\frac{I_2}{I_1} = \frac{1}{2} \tag{3.18.14}$$

$\theta = 60°$ 时,透过偏振片 $P_2$ 后光强为

$$I_2 = I_1\left(\frac{1}{4} + \frac{1}{2}\sin^2\phi\right) \tag{3.18.15}$$

则照射到偏振片 $P_2$ 的是椭圆偏振光，由式(3.18.15)可得出相对光强分布为

$$\frac{I_2}{I_1} = \frac{1}{2} - \frac{1}{4}\cos(2\phi) \qquad (3.18.16)$$

极坐标的相对光强分布曲线如图 3.18.10所示。

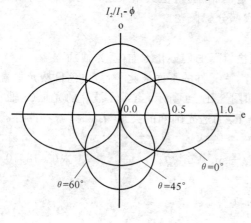

图 3.18.10　相对光强分布曲线图

[实验仪器]

半导体激光器，分光计，偏振片，1/4 波片，光功率计。

[实验内容]

（1）观察半导体激光通过偏振片的光强变化规律，计算其偏振度（Degree of Polarization）：

$$P = (I_{max} - I_{min})/(I_{max} + I_{min})$$

（2）观测线偏振光的光强变化规律，验证马吕斯定律，在直角坐标系中作相应的光强分布图线；

（3）观测不同偏振状态的偏振光的光强分布规律，作极坐标的相对光强分布曲线图；

（4）根据实验观察到的各种现象及不同的光强分布图，对光的偏振现象进行总结、分析和讨论。

[思考题]

（1）若置于两个偏振片之间的波片不是 1/4 波片，试分析线偏振光经波片后的偏振状态。

（2）实验中观测线偏振光、椭圆偏振光、圆偏振光时，检偏器 $P_2$ 转过的角度与式(3.18.10)中的 $\phi$ 角有何关系？

（3）如何用两个偏振片和一个 1/4 波片正确区分自然光、部分偏振光、线偏振光、椭圆偏振光和圆偏振光？

# 实验 3.19　耦合摆的研究

　　自然界中普遍存在着相互作用的振动系统,如电学中电容和电感耦合起来的振荡回路、固体晶格中相邻原子的振动模式以及光子和声子耦合产生的电磁耦合场等。相互作用使振动系统呈现丰富的动力学行为,对此进行研究是非常必要的。本实验是以一种力学耦合摆作为研究对象。

[实验目的]

　　(1) 观察在不同初始条件下耦合摆的振动特点;
　　(2) 研究耦合度的大小对耦合摆振动特性的影响;
　　(3) 了解"拍"的现象。

[实验原理]

　　如图 3.19.1 所示,本实验仪器由两个完全相同的单摆组成,单摆的振动周期可分别调整,两者之间用一根弹簧相连,实现了相互的耦合即组成耦合摆。在以下讨论中,忽略空气阻力等阻尼因素。

　　此系统的振动状态可分以下几种情况:

　　(1) 没有弹簧相互作用时,通过调整振动频率微调螺母可使独立的两个摆具有相同的固有圆频率 $\omega_0 = \sqrt{\dfrac{g}{L}}$,式中 $g$ 为重力加速度,$L$ 为等效摆长。

　　(2) 将两个完全相同的单摆通过一根弹簧耦合组成耦合摆。如果一个摆固定,则另一个摆振动的频率称做支频率,支频率 $\omega = \sqrt{\omega_0^2 + \Omega^2}$,式中 $\Omega = \sqrt{\dfrac{kl^2}{I}}$,$k$ 为弹簧的偏强系数,$I$ 是单摆转动惯量,$l$ 是弹簧连接点到单摆固定点的距离。

　　(3) 耦合系统的两个摆都不固定时,其动力学方程为

$$\frac{\mathrm{d}^2 \varphi_1}{\mathrm{d}t^2} + \omega_0^2 \varphi_1 = -\Omega^2(\varphi_1 - \varphi_2)$$

$$\frac{\mathrm{d}^2 \varphi_2}{\mathrm{d}t^2} + \omega_0^2 \varphi_2 = -\Omega^2(\varphi_2 - \varphi_1)$$

(3.19.1)

式中,$\varphi_1$,$\varphi_2$ 分别为两摆离开平衡位置的角位移。

　　这种情况下振动方式比较复杂,具体如何振动取决于初始条件,下面分别讨论:

　　(1) 同位相振动。初始条件为:

$$t = 0, \varphi_1 = \varphi_2 = \varphi_a, \frac{\mathrm{d}\varphi_1}{\mathrm{d}t} = \frac{\mathrm{d}\varphi_2}{\mathrm{d}t} = 0$$

即将两摆相对平衡位置偏转同样的角度 $\varphi_a$,在 $t = 0$ 时将它们同时释放。这时,两摆作同相位振动,其圆频率为 $\omega_{同} = \omega_0$,这种振动形式与耦合的强弱无关。其相应的方程组解为

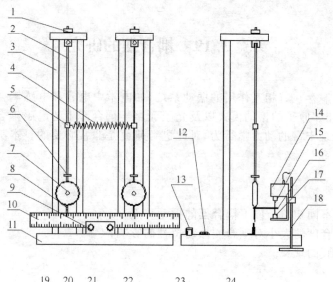

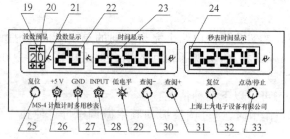

1—摆杆固定和调整螺母　　　　2—摆杆　　　　　　　　　3—立柱

4—耦合弹簧　　　　　　　　　5—耦合位置调节环　　　　6—振动频率微调螺母

7—摆锤　　　　　　　　　　　8—振幅指针兼计数计时挡杆　9—水平尺固定架

10—振幅测量直尺　　　　　　　11—底盘　　　　　　　　　12—气泡式水准仪

13—仪器水平调整旋钮　　　　　14—激光发射部件和信号处理部件　15—可见红色激光束

16—挡光片　　　　　　　　　　17—激光接收探头　　　　　18—激光光电门支架

19—次数预置−1 按钮　　　　　20—预置次数显示　　　　　21—次数预置+1 按钮

22—计数次数显示窗　　　　　　23—相应次数的计时显示窗　24—秒表显示窗

25—计数计时复位按钮　　　　　26—+5V 接线柱　　　　　　27—GND(公共地)接线柱

28—计数计时信号输入接线柱　　29—输入信号低电平指示　　30—次数−1 相应时间查阅按钮

31—次数+1 相应时间查阅按钮　　32—秒表时间复位按钮　　　33—秒表计时开始/停止按钮

图 3.19.1　耦合摆

$$\varphi_1(t) = \varphi_2(t) = \varphi_a \cos \omega_0 t$$

（2）反相位振动。初始条件为：

$$t = 0, -\varphi_1 = \varphi_2 = \varphi_a, \frac{\mathrm{d}\varphi_1}{\mathrm{d}t} = \frac{\mathrm{d}\varphi_2}{\mathrm{d}t} = 0$$

分别将两摆从平衡位置偏离 $\varphi_1 = -\varphi_a$，$\varphi_2 = +\varphi_a$，在 $t = 0$ 时，将它们同时释放。此时，弹簧不断伸缩，对摆的耦合振动起明显的影响，两摆具有同样的圆频率 $\omega_{反}$，微分方程组相应

134

的解为：

$$\varphi_1(t) = \varphi_a \cos \sqrt{\omega_0^2 + 2\Omega^2}\, t$$

$$\varphi_1(t) = -\varphi_a \cos \sqrt{\omega_0^2 + 2\Omega^2}\, t$$

由此得出

$$\omega_{反} = \sqrt{\omega_o^2 + 2\Omega^2}$$

（3）简正振动。初始条件为：

$$t = 0, \varphi_1 = \varphi_a, \varphi_2 = 0, \frac{\mathrm{d}\varphi_1}{\mathrm{d}t} = \frac{\mathrm{d}\varphi_2}{\mathrm{d}t} = 0$$

即将摆 2 固定在平衡位置，摆 1 由平衡位置偏离角度 $\varphi_1 = \varphi_a$，在 $t = 0$ 时，将两摆同时释放。最初，仅摆 1 振动，随着时间的推移，摆 1 的振动能量通过弹簧逐渐向摆 2 转移，一直到摆 1 停止振动，而摆 2 得到它的全部振动能量，以后再重复进行此过程。微分方程组的解为

$$\varphi_1(t) = \varphi_a \cos \frac{\sqrt{\omega_0^2 + 2\Omega^2} - \omega_0}{2} t \cos \frac{\sqrt{\omega_0^2 + 2\Omega^2} + \omega_0}{2} t$$

$$\varphi_2(t) = -\varphi_a \sin \frac{\sqrt{\omega_0^2 + 2\Omega^2} - \omega_0}{2} t \sin \frac{\sqrt{\omega_0^2 + 2\Omega^2} + \omega_0}{2} t$$

对于弱耦合情况 $\Omega \ll \omega_0$，则

$$\omega_1 = \frac{\sqrt{\omega_0^2 + 2\Omega^2} - \omega_0}{2} \approx \frac{\Omega^2}{2\omega_0}$$

$$\omega_2 = \frac{\sqrt{\omega_0^2 + 2\Omega^2} + \omega_0}{2} \approx \omega_0 + \frac{\Omega^2}{2\omega_0}$$

此时可明显看到"拍"的现象，$\varphi_1(t)$，$\varphi_2(t)$ 都可看做具有缓慢变化振幅的简正振动，当 $\varphi_1(t)$ 的振幅为最大时，$\varphi_2(t)$ 的振幅为 0。反之，当 $\varphi_2(t)$ 的振幅为最大时，$\varphi_1(t)$ 的振幅为 0。两个摆的耦合程度可用耦合度 $K$ 来描述。$K$ 定义为

$$K = \frac{\Omega^2}{\omega_0^2 + \Omega^2}$$

[实验仪器]

耦合摆实验仪、光电计时装置等。

[实验内容]

（1）不加耦合弹簧时，分别测量每个摆的振动周期。如不同，则调节摆上螺母使二者相等（误差不超过 1%），并求出固有圆频率 $\omega_0$。

（2）将两摆在离悬挂点相同的 $l$ 处用弹簧相连接，构成耦合摆。通过测量支频率推算出 $l$ 取不同值时（一般取 20 cm，25 cm，30 cm，35 cm，40 cm）的 $\Omega$ 值，并作 $\Omega^2$-$l^2$ 关系的曲线。

（3）通过耦合摆的反位相振动实验，推算出 $l$ 取不同值时的 $\Omega$ 值，并作 $\Omega^2$-$l^2$ 关系的曲线。

（4）在耦合摆作简正振动时,通过测量作 $\Omega^2$-$l^2$ 关系的曲线,并分析耦合度对振动的影响。

**[注意事项]**

（1）激光光电门由激光发射和接收两部分组成。激光发射部分发出红色可见激光,其红线接仪器 $\boxed{+5\,\text{V}}$ 接线柱,黑线接 $\boxed{\text{GND}}$ 接线柱;接收部件的黑色圆柱小孔为激光接收孔,当其被激光照射后,上面的发光二极管熄灭,黄（信号）线输出低电平。该部件红线接仪器 $\boxed{+5\,\text{V}}$ 接线柱,黑线接 $\boxed{\text{GND}}$ 接线柱,黄线接 $\boxed{\text{INPUT}}$ 接线柱。

（2）实验测量摆动周期时,先调整激光方向,使激光束射向接收部件的小孔,发光二极管熄灭。在待测量摆平衡位置,摆幅指针上的挡光片恰好遮挡激光束,将该激光光电门放置于上述位置的圆底盘上。当摆左右摆动中经过平衡位置时遮挡激光束,接收部件将信号输出至计数计时多用秒表。显然计数+1为半周期,因难以精确置于平衡点,故实验时以一周期测量为好。一般次数预置成偶数,即整数个周期加以实验研究。

（3）MS-4 计数计时多用秒表的使用,计数计时起始点时,计数窗显示:00;计时窗显示:00.000;计数次数和次数预置相同时,仪器停止计数计时,可通过 $\boxed{\text{查阅}-}$ 或 $\boxed{\text{查阅}+}$ 键记录相应次数从开始点所计的时间。重复计数计时按 $\boxed{\text{RESET}}$,次数预置数不大于 64 次,一旦改变预置数,须按 $\boxed{\text{RESET}}$ 键方有效。

**[思考题]**

（1）为什么调节摆杆上的微调螺母就可以改变摆的固有频率?
（2）推导出耦合摆的动力学方程。

## 实验 3.20 用集成开关型霍尔传感器测量磁阻尼系数和动摩擦系数

磁阻尼是电磁学中的重要概念,它所产生的机械效应在磁悬浮轴承、磁制动刹车、磁阻尼抗震和非接触驱动等装置中有很广泛的应用。本实验利用集成开关型霍尔传感器(简称霍尔开关)测量磁性滑块在非铁磁质良导体斜面上滑动的速度,经过数据处理,同时求出磁阻尼系数和滑动摩擦系数。本实验的装置直观,涉及力学、电学、磁学等物理概念。采用的开关型霍尔传感器和单片机时间测量系统,具有精度高、抗干扰能力强、体积小、价格低的特点,是正在大规模推广和应用的测时技术。

[实验目的]

(1)观察磁阻尼和滑动摩擦现象,掌握磁阻尼和滑动摩擦系数的测量方法;
(2)掌握开关型集成霍尔传感器测量时间的实验技术;
(3)学会将非线性方程转换成线性方程进行数据处理的方法;
(4)学会用作图法及最小二乘法求磁阻尼系数和滑动摩擦系数。

[实验原理]

根据电磁感应原理可知,磁性滑块和非磁性的铝质导体相对运动时会产生阻碍其相对运动的磁阻尼力,因此当磁性滑块在铝质斜面上下滑时,磁阻尼力将作用于滑块,磁阻尼力 $F_B$ 的大小与滑块下滑的速率 $v$ 成正比,方向与滑块运动的方向相反,即

$$F_B = Kv$$

式中,$K$ 为常数,称为磁阻尼系数。

如图 3.20.1 所示,静止于表面粘有透明隐形胶带的铝质斜面上的磁性滑块受重力作用下滑,同时受到方向与滑块运动方向相反的滑动摩擦阻力和磁阻尼力的作用。随着滑块的加速下滑,磁阻尼力随之增大,当平行于斜面方向的力达到平衡时,滑块开始匀速下滑。

滑块以速率 $v$ 匀速运动时,有

$$G\sin\theta = Kv + \mu G\cos\theta \quad (3.20.1)$$

式中,$G$ 是滑块所受重力,$\theta$ 是斜面的倾角,$\mu$ 为滑块与斜面接触面间的滑动摩擦系数。

将式(3.20.1)的表示形式变换为

$$\tan\theta = \frac{K}{G} \cdot \frac{v}{\cos\theta} + \mu \quad (3.20.2)$$

则 $\tan\theta$ 为 $v/\cos\theta$ 的线性函数。根据 $\tan\theta$ 与 $v/\cos\theta$ 的线性关系,即可得斜率 $K/G$ 和截距

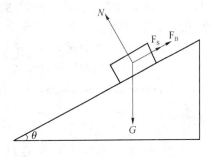

图 3.20.1 滑块的受力分析

$\mu$,从而求出磁阻尼系数和滑动摩擦系数。

霍尔开关即集成开关型霍尔传感器,是一种磁敏开关,其原理和特性可参阅实验3.5和实验3.6。霍尔开关是利用磁感应强度的大小来控制输出电压的高低:当磁感应强度大于工作点时,输出低电压;当磁感应强度小于释放点时,输出高电压。利用霍尔开关的输出特性,可以将其输出的高低电压信号输入计时仪,测量物体运动所经历的时间。利用霍尔开关计时仪,可以测量磁性滑块滑过两个霍尔开关的时间间隔。

[实验装置]

磁阻尼系数和滑动摩擦系数测定仪的装置示意图如图3.20.2所示。

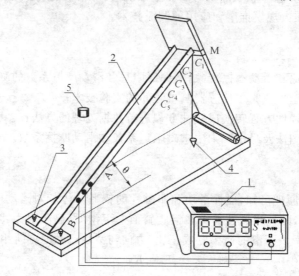

图 3.20.2　磁阻尼系数和滑动摩擦系数测定仪结构示意图

图3.20.2中,1是HTM-2霍尔开关多功能毫秒仪,它是由5V直流电源和电子计时器组成;2是铝质槽形斜面,斜面中间部分粘有3M型透明隐形胶带。可以通过夹子M的上下移动来调节倾角$\theta$,在斜面的反面A、B处装有霍尔开关,用计时器可测量滑块通过A、B的时间;3是调节斜面横向倾角的螺钉,可以防止滑块在下滑过程中往边上靠;4是铅锤,用来确定 $H$ 和 $L$ 的长度,从而计算 $\tan \theta$ 和 $\cos \theta$ 的值;5是磁性滑块,它是在圆柱形非磁性材料的一个滑动面上粘一薄片磁钢制成的,因而在这一面附近的磁感应强度较强。而另一面由于离磁钢较远,所以它附近的磁感应强度较弱,以至于可以忽略不计。为了区别,将强磁场面涂成金属色,弱磁场面涂成黑色。

[实验内容]

(1) 按照示意图连接导线,接通 HTM-2 霍尔开关计时仪的电源,调节斜面使滑块下滑时不往旁边偏离;

（2）滑块的金属色面朝下,令滑块从斜面上端开始向下滑动,对于同一 $\theta$ 值,让滑块从不同高度滑下,记录滑块通过霍尔开关 A,B 的时间,并且测量斜面的高和底边长;

（3）改变 $\theta$ 值,重复上述操作;

（4）从测量结果中取 6 组不同的 $\theta$ 值,用作图法及最小二乘法求磁阻尼系数和滑动摩擦系数。

（5）选做:

① 通过实验,寻找能达到匀速下滑实验条件的 $\theta$ 值的范围;

② 通过实验,寻找能达到匀速下滑实验条件的最低的初始位置。

**[注意事项]**

（1）每次在滑块下滑前按一下计时器的 RESET 键,复零。

（2）滑块接触导轨面的磁性为 N 极,在滑块滑到第一个对应导轨下面的霍尔开关位置时,会使霍尔开关传感器输出低电平,计时器上相应的指示灯发光,计时器开始计时;在滑块滑到第二个霍尔开关时,计时器停止计时,选择需要的时间,填入相应的表格。

（3）磁阻尼系数的大小与滑块表面的磁感应强度有关,与导轨的阻抗有关,会由于滑块的磁感应强度不同略有变化。

（4）轻质导轨反面安装霍尔开关的位置点 A,B 之间的距离由实验者实际测量。

（5）由于滑动摩擦系数与接触表面有关,要求在实验前用柔软的纸仔细擦拭实验导轨和实验滑块。

# 实验 3.21　旋转液体综合实验

在力学创建之初,牛顿的水桶实验就发现,当水桶中的水旋转时,水会沿着桶壁上升。旋转的液体其表面形状为一个抛物面,可利用这点测量重力加速度。旋转液体的抛物面也是一个很好的光学元件。美国的物理学家乌德创造了液体镜面,他在一个大容器里旋转水银,得到一个理想的抛物面,由于水银能很好地反射光线,所以能起反射镜的作用。

随着现代技术的发展,液体镜头正在向一"大"一"小"两极发展。大,可以作为大型天文望远镜的镜头。反射式液体镜头已经在大型望远镜中得到了应用,代替传统望远镜中使用的玻璃反射境。当盛满液体(通常采用水银)的容器旋转时,向心力会产生一个光滑的、用于望远镜的反射凹面。通常这样一个光滑的曲面,完全可以代替需要大量复杂工艺并且价格昂贵的玻璃镜头,而哈勃空间望远镜的失败也让我们了解了玻璃镜头何等脆弱。小,则可以作为拍照手机的变焦镜头。美国加利福尼亚大学的科学家发明了液体镜头,它通过改变厚度仅为 8 mm 的两种不同的液体交接处月牙形表面的形状,实现焦距的变化。这种液体镜头相对于传统的变焦系统而言,兼顾了紧凑的结构和低成本两方面的优势。

[实验目的]

旋转液体的综合实验可利用抛物面的参数与重力加速度关系,测量重力加速度,另外,液面凹面镜成像与转速的关系也可研究凹面镜焦距的变化情况。还可通过旋转液体研究牛顿流体力学,分析流层之间的运动,测量液体的粘滞系数。

[实验原理]

## 1. 旋转液体抛物面公式推导

在转动参考系中看,这是一个静力学平衡问题。液面的液体体积元除受外力外还受邻近其他液体的作用,液体在液面切向没有移动,因此液体所受的总外力应垂直于液面,才能和液体内部的作用力平衡,如图 3.21.1 所示。圆柱形容器不旋转时,液面体积元所受外力只有重力,铅直向下,因此液面是水平面圆形。容器旋转时,除重力外,还受到惯性离心力,并且离转轴越远惯性离心力越大,它们的合力偏离铅直方向,越靠近容器边缘偏离越大。液面要垂直于这个合力,因此呈中心下陷的抛物面形状。

定量计算时,选取圆柱形容器旋转的参考系,这是一个转动的非惯性参考系。液体相对参考系静止,任选一小块液体 P,其受力如图 3.21.1 所示。$F_i$ 为沿径向向外的惯性离心力,$mg$ 为重力,$N$ 为周围液体对这一小块液体的作用力的合力,由对称性可知,$N$ 必然垂直于液体表面。在与容器固连的坐标系 $O\text{-}xyz$($Oy$ 轴沿容器对称轴,$Oxy$ 平面在对称面上)中,以小块液体为研究对象,应有以下方程:

$$N\cos\theta - mg = 0$$
$$N\sin\theta - F_i = 0 \tag{3.21.1}$$
$$F_i = m\omega^2 x$$

$\omega$ 为旋转角速度。根据式(3.21.1)可知

$$\tan\theta = \frac{\mathrm{d}y}{\mathrm{d}x} = \frac{\omega^2 x}{g} \tag{3.21.2}$$

式(3.21.2)的解为

$$y = \frac{\omega^2}{2g}x^2 + y_0 \tag{3.21.3}$$

$y_0$ 为 $x=0$ 处的 $y$ 值。式(3.21.3)为抛物线方程,可见液面为旋转抛物面。

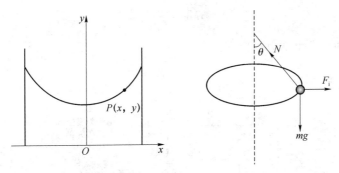

图 3.21.1　实验原理图

## 2. 用旋转液体测量重力加速度 $g$

在实验系统中,一个盛有液体、内部半径为 $R$ 的圆柱形容器绕该圆柱体的对称轴以角速度 $\omega$ 匀速稳定转动时,液体的表面形成抛物面,如图 3.21.2 所示。设液体未旋转时液面高度为 $h$,液体的体积为

$$V = \pi R^2 h \tag{3.21.4}$$

因液体旋转前后体积保持不变,旋转时液体体积可表示为

$$V = \int_0^R 2\pi x y \mathrm{d}x = 2\pi \int_0^R x\left(\frac{\omega^2}{2g}x^2 + y_0\right)\mathrm{d}x \tag{3.21.5}$$

由式(3.21.4)、式(3.21.5)得

$$y_0 = h - \frac{\omega^2 R^2}{4g} \tag{3.21.6}$$

联立式(3.21.3)、式(3.21.6),可以分析:

当 $x=0$ 时,$y(0) = h - \dfrac{\omega^2 R^2}{4g}$,表明液面在对称轴处的高度最低;

当 $x = x_0 = \dfrac{R}{\sqrt{2}}$ 时,$y(x_0) = h$,表明液面在 $x_0$ 处的高度恒定,为静止时液体的高度 $h$;

当 $x=R$ 时,$y(R) = h + \dfrac{\omega^2 R^2}{4g}$,表明液面在圆柱形容器壁的高度最高。

方法一:测量旋转液体液面最高与最低处的高度差,计算重力加速度 $g$。

设旋转液面最高与最低处的高度差为 $\Delta h$,则得 $\Delta h = \dfrac{\omega^2 R^2}{2g}$。又 $\omega = \dfrac{2\pi n}{60}$,则

$$g = \frac{\pi^2 D^2 n^2}{7\,200\Delta h} \tag{3.21.7}$$

式中,$D$ 为圆筒直径,$n$ 为液体的旋转速度(单位为 rad/min)。

方法二:斜率法测重力加速度。

如图 3.21.2 所示,激光束平行转轴入射,经过 BC 水平透明屏幕,打在 $x_0 = \dfrac{R}{\sqrt{2}}$ 的液面 $A$ 点上。当液体旋转起来后,$A$ 处切线与 $x$ 方向的夹角为 $\theta$,由式(3.21.2)得

$$\tan\theta = \frac{\omega^2 R}{\sqrt{2}\,g} \tag{3.21.8}$$

如果计算出 $\theta$,即可求出重力加速度。

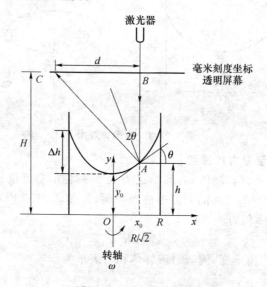

图 3.21.2 实验示意图

下面给出 $\theta$ 的计算方法。设入射光经液体表面反射后在水平透明屏幕上的反射光点为 $C$,则 $\angle BAC = 2\theta$。测出透明屏幕至圆桶底部的距离 $H$、液面静止时高度 $h$,以及两光点 $BC$ 间距离 $d$,则

$$\tan 2\theta = \frac{d}{H - h}$$

### 3. 验证抛物面焦距与转速的关系

旋转液体表面形成的抛物面可看做一个凹面镜,符合光学成像系统的规律,若光线平行于曲面对称轴入射,反射光将全部会聚于抛物面的焦点。根据抛物线方程(3.21.3),抛物面的焦距:

$$f = \frac{g}{2\omega^2} \tag{3.21.9}$$

根据式(3.21.9)也可测量重力加速度。

**4. 测量液体粘滞系数**

在旋转的液体中，沿中心放入张丝悬挂的圆柱形物体，圆柱高度为 $L$，半径为 $R_1$，外圆桶内部半径为 $R_2$，如图 3.21.3 所示。

外圆筒以恒定的角速度 $\omega_0$ 旋转，在转速较小的情况下，流体会很规则地一层层地转动，稳定时圆柱形物体静止角速度为零。设外圆桶稳定旋转时，圆柱形物体所承受的阻力矩为 $M$，则

$$M = \text{圆柱侧面所受液体的阻力矩 } M_1 + \text{圆柱底面所受液体摩擦力矩 } M_2$$

$M_1$ 和 $M_2$ 分别为(公式推导略)：

$$M_1 = 4\pi\eta L\omega_0 \frac{R_1^2 R_2^2}{R_2^2 - R_1^2} \tag{3.21.10}$$

$$M_2 = \frac{\pi\eta\omega_0 R_1^4}{2\Delta z} \tag{3.21.11}$$

$\Delta z$ 为圆柱底面到外圆桶底面的距离，$\eta$ 是液体的粘滞系数。

悬挂圆柱形物体的张丝为钢丝，其切变模量为 $G$，张丝半径为 $r$，张丝长度为 $L'$，张丝扭转力矩 $M'$ 为

$$M' = \frac{\pi G r^4}{2L'}\theta \tag{3.21.11}$$

在液体旋转系统稳定时，液体产生的阻力矩 $M$ 与悬挂张丝所产生的扭转力矩 $M'$ 平衡，使得圆柱形物体达到静止，即 $M = M'$。从式(3.21.10)和式(3.21.11)可以解出粘滞系数为外圆桶旋转角速度 $\omega_0$ 和内圆柱扭转角度 $\theta$ 的函数：

$$\eta = \frac{G r^4 \theta \Delta z (R_2^2 - R_1^2)}{L'\omega_0 R_1^2 \left[8LR_2^2 \Delta z + R_1^2(R_2^2 - R_1^2)\right]} \tag{3.21.12}$$

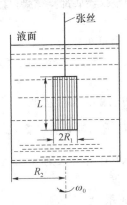

图 3.21.3　液体粘滞系数测量原理图

实验装置如图 3.21.4 所示。其中,1 为激光器,2 为毫米刻度水平屏幕,3 为双水平标线,4 为水平仪,5 为激光器电源插孔,6 为调速开关,7 为转速显示窗,8 为圆柱形实验容器,9 为水平量角器,10 为毫米刻度垂直屏幕,11 为张丝悬挂圆柱体。

图 3.21.4　实验装置

[实验内容]

**1. 仪器水平调整**

将圆形水平仪放在载物台上,调整仪器底部支撑脚,直到水平仪上的气泡到中心位置。

**2. 测量重力加速度 $g$**

(1) 测量旋转液体液面最高与最低处的高度差,计算重力加速度

改变圆桶转速 6 次,测量液面最高与最低处的高度差,计算重力加速度。

(2) 斜率法测重力加速度

将透明屏幕水平置于圆桶上方,用自准直法调整激光束平行转轴入射,经过透明屏幕,对准桶底 $x_0 = \dfrac{R}{\sqrt{2}}$ 处的记号,测出透明屏幕至圆筒底部的距离 $H$、液面静止时高度 $h$。

改变圆桶转速 6 次,在透明屏幕上读出入射光与反射光点 $BC$ 间距离 $d$,求出 $\tan\theta$ 值。利用式(3.21.8)计算重力加速度。

**3. 验证抛物面焦距与转速的关系**

将毫米刻度垂直屏幕过转轴放入实验容器中央,激光束平行转轴入射至液面,后聚焦在屏幕上,可改变入射位置观察聚焦情况。改变圆桶转速 6 次,记录焦点位置。作图验证

抛物面焦距与转速的关系式(3.21.9)。

(a)  (b)

图 3.21.5  实验装置

### 4．测量液体粘滞系数

装好实验装置,将张丝悬挂的圆柱体垂直置于液体中心,柱体上表面有一刻度线记号,低速旋转液体,稳定后柱面上刻度线偏一角度,用激光器和量角器测出偏转角。同一转速测三次,改变转速 3 次。

### 5．研究旋转液体表面成像规律

给激光器装上有箭头状光阑的帽盖,使其光束略有发散且在屏幕上成箭头状像。光束平行光轴在偏离光轴处射向旋转液体,经液面反射后,在水平屏幕上也留下了箭头。固定转速,上下移动屏幕的位置,观察像箭头的方向及大小变化。实验发现,屏幕在较低处时,入射光和反射光留下的箭头方向相同,随着屏幕逐渐上移,反射光留下的箭头越来越小直至成一光点,随后箭头反向且逐渐变大。也可以固定屏幕,改变转速,将会观察到类似的现象。

# 第 4 章　综合与近代物理实验

## 实验 4.1　半导体 PN 结的物理特性及玻耳兹曼常数的测定

半导体 PN 结的电流-电压关系特性是半导体器件的基本特性。本实验采用运算放大器组成电流-电压变换器,测量 PN 结的扩散电流与 PN 结电压之间的关系,并由拟合曲线求出经验公式,进而求出玻耳兹曼常数。

[实验目的]

(1) 在室温下和冰水混合物的零度环境中,分别测量 PN 结电流与电压的关系,证明此关系符合玻耳兹曼分布,并测定玻耳兹曼常数;

(2) 学习用运算放大器组成电流-电压变换器测量弱电流。

[实验原理]

### 1. PN 结物理特性及玻耳兹曼常数测量

由半导体物理学可知,PN 结的正向电流与正向电压降之间的关系为

$$I = I_0 [\exp(eU/kT) - 1] \tag{4.1.1}$$

式中,$I$ 是通过 PN 结的正向电流,$I_0$ 是不随电压变化的常数,$U$ 是 PN 结正向压降,$T$ 是热力学温度,$e$ 是电子电量,$k$ 为玻耳兹曼常数。由于在常温(300 K)时,$kT/e \approx 0.026$ V,而 PN 结正向压降约为十分之几伏,则 $\exp(eU/kT) \gg 1$,因此式(4.1.1)可以表示为

$$I = I_0 \exp(eU/kT) \tag{4.1.2}$$

即 PN 结的正向电流随正向电压按指数规律变化,其正向特性满足玻耳兹曼分布。测得 PN 结电流 $I$ 与电压 $U$ 的关系及温度 $T$ 后,利用式(4.1.2)可以求出 $e/k$ 常数,把电子电量作为已知值代入,即可得到玻耳兹曼常数 $k$。

为了验证式(4.1.2)及求出准确的 $e/k$ 常数,在实际测量中,选取性能良好的 TIP31 型硅三极管(NPN 管),接成共基极线路。实验中,发射极与基极处于较低的正向偏置,集电极与基极短接,此时集电极扩散电流与结电压将满足式(4.1.2)。实验线

路如图 4.1.1 所示。实验是在选定的温度 $t$ 下,通过测量 TIP31 型硅三极管发射极与基极之间的电压 $U_1$ 及相应的运算放大器 LF356 的输出电压 $U_2$,得出半导体 PN 结的正向特性。

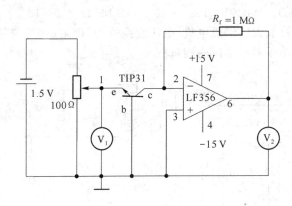

图 4.1.1　实验线路图

## 2. 弱电流测量

近年来,采用集成工艺制作的运算放大器的使用越来越普及。高输入阻抗运算放大器性能优良,价格低廉,用它组成电流-电压变换器,作为测量弱电流信号的放大器,具有灵敏度高、温漂小、线性好、设计制作简单、结构牢靠等优点,因而被广泛应用于物理测量中。

LF356 是一个高输入阻抗集成运算放大器,用它组成的电流-电压变换器(弱电流放大器),如图 4.1.2 所示。其中虚线框内电阻 $Z_r$ 为电流-电压变换器等效输入阻抗(弱电流放大器等效内阻)。由图4.1.2可知,运算放大器的输出电压为

$$U_o = -K_0 U_i \tag{4.1.3}$$

式中,$U_i$ 为输入电压,$K_0$ 为运算放大器的开环电压增益,即图 4.1.2 中反馈电阻 $R_f \to \infty$ 时的电压增益。因为理想运算放大器的输入阻抗 $r_i \to \infty$,所以信号源输入电流经反馈网络构成通路。因而电流-电压变换器输入电流为

$$I_s = \frac{U_i - U_o}{R_f} = \frac{-\dfrac{U_o}{K_0} - U_o}{R_f} = -\frac{U_o}{R_f}\left(\frac{1}{K_0} + 1\right) \approx -\frac{U_o}{R_f} \tag{4.1.4}$$

等效输入阻抗为

$$Z_r = \frac{U_i}{I_s} = \frac{R_f}{K_0\left(\dfrac{1}{K_0} + 1\right)} \approx \frac{R_f}{K_0} \tag{4.1.5}$$

以高输入阻抗集成运算放大器 LF356 为例来讨论 $Z_r$ 和 $I_s$ 值的大小。对 LF356 运算放大器的开环增益 $K_0 = 2 \times 10^5$,输入阻抗 $r_i \approx 10^{12}\ \Omega$。若取 $R_f$ 为 $1.00\ M\Omega$,则由式 (4.1.5)可得

147

$$Z_r = 1.00 \times 10^6 \ \Omega/(2 \times 10^5) = 5 \ \Omega$$

若选用四位半量程 200 mV 数字电压表,它最后一位变化为 0.01 mV,那么用上述电流-电压变换器能显示最小电流值为

$$(I_s)_{min} = 0.01 \times 10^{-3} \ V/(1.00 \times 10^6 \ \Omega) = 1 \times 10^{-11} \ A$$

由此说明,用集成运算放大器组成电流-电压变换器,其内阻小,对测量电路的影响小,且电流灵敏度高,可以实现对弱电流的测量。

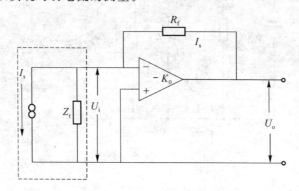

图 4.1.2　电流-电压变换图

## [实验仪器]

FD-PN-2 型 PN 结物理特性测定仪,其主要组成部分有电源、数字电压表组合装置(包括±15 V 直流电源、1.5 V 直流电源、三位半数字电压表、四位半数字电压表)及实验板一块(由电路图、LF356 运算放大器、印刷电路引线、多圈电位器、接线柱等组成),带 3根引线的 TIP31 型硅三极管,温度计。

## [实验内容]

(1) 实验线路如图 4.1.1 所示。图中 $V_1$ 为三位半数字电压表,$V_2$ 为四位半数字电压表,TIP31 型为带散热板的功率三极管,调节电压的分压器为多圈电位器。对照线路图分析电路,完成线路的连接:实验板上横排的细线插孔标号和围绕运算放大器的细线插孔标号一一对应用细线连接;实验板上的粗线接线柱与电源、数字电压表组合装置上的粗线接线柱对应连接;三极管的 3 根引线接实验板侧面粗线接线柱。连好线经教师检查后方可继续实验。

(2) 在室温条件下,测量三极管发射极与基极之间电压 $U_1$ 和相应电压 $U_2$。$U_1$ 的值大约从 $0.30 \sim 0.42$ V,每隔 0.01 V 测一数据点,至 $U_2$ 值达到饱和(即 $U_2$ 值变化较小或基本不变)时,结束测量。在开始记录数据和记录数据结束都要同时记录温度 $t$,取温度的平均值 $\bar{t}$。

(3) 在冰水混合物的零度环境中,重复测量 $U_1$ 和 $U_2$ 数据,并与室温测得的结果进行比较。

148

（4）曲线拟合求经验公式。运用最小二乘法，将实验数据分别代入线性回归、指数回归、乘幂回归这 3 种物理学中最常用的基本函数式，并用标准差检验究竟哪一种函数符合物理规律。标准差为最小的函数拟合得最好。

① 将测得的 $U_1$ 和 $U_2$ 各对数据，以 $U_1$ 为自变量，$U_2$ 做因变量，分别代入：(a)线性函数 $U_2 = aU_1 + b$；(b)乘幂函数 $U_2 = aU_1^b$；(c)指数函数 $U_2 = a\exp(bU_1)$，求出各函数相应的 $a$ 和 $b$ 值，得出 3 种函数的经验公式。

② 把实验测得的各个自变量 $U_1$ 分别代入 3 个经验公式，计算得出相应因变量的预期值 $U_2^*$，并由此求出各拟合函数的标准差：

$$\delta = \sqrt{\left[\sum_{i=1}^{n}(U_{2i} - U_{2i}^*)^2 / n\right]}$$

式中，$n$ 为测量数据个数，$U_{2i}$ 为实验测得的因变量，$U_{2i}^*$ 为将自变量代入经验公式后得到的因变量预期值。

③ 比较 3 个标准差的大小，给出结论。

（5）计算 $e/k$ 常数，将电子的电量值代入，求出玻耳兹曼常数，并说明玻耳兹曼分布律的物理含义。

[注意事项]

对于起始状态扩散电流太小及扩散电流接近或达到饱和时的数据，在处理数据时应删去，因为这些数据可能偏离式(4.1.2)。

# 实验 4.2　半导体温度计的研究

利用非平衡电桥和半导体热敏电阻组成测温电路，可以构成一种温度传感器，运用差分运算放大器将传感器给出的电信号进行放大输出，即可实现对温度的测量。通过本实验，可以了解温度传感器的设计和工作原理。

[实验目的]

(1) 掌握测温元件的工作原理；
(2) 了解温度-电压变换电路并理解电路参数的设计原理；
(3) 了解利用差分运算放大器测量微弱电流的方法。

[实验原理]

**1. 测温元件的工作原理及其温度特性**

大多数金属电阻在温度每升高 1℃ 时，其电阻要增加 $0.4\%\sim0.6\%$；而半导体材料做成的热敏电阻，它的温度系数比纯金属铂电阻的约高 10 倍。其主要特点是：灵敏度高，体积小，能测量其他温度计无法测量的空隙、腔体及生物体内的温度。通常半导体热敏电阻分为负温度系数的热敏电阻（NTC）、正温度系数的热敏电阻（PTC）和临界热敏电阻（CTR）3 种。

本实验使用的 MF11 型半导体热敏电阻，是由一些过渡族金属氧化物（主要用 Mn、Co、Ni、Fe 等氧化物）在一定条件下烧结形成的半导体金属氧化物作为基本材料制作而成，具有 P 型半导体的特性。一般情况下，半导体材料的电阻率随温度的变化主要依赖于载流子的浓度，而载流子迁移率随温度的变化相对来说可以忽略。但对于过渡族金属氧化物来说，则有所不同，由于它们在室温范围内已经基本上全部电离，因此电阻率随温度的变化与载流子的浓度无关，主要依赖于迁移率。当温度升高时，迁移率增加，导致电阻率下降，故这类金属氧化物半导体具有负温度系数，它们的电阻-温度特性可以表示为

$$R_t = R_{25} \exp\left[B_n(1/T - 1/298)\right] \tag{4.2.1}$$

式中，$R_{25}$ 和 $R_t$ 分别表示温度为 25℃ 和 $t$ 时的阻值；$T = 273 + t$；$B_n$ 为材料常数，其大小与制作热敏电阻的材料和材料的配比有关，对于某一确定的热敏电阻，可以由实验测得的电阻-温度数据，通过适当的数据处理方法求得。

**2. 用非平衡电桥测量热敏电阻的温度系数以及电路设计的基本原理**

使用非平衡电桥可以准确地测量电阻。将平衡电桥电路中的待测电阻换成一个热敏

电阻,就形成了一个非平衡电桥,在某一温度条件下,先调整电桥达到平衡,当外界温度变化时,热敏电阻的阻值发生变化,使得电桥不再平衡,通过检测桥路两端电压的变化就可以检测外界温度的变化。图 4.2.1 为实验的测量原理图。图中左侧为一个由电阻 $R_1$, $R_2$, $R_3$ 和热敏电阻 $R_t$ 构成的非平衡电桥,桥路两端电压的变化通过两个电阻 $R_s$ 连接到一个差分放大器上,如果找到差分放大器的输出电压 $U_o$ 与热敏电阻阻值 $R_t$ 之间随温度变化的关系,就可以设计出一个半导体温度计。通过对电路的分析,可以得到输出电压 $U_o$ 与各电阻之间关系的数学表达式为

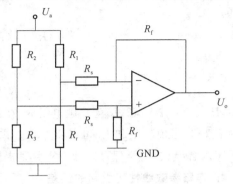

图 4.2.1　测量原理图

$$U_o = \frac{R_f}{R_{G1}+R_s}\left(\frac{R_{G1}+R_s+R_f}{R_{G2}+R_s+R_f}E_{s2}-E_{s1}\right) \tag{4.2.2}$$

式中的 $R_{G1}$ 和 $R_{G2}$ 为

$$R_{G1} = \frac{R_1 R_t}{R_1+R_t};R_{G2}=\frac{R_2 R_3}{R_2+R_3} \tag{4.2.3}$$

而 $E_{s1}$ 和 $E_{s2}$ 分别为

$$E_{s1} = \frac{R_t}{R_1+R_t}U_a;E_{s2}=\frac{R_3}{R_2+R_3}U_a \tag{4.2.4}$$

公式(4.2.2)反映了输出电压与热敏电阻阻值 $R_t$ 随温度变化的关系。

**3. 电路参数的选择**

一般情况下,式(4.2.2)表达的函数关系是非线性的,通过适当选择电路参数可以将这一非线性函数关系近似为直线函数关系。这一近似引起的误差与传感器的测温范围有关。设传感器的测温范围为 $t_1 \sim t_3$,测温范围的中值温度则为 $t_2 = (t_1+t_3)/2$。若传感器对应 $t_1$, $t_2$ 和 $t_3$ 这 3 个温度值的输出电压分别为 $U_{o1}$, $U_{o2}$ 和 $U_{o3}$,选择

$$U_{o1} = 0,\ U_{o2}=U_{o3}/2,\quad U_{o3}=U_3 \tag{4.2.5}$$

可以使这 3 个测量点在电压-温度的坐标系中落在通过原点的直线上。根据图 4.2.1 所示的电路,需要确定 7 个参数,即 $R_1$, $R_2$, $R_3$, $R_f$ 和 $R_s$ 的阻值,以及电桥的电源电压 $U_a$ 和传感器的最大输出电压 $U_3$,这些参数的选择和计算可以按照以下原则进行:

(1)当温度为 $t_1$ 时,$U_o=U_{o1}=0$,这时电桥应工作于平衡状态,通常选取 $R_2=R_3=R_1 \approx R_{t1}$;

(2)为保证热敏电阻不因过热影响测量,可将 $U_a$ 预设置为 $2 \sim 3$ V,使电路中的电流不致过大;

(3)传感器的最大输出电压 $U_3$ 的值应与后面连接的显示仪表相匹配;

(4) 电路参数 $R_f$ 和 $R_s$ 的值可按式(4.2.5)所表示的线性化条件的后两个关系式确定,即

$$U_{o3} = U_3 = \frac{R_f}{R_{G13} + R_s}\left(\frac{R_{G13} + R_s + R_f}{R_{G2} + R_s + R_f}E_{s2} - E_{s13}\right) \qquad (4.2.6)$$

$$U_{o2} = U_{o3} / 2 = \frac{R_f}{R_{G12} + R_s}\left(\frac{R_{G12} + R_s + R_f}{R_{G2} + R_s + R_f}E_{s2} - E_{s12}\right) \qquad (4.2.7)$$

式中,$R_{G1i}$,$E_{s1i}$($i=1,2,3$)为热敏电阻 $R_t$ 在温度为 $t_i$ 时由式(4.2.3)和式(4.2.4)计算得到的 $R_{G1}$ 和 $E_{s1}$ 值。$R_s$ 和 $R_f$ 可以通过联立式(4.2.6)和式(4.2.7)用实验室提供的数值计算程序求解(求解的原理可以参看实验室提供的相关介绍)。

### 4. 电路参数线性化引起的误差

式(4.2.2)所表达的电压-温度特性是一条"S"形的曲线,选择合适的电路参数对这一关系进行直线近似处理后,相当于用直线代替了式(4.2.2)所表达的曲线关系,如图4.2.2所示。

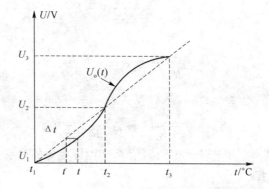

图 4.2.2　MF11 热敏电阻电压-温度特性及非线性误差

从图中看出,除 $t_1$,$t_2$ 和 $t_3$ 三个温度值外,对于其余各点,均存在着由于传感器电压-温度特性的非线性所引起的误差,可以用公式表示为

$$\Delta t = t - \left[\frac{t_3 - t_1}{U_3}U_o(t) + t_1\right] \qquad (4.2.8)$$

式中的 $t$ 是实际的温度值;右边方括号中的算式代表了具有均匀刻度特性的电压表头显示的温度值,其中 $U_o(t)$ 是由实际温度按式(4.2.2)算出的传感器的输出电压。

**[实验仪器]**

2.7 kΩ MF11 型半导体热敏电阻,温度特性测试电路,温度-电压变换电路,实验用电源电压调节电路,79HW-1 恒温磁力搅拌器,数字万用表和电阻箱。

[实验内容]

**1. 测量不同温度下热敏电阻的阻值**

借助 79HW-1 恒温磁力搅拌器、温度计及数字万用表,在 65～25 ℃之间的降温过程中,每隔 5 ℃测一次热敏电阻的阻值。测量过程中要避免将油滴到烧杯外,并且要当心被热油烫伤。

**2. 确定电路参数**

(1) 利用实验数据及前述的参数选择和计算原则,确定 $R_1$,$R_2$,$R_3$ 和 $U_a$ 的值。

将温度-电压变换电路中的两个短路器插在带有"L"标记的一侧,使桥式电路与差分放大器断开。借助于数字万用表,转动"$R_1$ 调节"、"$R_2$ 调节"和"$R_3$ 调节"旋钮将电阻元件 $R_1$,$R_2$,$R_3$("$R_1$ 调节"、"$R_2$ 调节"扳到"小","$R_3$ 调节"扳到"大")调到热敏电阻在温度 $t_1$ (25 ℃)时的阻值 $R_{t1}$;转动实验用电源电压调节电路中的"电压调节"旋钮将电源的"电压输出"与"GND"之间的电压调为 2～3 V,作为 $U_a$ 值。

(2) 根据实验数据及电源电压 $U_a$、温度传感器最大输出电压 $U_o(t_3)$,确定 $R_s$ 和 $R_f$ 的值。

取温度传感器的最大输出电压 $U_o(t_3)=2$ V,则 25～65 ℃之间对应的输出电压范围为 0～2 V,每 0.5 ℃对应 25 mV,而计算机所能辨别的每个"字"约为 20 mV,如将传感器输出端连入计算机,这样设计的结果使得温度的测定可以精确到 0.5 ℃。

将实验测得的与各温度对应的热敏电阻的阻值及电源电压 $U_a$、温度传感器最大输出电压 $U_o(t_3)$ 输入已编好计算程序的计算机,算出 $R_s$ 和 $R_f$ 的值,借助于数字万用表,转动"$R_{s1}$ 调节"、"$R_{s2}$ 调节"、"$R_{f1}$ 调节"、"$R_{f2}$ 调节"旋钮将电阻元件 $R_s$ 和 $R_f$ 的阻值调整到计算得出的数值("$R_{s1}$ 调节"、"$R_{s2}$ 调节"、"$R_{f1}$ 调节"、"$R_{f2}$ 调节"都扳到"小")。

**3. 检查参数设计及电路调试的结果**

(1) 用导线将"电压输出"与"$U_a$"连接,使实验用电源与温度-电压变换电路相接。将两个短路器改插在带有"R"标记的一侧,电路中的双刀双掷开关扳到右侧,连接桥式电路与差分放大器。用电阻箱代替作为"热探头"的热敏电阻接入桥式电路。

(2) 借助于数字万用表和电阻箱检查温度传感器的输出电压是否符合设计要求。

若 $U_o(t_1)\neq0$,应微调"$R_3$ 调节"旋钮;若 $U_o(t_3)\neq2$ V,需微调"电压调节"旋钮; $U_o(t_2)$ 应等于 $[U_o(t_3)-U_o(t_1)]/2$。

[思考题]

检测设计结果时,为什么当 $U_o(t_1)\neq0$ 时,需微调 $R_3$?为什么 $U_o(t_3)\neq2$ V 时,需微调 $U_a$?

# 实验 4.3　硅光电池的光照特性

太阳能是一种清洁能源、绿色能源,世界各国都十分重视对太阳能的利用。硅光电池是一种典型的太阳能电池,在日光的照射下,可将太阳辐射能直接转换为电能,是应用极其广泛的一种光电传感器。

## [实验目的]

(1) 了解硅光电池的基本特性;

(2) 测绘硅光电池的光照特性曲线;

(3) 学习用电流补偿法测定硅光电池的短路电流及负载电流。

## [实验原理]

半导体受到光的照射而产生电动势的现象,称为光生伏特效应。硅光电池是根据光生伏特效应的原理做成的半导体光电转换器件。

硅光电池的结构如图 4.3.1 所示。在一块 N 型硅片上用扩散方法掺入一很薄的 P 型层,形成 PN 结,在 P 型层引出正极引线,在 N 型层引出负极引线即成。其形状有圆盘形、长方形等。

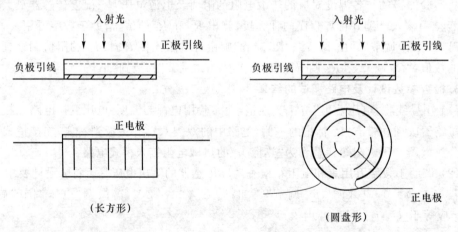

图 4.3.1　硅光电池结构示意图

当光照射到 P 型层的外表面时,光可透过 P 区进入 N 区,照射到 PN 结。当光子的能量大于硅的禁带宽度时,光子能量便被硅晶格所吸收,价带电子受激跃迁到导带,形成自由电子,而价带则形成自由空穴,使得 PN 结两边产生电子-空穴对,如图 4.3.2 所示。凡是扩散到 PN 结部分形成的内电场的电子-空穴对,都要受到内电场 $E$ 的作用,电子被推向 N 区,空穴被推向 P 区,从而产生 P 为正 N 为负的电动势。若接入一负载,只要有光不断照射,电路中就有持续电流通过,从而实现了光电转换。

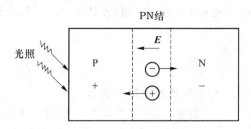

图 4.3.2　光生伏特示意图

光电池在一定光照下,负载无限大(开路)时,其极间电压称为开路电压,开路电压 $U_{oc}$ 的大小与入射光强度 $L$ 的对数成线性关系。以点光源作为辐射光源时,光照强度与光电池受光面到光源距离的平方成反比,即 $L \propto \dfrac{1}{r^2}$,如图 4.3.3(a),(b)所示。负载电阻为零(即短路)时,光电池的输出电流称为短路电流。短路电流 $I_{sc}$ 的大小与光照强度 $L$ 呈线性关系,如图 4.3.3(c)所示。因此,实验中,我们通过改变硅光电池到光源的距离来改变入射光强。

光电池的输出端接一负载电阻时,有对应的端电压、负载电流和输出功率。负载电阻 $R$ 为最佳匹配电阻时,输出功率 $P$ 最大,能量转换效率最高,如图 4.3.3(d)所示。这是在一些实际应用中必须考虑的问题。

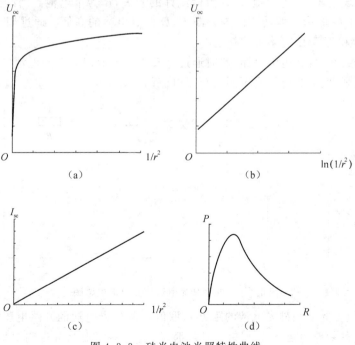

图 4.3.3　硅光电池光照特性曲线

[实验仪器]

硅光电池,数字万用表,电阻箱,滑线电阻,光具座,卤钨灯,卤钨灯电源,圆孔光阑,检流计,干电池,导线。

[实验内容]

**1. 测定硅光电池的开路电压与光照强度的关系**

用数字电压表(数字万用表直流电压挡)测硅光电池的开路电压 $U_{oc}$。

数字电压表的内阻较大,一般都在 $10^6\ \Omega$ 以上,因此用数字电压表测硅光电池的开路电压时,由硅光电池的内阻产生的误差完全可以忽略。

将光源放在光具座的一端,接通电源使光源在 1.6 A 的电流下发光。将光源对准硅光电池,改变硅光电池与光源的距离 $r$,测出相应的硅光电池的开路电压 $U_{oc}$,列表记录数据,作 $U_{oc}$—$\ln(1/r^2)$ 图线,并说明实验结论。

**2. 测硅光电池短路电流与光照强度的关系**

硅光电池短路时,其正负两电极间的电势差为零,此时通过硅光电池的电流则为短路电流。

为了避免用毫安表直接测量时,由于电表本身存在的内阻而对测量结果产生影响,这里采用电流补偿法测量硅光电池的短路电流。测量电路如图 4.3.4 所示。图中 $R_1$ 为电阻箱,$R_2$ 为滑线电阻,$G$ 为检流计,$S$ 为检流计的开关,$E$ 为干电池。当硅光电池有光照射时,从检流计 $G$ 的指针偏转方向来判断 $B$,$D$ 两点电势的高低。通过调节 $R_1$ 和 $R_2$ 使 $B$,$D$ 两点电势相等,$BD$ 支路中的补偿电流 $I_{com}$ 与光电流 $I_{opt}$ 大小相等、方向相反,检流计无电流通过,相当于硅光电池短路,此时通过毫安表的电流即为硅光电池的短路电流 $I_{sc}$。对不同的光照强度,硅光电池有不同的短路电流的值。

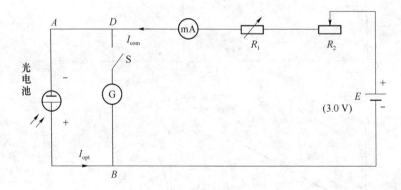

图 4.3.4　测量硅光电池短路电流电路图

实验时,改变光源与硅光电池的距离 $r$(取值与测硅光电池的开路电压时相同),测出相应的光电池的短路电流 $I_{sc}$。列表记录数据,作 $I_{sc}$-$1/r^2$ 图线,并说明实验结论。

### 3. 光照强度一定时,硅光电池输出功率与负载电阻的关系

在图 4.3.4 所示电路的 $AD$ 间接入电阻箱 $R$ 作为负载电阻,测量电路如图 4.3.5 所示,用电流补偿法测量负载电流。保持光源与硅光电池的距离 $r_0$ 不变,改变负载电阻,测出相应的负载电流 $I$。

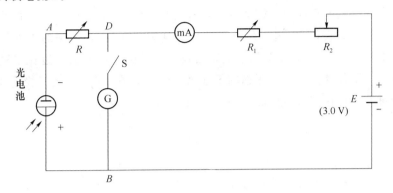

图 4.3.5 测量硅光电池负载电流电路图

测量时,应安排好测量点的分布:可先根据该处的开路电压和短路电流,估算负载电阻 $R_{r_0} = U_{oc}/I_{sc}$。在得出的 $R_{r_0}$ 值附近,负载电阻的取值间隔要小;远离 $R_{r_0}$ 值的负载电阻的取值间隔可加大。

列表记录数据,并算出各输出功率 $I^2R$ 的值,作 $I^2R$-$R$ 曲线,求最佳负载电阻。说明曲线的意义。

[注意事项]

(1) 光源的电源输出电流不应过大,防止烧坏光源。

(2) 测量时光源应始终保持正对硅光电池,光源的电源输出电流保持不变。

(3) 接通检流计开关时,先碰接,同时观察检流计指针的偏转,在偏转不大、未超出标尺范围时,再将开关合上。

(4) 测量电流的过程中采用跟踪调试法,即改变距离的同时进行 $R_1$,$R_2$ 的调节,使检流计指针的偏转始终不超出标尺范围。

(5) 如果不论怎样调节 $R_1$ 和 $R_2$ 都不能使检流计的偏转为零,则应检查硅光电池和干电池的极性是否连接正确,电路中的各个连接点是否接触良好。

# 实验 4.4　迈克尔逊干涉仪的调整和使用

干涉仪是根据光的干涉原理制成的一种进行精密测量的仪器,在科学技术上有着广泛应用。干涉仪的形式很多,迈克尔逊干涉仪是其中的一种,是美国的迈克尔逊(A. A. Michelson)在1881年为研究光速问题而精心设计成功的。后人根据迈克尔逊干涉仪的基本原理研制出了各种具有不同用途的干涉仪。迈克尔逊干涉仪在近代物理和计量技术的发展上起过并且还在起着重要的作用。

[实验目的]

(1) 了解迈克尔逊干涉仪的结构,学习调节和使用方法;

(2) 观察不同定域状态的干涉条纹;

(3) 测量单色光的波长;

(4) 观察光源的光谱分布影响干涉条纹清晰程度的现象;

(5) 测量钠光的谱线间隔和相干长度。

[实验原理]

## 1. 迈克尔逊干涉仪的构造与光路

(1) 仪器的结构

迈克尔逊干涉仪的结构如图4.4.1所示。$M_1$与$M_2$是两块互相垂直放置的反射镜,$M_2$固定在仪器上,$M_1$安装在导轨的拖板上。$G_1$和$G_2$是厚度均匀且相等、材料一样的抛光玻璃平板。它们的镜面与轨道中心线成45°角。$G_1$背面镀有半反射层K,可使入射光分成强度相等的反射光和透射光,故称分光板。$G_2$称为补偿板,用于补偿光路。

反射镜$M_1$和$M_2$的镜架背后各有3个调节螺丝,可用来调$M_1$和$M_2$的方位。为使$M_2$方位更精细地调节,把$M_2$装在一个与仪器固定的悬臂杆的一端,杆端装有两个相互垂直的拉簧,调节水平拉簧螺丝和竖直拉簧螺丝,可极精细地调节$M_2$的方位。

$M_1$镜所在的导轨拖板由精密丝杠带动可沿导轨前后移动。$M_1$镜的位置由3个读数尺所读出的数值来确定。主尺是一个毫米尺,在导轨的侧面,其数值由导轨拖板上的标志线指示。毫米以下的读数由两个螺旋测微装置读出:第一个装在丝杠的一端,圆刻度盘上均匀刻有100个刻度,丝杠螺距为1 mm,每转动粗动手轮一个刻度时,$M_1$镜移动0.01 mm,转动一周移动1 mm,从读数窗口可以看到;第二个装在读数窗口的右侧,是一微动手轮,其圆周上刻有100个刻度,每转一周,$M_1$移动0.01 mm,即微动手轮每转一个刻度时，$M_1$ 只移动 0.000 1 mm。$M_1$ 的位置就是由这 3 个读数之和表示。这套读数系统可把 $M_1$ 位置读到 0.000 1 mm，并可在 0.000 1 mm 以下再估读一位。

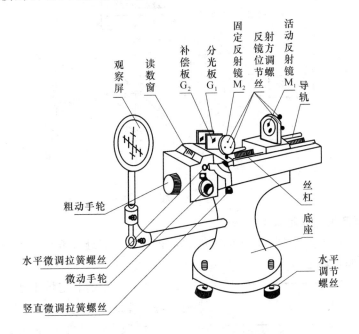

图 4.4.1 迈克尔逊干涉仪的外形结构

转动微动手轮时，粗动手轮随之转动，但在转动粗动手轮时微动手轮并不随之转动，因此在读数前必须调整零点，方法是：使微动手轮和粗动手轮转动方向保持一致，将微动手轮转至零刻线，并转动粗动手轮对齐读数窗口中的某一刻度线。测量时，只能沿调零时的同一方向转动微动手轮，以避免螺旋空转。

仪器底座上有 3 个水平调节螺丝，用来调节整个仪器的水平。

（2）光路分析

迈克尔逊干涉仪的光路如图 4.4.2 所示。光源 S 上一点发出的光线射到玻璃平板 $G_1$ 的半反射层 K 上被分为两部分：光线"1"和"2"。光线"1"射到 $M_1$ 上被反射回来后，透过 $G_1$ 到达 E 处。光线"2"透过 $G_2$ 射到 $M_2$，被 $M_2$ 反射回来后再透过 $G_2$ 射到 K 上，再被 K 反射而到达 E 处。这两条光线是由一条光线分出来的，所以它们是相干光。如果没有 $G_2$，到达 E 的光线"1"通过玻璃平板 $G_1$ 3 次，光线"2"通过玻璃平板 $G_1$ 仅 1 次，这样两束光到达 E 时会存在较大的光程差。放上玻璃平板 $G_2$ 后，使光线"2"又通过玻璃平板 $G_2$ 两次，这样就补偿了光线"2"到达 E 时光路中所缺少的光程。所以，通常将 $G_2$ 称为补偿板。光线"2"也可看成是从半反射层中看到的 $M_2$ 的虚像 $M_2'$ 反射来的。$M_1$，$M_2$ 所引起的干涉和 $M_1$，$M_2'$ 所引起的干涉等效。因 $M_2'$ 不是实物，故可方便地改变 $M_1$ 和 $M_2'$ 之间

159

的距离,甚至可以使 $M_1$ 和 $M_2'$ 重叠和相交。

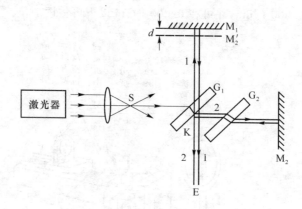

图 4.4.2 迈克尔逊干涉仪的光路原理图

### 2. 点光源产生的非定域干涉条纹

两个相干的单色点光源所发出的球面波在相遇的空间处处皆可产生干涉现象,因此这种干涉称为非定域干涉。

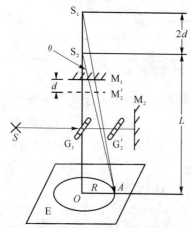

图 4.4.3 点光源产生的非定域干涉计算示意图

点光源产生的非定域干涉图样,可以用迈克尔逊干涉仪来观测:凸透镜会聚后的激光束是一个线度小、强度足够大的点光源。如图 4.4.3 所示,点光源 S 经 $M_1$,$M_2'$ 反射后相当于由两个虚光源 $S_1$,$S_2$ 发出的相干光束,但 $S_1$ 和 $S_2$ 间的距离为 $M_1$ 和 $M_2'$ 间距 $d$ 的两倍,即 $S_1S_2=2d$。虚光源 $S_1$,$S_2$ 发出的球面波在它们相遇的空间处处相干。若用毛玻璃屏观察干涉图样,当观察屏 E 垂直于 $S_1S_2$ 连线时,屏上出现的干涉条纹是一组同心圆,圆心在 $S_1S_2$ 延长线和屏的交点 $O$ 上。将观察屏 E 沿 $S_1S_2$ 方向移动到任何位置都可以看到干涉条纹,因而是非定域的干涉。

$S_1$ 和 $S_2$ 到屏上任一点 $A$,由于 $L\gg d$,则两光线的光程差为

$$\Delta L=\frac{2dL}{\sqrt{L^2+R^2}}=2d\cos\theta \qquad (4.4.1)$$

则

$$\Delta L=2d\cos\theta=\begin{cases} k\lambda & \text{明纹} \\ (2k+1)\dfrac{\lambda}{2} & \text{暗纹} \end{cases} \qquad (4.4.2)$$

160

式中,$k$ 为干涉条纹的级次,$\lambda$ 为光的波长。

由式(4.4.2)可知:

(1) $d$, $\lambda$ 一定时,若 $\theta=0$,光程差 $\Delta L=2d$ 最大,即圆心所对应的干涉级次最高,从圆心向外的干涉级次依次降低。

(2) $k$, $\lambda$ 一定时,若 $d$ 增大,$\theta$ 随之增大,则条纹的半径也增大。可以看到,当 $d$ 增大时,圆环一个个从中心"吐出"后向外扩张,干涉圆环的间隔变小,看上去条纹变细变密;当 $d$ 减小时,圆环逐渐缩小,最后"吞进"在中心处,干涉条纹变粗变疏。

(3) 对 $\theta=0$ 的明条纹,有

$$\Delta L=2d=k\lambda \tag{4.4.3}$$

可见,每"吐出"或"吞进"一个圆环,相当于光程差改变了一个波长 $\lambda$。

当 $d$ 变化了 $\Delta d$ 时,相应地"吐出"(或"吞进")的环数为 $\Delta k$,则

$$\Delta d=\Delta k \frac{\lambda}{2} \tag{4.4.4}$$

从迈克尔逊干涉仪的读数系统上测出 $M_1$ 移动的距离 $\Delta d$ 并数出相应的"吞吐"环数 $\Delta k$,就可以求出光的波长 $\lambda$。

### 3. 面光源产生的定域干涉条纹

用迈克尔逊干涉仪还可以观测扩展的面光源产生的定域干涉条纹。面光源中每一点发出的光各自在干涉场中产生一组干涉条纹,各组干涉条纹之间都有一定的位移。无数组干涉条纹非相干叠加的结果,使得干涉场中的部分区域光强均匀分布,干涉条纹消失;而在另一部分区域,光强仍保持着一定的分布,干涉条纹依然存在。这种由面光源产生的在特定区域内存在着的干涉现象称为定域干涉。定域干涉条纹的形状和定域的位置取决于 $M_1$,$M_2'$ 的位置和取向,可分为等倾干涉和等厚干涉。

(1) 等倾干涉

如图 4.4.4 所示,当 $M_1$,$M_2'$ 相互平行时,面光源上某点发出的入射角为 $\theta$ 的单色光经 $M_1$,$M_2'$ 反射成为相互平行的"1"和"2"两光束,两光束的光程差为

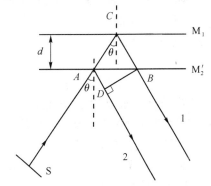

图 4.4.4  面光源产生的等倾干涉

$$\Delta L=AC+BC-AD=\frac{2d}{\cos\theta}-2d\tan\theta\sin\theta=2d\cos\theta \tag{4.4.5}$$

干涉条纹是一系列与不同倾角 $\theta$ 相对应的明暗相间的同心圆环,称为等倾干涉条纹,与点光源产生的非定域干涉圆条纹类似。等倾干涉的条纹中,圆心处干涉条纹的级次为最高。当 $d$ 增加时,圆环从中心"吐出",条纹变细变密;当 $d$ 减小时,圆环在中心被"吞

进",条纹变粗变疏。对圆心 $\theta=0$ 处,式(4.4.3)和式(4.4.4)仍适用。由于"1"和"2"两光线相交于无穷远,因此,面光源产生的等倾干涉条纹定域于无穷远。观察时,必须使眼睛聚焦于无穷远处,也可以使用望远镜观察。

（2）等厚干涉

当 $M_1$，$M_2'$ 有一个很小的角度时，$M_1$ 和 $M_2'$ 之间形成楔形空气薄层，就会出现等厚干涉条纹，如图4.4.5所示。由面光源上某点发出的单色光经 $M_1$，$M_2'$ 反射后形成的"1"和"2"两光束在镜面附近P处相交，产生干涉。把眼睛聚焦在镜面附近，可以观察到等厚干涉条纹，即面光源产生的等厚干涉条纹是定域在薄膜表面附近。

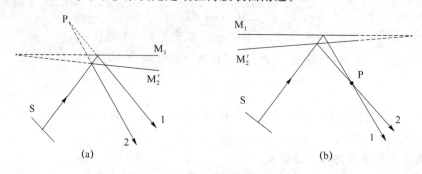

图 4.4.5　面光源产生的等厚干涉

当 $M_1$ 和 $M_2'$ 之间的夹角很小时，光线"1"和"2"的光程差仍然可以近似地用式(4.4.5)表示，其中 $d$ 是观察点处空气层的厚度，$\theta$ 仍为入射角。

当入射角 $\theta$ 不大时，$\cos\theta\approx1$，光程差为

$$\Delta L = 2d \tag{4.4.6}$$

光程差 $\Delta L$ 的变化主要决定于厚度 $d$ 的变化。在楔形上厚度相同的地方光程差相同，在 $M_1$ 和 $M_2'$ 交线附近 $d$ 很小，出现的是一组平行于 $M_1$ 和 $M_2'$ 交线的明暗相间的直条纹，因而这种干涉条纹称为等厚干涉条纹。

**4. 光源的光谱分布对干涉条纹的影响**

理想的单色光源的光谱线应为无限窄的单一谱线。而实际上任何谱线都有一定的宽度。实验所用的某些光源，也是由波长十分接近的双谱线或多谱线组成。钠光灯发出的黄光，是由两种波长相差很小且有一定宽度的双谱线组成，可视为准单色光；而激光器发出的激光，单色性极好，实验中视为理想的单色光。

由于干涉条纹的明暗和间距决定于光程差与波长的关系，因此，光源的双谱线结构和谱线的宽度对迈克尔逊干涉仪形成的干涉条纹的清晰程度都会产生影响。

（1）双谱线使干涉条纹的清晰程度随光程差作周期性变化

设谱线 $\lambda_1$ 和 $\lambda_2$ 的波长差很小，$\Delta\lambda=\lambda_2-\lambda_1$，双谱线在迈克尔逊干涉仪上将有两套等倾干涉圆条纹叠加在一起同时呈现。波长短的干涉条纹较密，波长长的干涉条纹较疏。根据式(4.4.3)可知，当 $d$ 为一定值时，$\lambda_1$ 和 $\lambda_2$ 的干涉圆环的级次是不同的。当 $\lambda_1$ 的明

纹与 $\lambda_2$ 的明纹重叠,$\lambda_1$ 的暗纹与 $\lambda_2$ 的暗纹重叠时,两套干涉条纹光强叠加的结果是干涉条纹最清晰。改变 $d$,干涉条纹的清晰程度也随之变化。而当 $\lambda_1$ 的暗纹与 $\lambda_2$ 的明纹重合,而 $\lambda_1$ 的明纹又落在 $\lambda_2$ 的暗纹上时,两套干涉条纹光强叠加的结果是条纹的清晰程度最差,干涉条纹几乎消失,视场中看不出明显的干涉条纹。移动 $M_1$ 镜改变 $d$,干涉条纹的清晰程度随光程差作周期性变化。

设在干涉条纹的清晰程度连续两次为最差(或最好)的过程中,$M_1$ 镜移动的距离为 $\Delta d$,视场中心吐出的圆条纹环数为 $\Delta k$,则光程差的变化为

$$\Delta L_p = 2(\Delta d) = \frac{\bar{\lambda}^2}{\Delta \lambda} \tag{4.4.7}$$

由式(4.4.7)可知,波长差越小,干涉条纹的清晰程度变化的周期越大。

(2) 谱线的宽度使干涉条纹的清晰程度随光程差的增加而下降

有一定宽度的光谱线可视为一系列无限窄的谱线组成。在迈克尔逊干涉仪上每一波长的谱线都产生一套干涉条纹。在 $d=0$ 附近,干涉条纹清晰程度最好,但随着 $d$ 的增加,各个波长的干涉条纹逐渐错开,光强叠加的结果是合成干涉图样的清晰程度越来越差,直至干涉条纹消失。继续增加 $d$,干涉条纹也不再出现。从光程差为零开始至干涉条纹完全消失所对应的光程差称做相干长度。

设谱线中心波长为 $\lambda$,谱线宽度为 $\delta\lambda$,$\delta\lambda \ll \lambda$,则相干长度满足的数量级关系为

$$\Delta L_m = \frac{\lambda^2}{\delta \lambda} \tag{4.4.8}$$

由式(4.4.8)可知,光源的谱线宽度越小,单色性越好,相干长度就越长。常用的钠灯的谱线宽度为 $10^{-2} \sim 10^{-1}$ nm,相干长度只有几毫米到几十毫米。氦氖激光的谱线宽度只有 $10^{-8} \sim 10^{-4}$ nm,因而相干长度可达几米到几十千米。白光的波长范围大,因而相干长度很小,只有波长的数量级。白光的谱线宽度约为半个波长,相干长度大约为两个波长,故只能在 $d$ 接近零时,看见很少的几条彩色条纹。

对于钠灯这样的每条谱线都有一定宽度的双谱线光源,在 $d=0$ 的等光程附近时,条纹最清晰,移动 $M_1$ 镜,增大光程差,干涉条纹由清晰到逐渐消失,又逐渐清晰,然后又逐渐消失地循环变化:即条纹的清晰程度随光程差作周期性变化;光程差大的周期内条纹的清晰程度又比光程差小的周期内条纹的清晰程度差;在出现多次干涉条纹周期性地消失的现象之后,再继续增大光程差时,干涉条纹也不再出现。

[实验仪器]

迈克尔逊干涉仪,半导体激光器,钠光灯,短焦距凸透镜。

[实验内容]

(1) 调整迈克尔逊干涉仪,观察点光源产生的非定域干涉条纹:

① 调整迈克尔逊干涉仪底座的 3 个调平螺丝,使干涉仪水平。

② 转动粗动手轮,移动 $M_1$ 镜,使 $M_1$ 镜到分光板 $G_1$ 的距离与 $M_2$ 到分光板 $G_1$ 的距离大致相等(反射镜 $M_1$ 大约位于 30 mm 到 40 mm 之间)。把两个反射镜 $M_1$ 和 $M_2$ 背后的螺丝尽量放松,将两个拉簧调节螺丝旋至调节范围中间(不是很松又不是很紧)。

③ 调节激光器,使激光束垂直于导轨,并射向分光板 $G_1$ 的中心部位。这时从观察屏上可看到两排光点,每排 4 个。调节 $M_1$,$M_2$ 镜背后的 3 个螺丝,使两排光点一一重合(注意:$M_1$,$M_2$ 镜背后的 3 个螺丝不宜调得使压片变形过大,若出现此情况应重新调节),此时两个反射镜 $M_1$ 和 $M_2$ 大致互相垂直。

④ 在靠近激光器处放上短焦距透镜,使激光束通过透镜扩束后照射到分光板 $G_1$ 上,这时观察屏上就会出现干涉条纹。再仔细调节拉簧螺丝,直到能看到位置适中、清晰的圆环状的干涉条纹。

⑤ 调节粗动手轮和微动手轮,可看到干涉圆环"内缩"与"外扩"。根据条纹的"吞进"和"吐出",判别 $M_1$ 和 $M_2'$ 之间的距离 $d$ 是变大还是缩小,观察条纹粗细、疏密和距离 $d$ 的关系。

(2)利用非定域干涉圆条纹测激光的波长。

(3)调节扩展面光源产生的定域等倾干涉条纹,观察钠光源干涉条纹的变化规律:

① 将激光器及透镜换成装有毛玻璃窗的钠光灯,钠光经毛玻璃的漫射后成为扩展的面光源。

② 用眼睛从图 4.4.2 所示的 E 处直接观察接收,仔细调节 $M_1$ 和 $M_2$ 背后的螺丝,使钠光灯灯丝与其像完全重合,这时可看到干涉条纹(如果无干涉条纹出现,则可能是受钠光双谱线结构的影响,可以稍微移动一点 $M_1$)。微调 $M_2$ 背后的 3 个螺丝,使条纹呈现圆环形并尽量使其清晰,表明 $M_1$ 与 $M_2'$ 基本平行。

③ 仔细调节 $M_2$ 的两个拉簧微调螺丝,直到眼睛上下左右移动改变观察点时,各干涉圆环的大小不变,即干涉圆环的中心没有条纹的吞吐,而仅仅是圆心随眼睛的移动而移动,便得到等倾干涉圆形条纹,表明 $M_1$ 与 $M_2'$ 严格平行。若眼睛上下移动时,干涉圆条纹的大小有变化,则微调竖直拉簧螺丝;左右移动时,干涉圆条纹的大小有变化,则微调水平拉簧螺丝。

④ 移动 $M_1$ 的位置,改变 $M_1$,$M_2'$ 之间的距离,观察等倾干涉条纹的变化规律;缓慢转动粗动手轮,使干涉圆环向中心"吞进",观察条纹由"吞进"变成从中心"吐出"的变化过程,分析判别 $M_1$ 和 $M_2'$ 之间的距离 $d$ 如何变化。

(4)利用定域等倾干涉圆条纹测钠光的平均波长。

(5)测量钠光双谱线的波长差;估算钠光的相干长度。

(6)观察定域等厚干涉条纹。

移动 $M_1$ 镜,使 $M_1$ 镜和 $M_2'$ 大致重合。微调 $M_2$ 的拉簧螺丝,使 $M_1$,$M_2'$ 之间有一很小的夹角,视场中出现干涉直条纹。分别微动 $M_1$ 的位置,微调 $M_2$ 的拉簧螺丝,观察等厚干涉条纹的变化规律。

[**注意事项**]

(1) 迈克尔逊干涉仪是非常精密的光学仪器,操作时不能急躁;绝对不许用手触摸各光学元件,也不许用任何东西擦拭。

(2) 激光不能直射入眼。

(3) 为使测量结果正确,避免螺旋空转引入误差,在测量前必须调整零点;调整好零点后,应将微动手轮按调整零点的方向转动,直到干涉条纹开始均匀变化时,再沿同一方向进行单向测量。

[**思考题**]

(1) 结合实验调节中出现的现象总结迈克尔逊干涉仪的调节要点及规律。

(2) 试从形成条纹的条件、条纹特点、条纹出现的位置和测量光波波长的公式来比较牛顿环和等倾干涉同心圆条纹的异同。

# 实验 4.5 法布里-珀罗干涉仪

法布里-珀罗干涉仪,简称 F-P 干涉仪,是法布里(C.Fabry)和珀罗(A.Perot)于 1897 年发明的一种能实现多光束干涉的仪器,有很高的分辨本领和测量精度,始终是波长的精密测量、光谱线精细结构的研究以及长度计量的有效工具,还是激光谐振腔的基本构型,在光学中一直起着重要的作用。

## [实验目的]

(1) 熟悉法布里-珀罗干涉仪的原理、结构和使用方法;
(2) 了解多光束干涉条纹的特点;
(3) 学习应用法布里-珀罗干涉仪测钠光的波长差。

## [实验原理]

### 1. 仪器结构及工作原理

法布里-珀罗干涉仪是一种多光束干涉装置,主要由两块玻璃板组成。如图 4.5.1(a) 所示,两块玻璃板 $P_1$,$P_2$ 相对的两个内表面很平滑并镀有高反射率的膜 $M_1$ 和 $M_2$。为获得良好的干涉条纹,要求镀膜的两平面与理想几何平面的偏差不超过 $1/50 \sim 1/20$ 波长。为消除 $P_1$,$P_2$ 两板未镀膜的外表面产生的反射光的干扰,两块玻璃板本身的两个光学平面并不平行,其未镀膜的外表面做成了很小角度(约几分)的楔形。实验中使用的仪器是由迈克尔逊干涉仪改装成的法布里-珀罗干涉仪,如图 4.5.1(b) 所示。$P_2$ 板固定,$P_1$ 板可在精密导轨上前后移动,以改变 $M_1$ 和 $M_2$ 的间距 $d$,$M_1$ 和 $M_2$ 间隔的改变量可从读数装置上读出。$P_1$ 和 $P_2$ 均有 3 个螺丝,用来调节 $M_1$ 和 $M_2$ 的方位。$P_2$ 板还有两个微调拉簧螺丝,以精细微调 $M_2$ 的方位。

设有从扩展光源 S 上任一点发出的光束以小角度入射到板 $P_1$ 上,经折射后在两镀膜平面间进行多次来回反射和透射,分别形成一系列透射光束 $1,2,3,4,\cdots$,以及一系列反射光束 $1',2',3',4',\cdots$,如图 4.5.2 所示。当两个相对膜面 $M_1$ 和 $M_2$ 互相平行时,一系列从板 $P_2$ 透射出来的相互平行的具有一定光程差的多束相干光将在无穷远处发生干涉。如果将眼睛聚焦于无穷远处或借助于望远镜即可观察到多光束干涉形成的圆条纹。

令 $d$ 为两膜面的间距,$\theta$ 为光束在镀膜内表面上的倾角,$n$ 为两镀膜平面之间空气层的折射率,取 $n \approx 1$,则相邻二透射光束的光程差为

$$\Delta L = 2nd\cos\theta = 2d\cos\theta \qquad (4.5.1)$$

根据多光束干涉原理,有

166

$$\Delta L=2d\cos\theta=\begin{cases}k\lambda & \text{（光强极大）}\\\left(k+\dfrac{1}{2}\right)\lambda & \text{（光强极小）}\end{cases}\tag{4.5.2}$$

$k$ 为整数,是干涉级次。

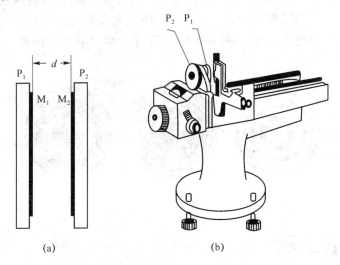

(a)　　　　　　　　(b)

图 4.5.1　法布里-珀罗干涉仪

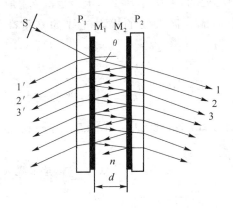

图 4.5.2　光在镀膜平面间接多次反射和透射

　　法布里-珀罗干涉仪产生的多光束干涉条纹与迈克尔逊干涉仪产生的双光束干涉条纹有明显的不同。后者产生的亮条纹较粗,如图 4.5.3(a)所示。而法布里-珀罗干涉仪所产生的干涉亮条纹又细又亮,分辨率极高,因此它常被用来研究光谱线的超精细结构。由于两镀膜面是平行的且光源为面光源,因而法布里-珀罗干涉仪所产生的是等倾干涉条纹:在暗背景上"镶着"一圈圈很细的、明亮的同心圆环,每一个亮环各对应一定的倾角 $\theta$,如图 4.5.3(b)所示。对含有双谱线结构的光源,将形成两套多光束干涉条纹。若双谱线

的波长分别为 $\lambda_1$ 和 $\lambda_2$，当 $\lambda_1 < \lambda_2$ 时，对同一级次的 $k$ 值，必有 $\theta_1 > \theta_2$，因此，两套多光束干涉条纹会相互错开，出现双线的圆条纹分布，即视场中有两组同心圆环；光程差逐渐增大，双线的间隔也随之改变；当光程差继续增大到一定值时，$\lambda_1$ 的 $k+1$ 级条纹会与 $\lambda_2$ 的 $k$ 级条纹相互重叠，两套干涉条纹重合在一起，出现单线的圆条纹分布，即视场中只有一组同心圆环；继续增大光程差，两套条纹又会错开。因而，随着光程差的变化，可观察到周期性的条纹错开与重叠的现象。所以，用法布里-珀罗干涉仪可观察到钠光的双谱线结构，如图 4.5.3(c)所示。

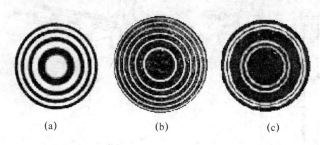

(a)        (b)        (c)

图 4.5.3　干涉条纹

### 2. 测双谱线的波长差

用法布里-珀罗干涉仪可精确地测量相近的二波长之差。

由式(4.5.2)可知，圆心处的 $\theta=0$，$\Delta L=2d$，干涉级次 $k_{\max}$ 最大。实际应用法布里-珀罗干涉仪时，能在视场中形成干涉条纹的入射光线的 $\theta$ 角都很小，即 $\cos\theta \approx 1$，则式(4.5.2)可简化为

$$\Delta L=2d=\begin{cases} k\lambda & \text{光强极大} \\ \left(k+\dfrac{1}{2}\right)\lambda & \text{光强极小} \end{cases} \tag{4.5.3}$$

当两板的间隔 $d$ 的改变量为 $\Delta d$ 时，视场中心吞吐的圆环数相应为 $\Delta k$（正整数），则由式(4.5.3)可得

$$2(d+\Delta d)=\begin{cases} (k+\Delta k)\lambda & \text{光强极大} \\ \left(k+\Delta k+\dfrac{1}{2}\right)\lambda & \text{光强极小} \end{cases} \tag{4.5.4}$$

在干涉条纹出现双线分布时，当其中一波长的光强为极大值而另一波长的光强恰为极小值时，双线的间隔均匀分布，即两组同心圆环均匀相间。

设两组条纹在视场中某一次出现均匀相间时两板的间隔为 $d$，这时在视场中央 $\lambda_1$ 和 $\lambda_2$ 的光强分别为极小值和极大值，则根据式(4.5.3)应有

$$\Delta L=2d=\left(k_1+\frac{1}{2}\right)\lambda_1=k_2\lambda_2 \tag{4.5.5}$$

如果将两板的间隔增大至 $d+\Delta d$ 正好出现下一次均匀相间，则根据式(4.5.4)有

$$2(d+\Delta d)=(k_1+\Delta k+\frac{1}{2}+1)\lambda_1=(k_2+\Delta k)\lambda_2 \qquad (4.5.6)$$

由式(4.5.5)、式(4.5.6)得

$$\lambda_1-\lambda_2=\frac{\lambda_1\lambda_2}{2\Delta d} \qquad (4.5.7)$$

即

$$\Delta\lambda=\lambda_1-\lambda_2=\frac{\bar{\lambda}^2}{2\Delta d} \qquad (4.5.8)$$

式中,$\bar{\lambda}$ 为两波长 $\lambda_1$ 和 $\lambda_2$ 的平均值,$\Delta d$ 为干涉条纹出现相邻两次均匀相间所对应的 $d$ 的改变量。

[实验仪器]

法布里-珀罗干涉仪,望远镜,钠光灯,毛玻璃屏。

[实验内容]

(1)熟悉法布里-珀罗干涉仪的结构、调节和使用方法(可参考实验4.4迈克尔逊干涉仪的调整和使用的有关内容)。

(2)调节等倾干涉条纹:

① 将平均波长为 589.29 nm 的钠光灯作为光源。调整仪器底座的 3 个调平螺钉,使干涉仪水平。

② 粗调:移动 $P_1$,使 $M_1$,$M_2$ 间距约为 2 mm,放松 $P_1$ 和 $P_2$ 上的螺丝,将 $P_2$ 的两个拉簧调节螺丝旋至调节范围中间。用眼睛接收透射光,仔细调节 $P_1$ 和 $P_2$ 上的螺丝,使钠光灯灯丝与其像完全重合,这时可看到干涉条纹。在钠光灯与干涉仪之间加一毛玻璃屏,使光束经毛玻璃的漫射后成为扩展光源。微调 $P_2$ 上的 3 个螺丝,使条纹呈现圆环形并尽量使其清晰,表明 $M_1$ 与 $M_2$ 基本平行。

③ 细调:仔细调节 $P_2$ 的两个拉簧微动螺丝,直到眼睛上下左右移动时,各干涉圆环的大小不变,即干涉环的中心没有变动(没有条纹的吞吐),而仅仅是圆环整体随眼睛一起平动,便得到理想的等倾干涉条纹,表明 $M_1$ 与 $M_2$ 严格平行。若眼睛上下移动时,干涉圆条纹的大小有变化,则微调上拉簧螺丝;左右移动时,干涉圆条纹的大小有变化,则微调侧拉簧螺丝。

(3)用望远镜观察钠黄光谱线的精细结构并测量钠光双谱线的波长差。

测量读数前应调整零点:使微动手轮和粗动手轮转动方向保持一致,先将微动手轮转至零刻线,再转动粗动手轮对齐读数窗口中的某一刻度线。测量时,先沿调零时的同一方向转动微动手轮至干涉条纹均匀变化后,再对干涉条纹均匀相间的间隔的改变量进行单向测量。根据式(4.5.8)求钠光双谱线的波长差。

（4）将测量结果与公认值 0.597 nm 相比较,并计算百分误差。

[**注意事项**]

法布里-珀罗干涉仪的两平玻璃板 $P_1$,$P_2$ 相对的两个内表面 $M_1$ 和 $M_2$ 绝不能相接触。

[**思考题**]

试分析比较法布里-珀罗干涉仪所产生的干涉条纹与迈克尔逊干涉仪所产生的干涉条纹的异同。

# 实验 4.6　用 CCD 光强分布测量仪观测光的夫琅和费衍射

光的干涉和衍射现象,为光的波动说提供了有力的证据。特别是光的衍射,不仅为光的本性的研究提供了重要的实验依据,还深刻反映了光子(或电子等其他量子力学中的微观粒子)的运动受测不准关系的制约,也是光谱分析、晶体分析、全息技术、光学信息处理等近代光学技术的实验基础。

利用以 CCD 器件为核心构成的光电传感器观测光的衍射现象导致的光强在空间的分布变化情况,是近代技术中常用的方法之一。

[实验目的]

(1) 观察衍射现象;

(2) 研究衍射的光强分布情况;

(3) 学会 CCD 光强分布测量仪的使用;

(4) 利用夫琅和费衍射的分布规律实现微小长度的测量(计算缝的宽度或入射光波长等)。

[实验原理]

衍射系统一般由光源、衍射物(衍射屏)和接收(观察)屏组成。

光的衍射分为菲涅耳衍射和夫琅和费衍射。

菲涅耳衍射(近场衍射):衍射物与光源和接收屏的间距为有限远。

夫琅和费衍射(远场衍射):衍射物与光源和接收屏的距离都是无穷远。或者说照射到衍射物上的入射光和离开衍射物的衍射光都是平行光。

菲涅耳衍射的计算及理论分析较复杂,故普通物理实验一般仅对夫琅和费衍射进行观测和讨论。

当波长为 $\lambda$ 的光源相对于线度为 $z$ 的衍射物的发散角 $\beta$ 很小时,满足

$$\beta \ll \frac{8\lambda}{2\pi z} = \frac{4\lambda}{\pi z}$$

衍射物与接收屏的距离 $L$ 比较远时,满足

$$L \gg \frac{z^2}{8\lambda}$$

即可视为夫琅和费衍射。在实验室条件下,用激光作为光源,将观察屏(或光电探测器)放在较远处,就可以满足夫琅和费衍射的远场条件。

**1. 缝的衍射**

(1) 单缝衍射

如图 4.6.1(a)所示,波长为 $\lambda$ 的激光束垂直射到宽度为 $a$ 的狭缝上,则在与狭缝相距

为 $L$ 的观察屏上产生衍射图样,如图 4.6.1(b)所示。$P_0$ 点位于光轴上,是中央亮纹的中心,其光强为 $I_0$;与光轴成 $\theta$ 角的衍射光束落在 $P$ 点,夫琅和费单缝衍射光强分布规律为

$$I=I_0\frac{\sin^2 u}{u^2},u=\frac{\pi a\sin\theta}{\lambda} \tag{4.6.1}$$

光强分布曲线如图 4.6.1(c)所示。

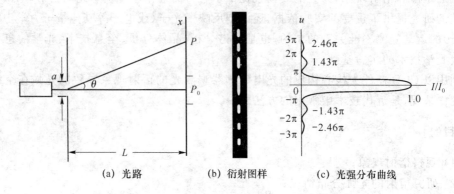

(a) 光路　　　　(b) 衍射图样　　　　(c) 光强分布曲线

图 4.6.1　单缝衍射

根据光强分布规律可知:

① $u=0$,即衍射角 $\theta=0$ 时,$P$ 处的光强 $I=I_0$ 为最大值,称中央主极大。

② $u=k\pi$,即衍射角 $\theta$ 满足

$$a\sin\theta=k\lambda \quad (k=\pm1,\pm2,\pm3,\cdots) \tag{4.6.2}$$

时,$I=0$ 为极小值,即 $P$ 处出现暗纹。$k$ 为级次。$\theta$ 角很小,第 $k$ 级暗纹所对应的衍射角可表示为

$$\theta\approx\sin\theta=\frac{k\lambda}{a} \quad (k=\pm1,\pm2,\pm3,\cdots) \tag{4.6.3}$$

第 $k$ 级极小值与中心点 $P_0$ 的距离为 $x_k$,第 $k$ 级暗纹所对应的衍射角为

$$\theta=\frac{x_k}{L}=\frac{k\lambda}{a} \quad (k=\pm1,\pm2,\pm3,\cdots) \tag{4.6.4}$$

③ $k=\pm1$ 时,中央主极大两侧暗纹间的角宽度(中央亮纹的角宽度)为

$$\Delta\theta=\frac{x_{+1}-x_{-1}}{L}=\frac{2\lambda}{a} \tag{4.6.5}$$

其他任意相邻暗纹间的角宽度为

$$\Delta\theta=\frac{x_{k+1}-x_k}{L}=\frac{\lambda}{a} \tag{4.6.6}$$

④ 次极大值的位置在

$$u=\pm1.43\pi,\pm2.46\pi,\pm3.47\pi,\cdots$$

处,其相对光强 $I/I_0$ 依次为 $0.047,0.017,0.008,\cdots$。

(2)双缝衍射

对衍射物是两个缝的缝宽均为 $a$,缝之间不透光部分的宽度为 $b$ 的双缝,夫琅和费双

缝衍射的光强分布规律为

$$I = I_0 \frac{\sin^2 u}{u^2} \cos^2 v \qquad (4.6.7)$$

其中,$u = \dfrac{\pi a \sin \theta}{\lambda}$,$v = \dfrac{\pi(a+b)\sin \theta}{\lambda}$。 $\qquad (4.6.8)$

因子 $\dfrac{\sin^2 u}{u^2}$ 是宽度为 $a$ 的单缝夫琅和费衍射的相对光强;因子 $\cos^2 v$ 是光强相等、位相差为 $2v$ 的双光束干涉的相对光强。双缝与接收屏的距离为 $L$ 时,其相邻的亮纹(或暗纹)的间隔为

$$\Delta x = x_{k+1} - x_k = \frac{\lambda}{a+b} L \qquad (4.6.9)$$

夫琅和费双缝衍射:缝宽为 $a$ 的单缝衍射光强调制下的双光束干涉。两个因子中,只要有一个为零,合光强则为零。对 $\dfrac{\sin^2 u}{u^2}$,$u = \pm\pi, \pm 2\pi, \pm 3\pi, \cdots$ 时为零;对 $\cos^2 v$,$v = \pm\dfrac{\pi}{2}, \pm\dfrac{3\pi}{2}, \pm\dfrac{5\pi}{2}, \cdots$ 时为零。

干涉极大若出现在衍射极小的位置上时,合光强为零,干涉极大消失,出现缺级现象。缺级发生在 $k = \pm j \dfrac{a+b}{a}$(其中 $j = 1, 2, 3, \cdots$)的级次上。

例如,$a+b = 3a$,则缺级出现在 $k = \pm 3j$,即缺级出现在第 3 和 3 的整数倍的级次上,如图 4.6.2 所示。

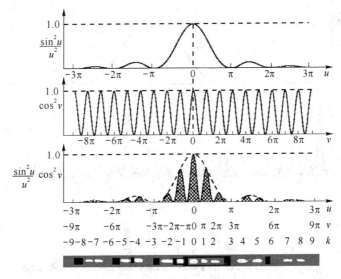

图 4.6.2　夫琅和费双缝衍射

（3）多缝衍射

当衍射物是 $N$ 条狭缝的缝宽均为 $a$,缝之间不透光部分的宽度为 $b$ 的多缝时,夫琅和

费 $N$ 缝衍射的光强分布公式为

$$I = I_0 \frac{\sin^2 u}{u^2} \frac{\sin^2 Nv}{\sin^2 v} \qquad (4.6.10)$$

式中，$u = \dfrac{\pi a \sin\theta}{\lambda}$，$v = \dfrac{\pi(a+b)\sin\theta}{\lambda}$。 $\qquad\qquad\qquad\qquad$ (4.6.11)

夫琅和费 $N$ 缝衍射的相对光强是宽度为 $a$ 的单缝夫琅和费衍射与 $N$ 个相干光束干涉光强的乘积。$\dfrac{\sin^2 u}{u^2}$ 是单缝衍射因子，$\dfrac{\sin^2 Nv}{\sin^2 v}$ 是多光束干涉因子。

当 $v = k\pi$ 时，即

$$(a+b)\sin\theta = k\lambda \qquad k = 0, \pm1, \pm2, \cdots \qquad (4.6.12)$$

产生干涉主极大的亮条纹。当缝与接收屏的距离为 $L$ 时，其相邻的主极大的间隔为

$$\Delta x = x_{k+1} - x_k = \frac{\lambda}{a+b}L \qquad (4.6.13)$$

相邻的主极大亮纹之间有 $N-1$ 条暗纹。相邻暗纹之间有一个次极大，即相邻的主极大之间有 $N-2$ 个次极大。

缺级出现在 $\dfrac{a+b}{a}$ 为整数的级次上。

夫琅和费多缝衍射：单缝衍射调制的多光束干涉。

$N=4$，$\dfrac{a+b}{a}=3$ 时的多缝衍射光强分布曲线如图 4.6.3 所示。

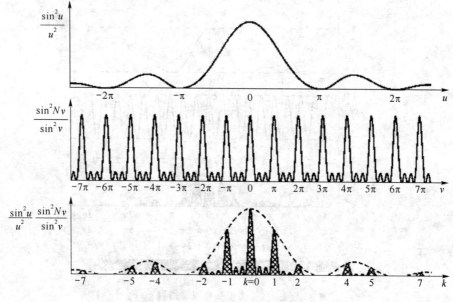

图 4.6.3　夫琅和费四缝衍射

174

狭缝的数目增加时,衍射图样的主极大亮条纹变细变亮,次极大数目增多,光强减弱。

平行、等宽且等间距的多狭缝称为光栅。通常光栅的狭缝数都是很大的,因此,次极大光强很弱,实际上是观察不到的。所以,光栅的衍射图样是一些非常细的亮纹。

### 2. 孔的衍射

（1）矩孔衍射

激光正入射衍射屏上的矩形孔时,接收屏上出现的衍射条纹是在矩孔亮斑外的互相垂直的方向上出现了一些明暗条纹,如图 4.6.4 所示。

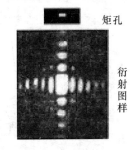

矩孔

衍射图样

光束在衍射屏的什么方向上受到了限制,则在接收屏上的衍射图样就沿该方向扩展;孔的线度越小,对光束的限制越厉害,则衍射图样越扩展,衍射效应越显著。

图 4.6.4　矩孔衍射

矩孔的边长分别为 $a_1$ 和 $a_2$ 时,夫琅和费矩孔衍射的光强分布公式为

$$I = I_0 \frac{\sin^2 u_1}{u_1^2} \frac{\sin^2 u_2}{u_2^2} \qquad (4.6.14)$$

式中,$u_1 = \frac{\pi a_1 \sin \theta_1}{\lambda}$,$u_2 = \frac{\pi a_2 \sin \theta_2}{\lambda}$,$I_0$ 是衍射场中心光强。

可见,矩孔衍射的相对光强是两个单缝衍射因子的乘积。在互相垂直的两个方向上,零级亮纹的半角宽度（一级暗纹的衍射角）分别为 $\theta_1 = \frac{\lambda}{a_1}$ 和 $\theta_2 = \frac{\lambda}{a_2}$。

若矩孔的某个边很大,如 $a_2 \to \infty$,则 $\theta_2 \to 0$。矩孔过渡为单缝,衍射条纹只分布在与缝垂直的一条线上,即单缝是拉长了的矩孔。

（2）圆孔衍射

激光垂直照射衍射屏上的小圆孔时,衍射图样由中央圆形亮斑以及外围的一些明暗相间的同心圆环组成。大多数光学仪器的通光孔都是圆形的,并且是对平行光或近似平行光成像的。因此,研究平行光通过圆孔的衍射,具有实际的意义。

直径为 $D$ 的圆孔的夫琅和费衍射光强的径向分布可通过贝塞尔函数表示。以 $u = \frac{\pi D \sin \theta}{\lambda}$ 为横坐标,$I/I_0$ 为纵坐标的圆孔衍射因子的光强分布曲线和圆孔衍射图样如图 5.6.5 所示。

夫琅和费圆孔衍射图样的中央圆形（零级衍射）亮斑通常称为艾里斑,艾里斑的大小可用半角宽度即第一级暗环对应的衍射角

$$\theta \approx \sin \theta = 1.22 \frac{\lambda}{D} = 0.610 \frac{\lambda}{R}$$

来衡量,与圆孔的直径 $D$(或半径 $R$)成反比。

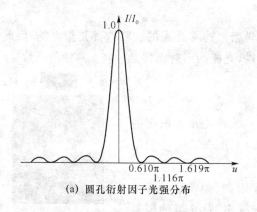

(a) 圆孔衍射因子光强分布

(b) 圆孔衍射图样

图 4.6.5　圆孔衍射

圆孔衍射各极小值的位置在 $u=0.610\pi,1.116\pi,1.619\pi,\cdots$ 处;各极大值的位置在 $u=0,0.081\ 9\pi,0.133\pi,0.187\pi,\cdots$ 处,其相对光强 $I/I_0$ 依次为 $1,0.017\ 5,0.0042,0.001\ 6,\cdots$。零级衍射的圆亮斑集中了衍射光能量的 83.8%。

图 4.6.6　双孔衍射图样

(3) 双圆孔衍射

每个孔产生小圆孔衍射,两个圆孔的光波之间产生干涉,因此夫琅和费双圆孔衍射即为圆孔衍射调制的双光束干涉。衍射图样如图 4.6.6 所示。

[实验仪器]

半导体激光器:激光束细、方向性好、亮度高,可视为平行光。

衍射屏:刻有两排不同的孔、缝、光栅的光刻板。

CCD 光强分布测量仪:光电探测器,实现对连续变化的光强信号波形的采集。信号波形既可输入示波器,也可通过采集卡输入计算机,用以显示光强分布的波形曲线。

示波器:显示终端,测量光强、衍射条纹位置等。

光学实验导轨系统:800 mm 刻度导轨,光具座,二维调节架等。

连续减光器:由两个偏振片构成,通过转动来实现连续减光,以防衍射光过强。

[实验内容]

(1) 调整光路。打开光源开关,利用白屏作为观察屏,调节激光器、减光器、缝、CCD 光强分布测量仪的采光窗等高共轴。

(2) 调节光强分布曲线。打开示波器(或计算机)和 CCD 光强分布测量仪的开关,转动减光器并仔细微调光路,使衍射的光强分布曲线尽可能左右对称。

（3）观测单缝衍射。

（4）观测研究双缝和多缝衍射。

（5）利用光刻板上的各种孔、光栅以及单丝等作为衍射物,观测不同的衍射现象。

（6）分析总结衍射的规律。

[注意事项]

（1）切勿迎着激光束看激光,以免造成眼睛损伤。

（2）CCD 光强分布测量仪有很高的光电灵敏度,应避免强光照射 CCD 的光敏面。

（3）缝与激光束或 CCD 的光敏面不垂直,会造成光强分布的波形曲线不对称。

（4）衍射屏（光刻板）受到磨损以及衍射屏或 CCD 采光窗沾上灰尘都将影响波形曲线的质量。

[附录]  CCD 光强分布测量仪及使用方法简介

CCD 光强分布测量仪用线阵 CCD 器件作探测器,通过光电转换、信息存储、电荷转移和传输以及特定的时钟脉冲的驱动,自动扫描,实现对连续变化的光强信号波形的采集。使照射到 CCD 光强分布测量仪采光窗上的光强分布,从按空间位置变化的函数转换为按时间变化的函数,并变成与光强呈线性关系的模拟电压信号输出。信号波形既可输入示波器,也可通过装有 A/D（模拟/数字）转换器的 CCD 采集卡输入计算机,用以显示光强分布的波形曲线,可方便地进行测量。

CCD 光强分布测量仪的电路结构如图 4.6.7 所示,后面板如图 4.6.8 所示。

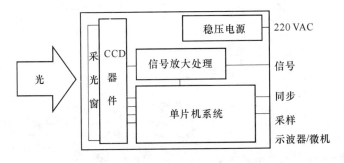
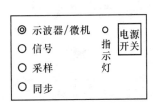

图 4.6.7  CCD 光强分布测量仪电路结构框图　　图 4.6.8  CCD 光强分布测量仪后面板图

CCD 光强分布测量仪的光谱响应范围是 $0.35 \sim 0.9\ \mu m$;有 2 592 个光敏元,光敏元中心间距 $11\ \mu m$,因此,光敏元线阵有效长为 $11 \times 2\ 592\ \mu m$;光敏面至仪器前面板距离为 $4.5\ mm$。

CCD 光强分布测量仪与示波器配接时,将开关打在"示波器"位置。仪器后面板上的

"同步"插孔与示波器"EXT TRIG"(外触发)输入插孔相连,用于启动 CCD 器件扫描的触发脉冲,以提供示波器 X 轴的外同步触发,同步扫描脉冲频率约为 57 Hz;"信号"插孔与示波器 CH1(或 CH2)输入插孔相连,用来提供光强分布信号的模拟电压。这样,光强分布曲线即可在示波器上实时显示。测量可以在带有测量光标的示波器上直接进行。如图4.6.9 所示,在水平方向上,两扫描标志内沿线的间隔即为示波器上显示的有效扫描时间,对应于光敏元线阵有效长,因此

$$\frac{\text{采样长度 } \Delta x}{\text{扫描时间 } \Delta t} = \frac{\text{光敏元线阵有效长 } l_e(11 \times 2\,592\,\mu m)}{\text{有效扫描时间 } t_e(\text{扫描标志内沿线间隔})}$$

在竖直方向上,通过信号电压的大小来反映光强信号的强弱,但应以环境光强为测量光强的零点。

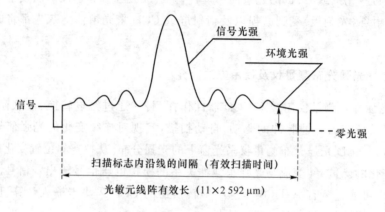

图 4.6.9　示波器显示信号波形示意图

178

# 实验 4.7  微波的布拉格衍射

1913 年英国物理学家布拉格父子研究 X 射线在晶面上的反射时,得到了著名的布拉格公式,奠定了用 X 射线衍射分析晶体结构的基础,并荣获了 1915 年的诺贝尔物理学奖。

衍射现象是所有波的共性,所以微波同样可以产生布拉格衍射。微波的波长较 X 射线的波长大 7 个数量级,产生布拉格衍射的"晶格"也比 X 衍射晶格大 7 个数量级。通过"放大了的晶体"——模拟晶体研究微波的布拉格衍射现象,可以更直观地观察布拉格衍射现象,认识波的本质,也可以帮助我们深入理解 X 射线的晶体衍射理论。

[实验目的]

(1) 通过实验学习微波的布拉格衍射理论,了解衍射法分析晶体结构的基础知识;
(2) 学会一种测量微波波长的方法;
(3) 更深刻地认识波的本质。

[实验原理]

## 1. 布拉格公式

X 射线投射到晶体上时,除了要引起晶体表面平面点阵的散射外,还要引起晶体内部平面点阵的散射,全部散射线相互干涉后产生衍射条纹。如图 4.7.1 所示,小圆圈表示晶体点阵的格点(原子或离子),当射线投射到晶体上时,按照惠更斯原理,所有点阵上格点成次级子波的波源,向各方向发射散射波。产生于同一层点阵的散射线,在满足散射线与晶面之间的夹角等于掠射角(入射线与晶面夹角)时,它们之间的光程差为零,如图 4.7.1 (a)所示。不同层散射线的光程差一般不同,如图 4.7.1(b)所示。在某些方向上它们之间的光程差为波长的整数倍,此时散射线相干加强形成亮纹。

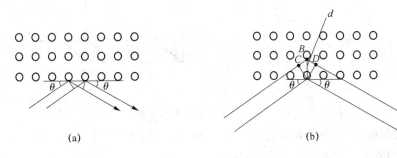

(a)                              (b)

图 4.7.1  晶体散射

设相邻散射平面点阵的间距为 $d$，则从两相邻平面点阵散射出来的 X 射线之间的光程差为 $BC+BD=2d\sin\theta$，所以相干加强的条件为

$$2d\sin\theta=k\lambda \qquad k=1,2,3,\cdots \tag{4.7.1}$$

式中，$\lambda$ 为 X 射线的波长，$\theta$ 为掠射角，$k$ 为干涉级数。此式即为布拉格衍射公式，它也是微波布拉格衍射实验的基本公式。

**2. 晶体平面族(晶面族)**

晶体点阵上的格点，按一定的对称规律周期地重复排列在空间 3 个方向上。因此晶体的立体点阵可以用一系列间距相等的平行晶面来表示，称为晶面族。布拉格公式中的 $d$ 值就是这样的晶面族中相邻两晶面的间距。晶体点阵中的平行晶面族有许多种取法，每种取法有着特定的晶面法线方向。晶面法线方向的矢量代表着晶面的取向。图 4.7.3 就画出了二维点阵中一些晶面族的取法。

对于特定取向的晶面，采用密勒指数 $h,k,l$（3 个互质的整数）来表示，称为晶面的密勒指数，该平面族就称为 $(hkl)$ 晶面族。

例如，某平面在 3 个坐标轴上的截距分别为 $x=3,y=4,z=2$〔如图 4.7.2(a)所示〕，取倒数再化做互质的整数，即

$$\frac{1}{3},\frac{1}{4},\frac{1}{2}\Rightarrow\frac{4}{12},\frac{3}{12},\frac{6}{12}\Rightarrow 4,3,6$$

所以此平面的密勒指数为 $(436)$，即此平面的平行晶面族记为 $(436)$，其他晶面族密勒指数依此法类推。

又如图 4.7.2(b)所示，平面 $ABB'A'$ 在 3 个坐标轴上的截距为 $x=1,y=\infty,z=\infty$，所以密勒指数为 $(100)$。$ABCC'$ 平面的截距为 $x=1,y=1,z=\infty$，所以密勒指数为 $(110)$。依此类推，平面 $ABDD'$ 的密勒指数为 $(120)$。

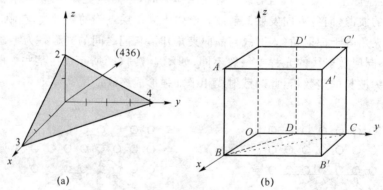

图 4.7.2　用密勒指数表示平面

我们略去晶胞的空间结构，俯视图 4.7.2(b)所示的点阵，可得立方晶体在 $x\text{-}y$ 平面上的投影，如图 4.7.3 所示。实线表示 $(100)$ 平面与 $x\text{-}y$ 平面的交线，点划线与虚线分别表示 $(110)$ 面及 $(120)$ 面与 $x\text{-}y$ 平面的交线。对于立方晶系，$d_{100}=d_{010}=d_{001}=d$，可以证

明各晶面族的面间距计算公式为

$$d_{hkl} = \frac{1}{\sqrt{h^2 + k^2 + l^2}} d \tag{4.7.2}$$

### 3. 模拟立方晶体晶面族的微波布拉格衍射

如图 4.7.3 所示,今有一束平行的微波入射(100)平面族,根据 X 射线的布拉格衍射公式,全部散射线相互干涉加强条件为

$$2d_{100} \sin \theta = k\lambda \qquad k = 1, 2, 3, \cdots \tag{4.7.3}$$

若实验测得掠射角 $\theta$,则从已知的微波波长 $\lambda$ 可求晶面族面间距 $d_{100}$。反之,若知晶面族的面间距,可求微波的波长。对于其他晶面族,全部散射线相互加强条件依此类推。

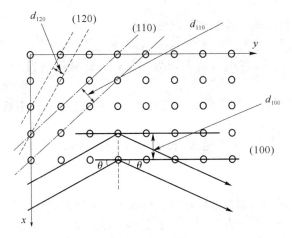

图 4.7.3 二维晶面

[实验仪器]

微波布拉格衍射的实验装置主要是一个微波分光计,如图 4.7.4 所示,分光计两臂上

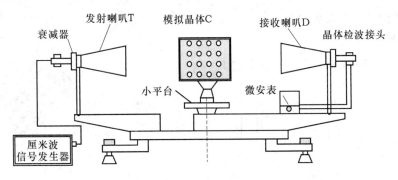

图 4.7.4 微波分光计

181

分别装置发射喇叭(T)和探测喇叭(D),接收臂可以绕主轴转动。发射喇叭上附有可调衰减器,可发射波长为 32 mm 的单色微波,探测喇叭上附有检波器,输出引线连接直流电流表(量程为 100 μA 微安表),以显示探测喇叭收到的微波能量。为防止分光计底座与小平台对微波的反射,两个喇叭等高并位于小平台之上。

在实验中,模拟晶体的位置要放置准确,中心要落在小平台转轴上,同一水平面上的格点要调节水平。在测(100)平面时,(100)平面的法线与底座的 0° 刻度线一致,使接收臂能分别在 0° 位置对称转动。如果要测(110)平面及(120)平面,只要分别把小平台逆时针转动 45° 及 63°37′ 即可。

[实验内容]

**1. 利用微波迈克尔逊干涉仪测量微波波长**

(1)调微波分光计,使两个喇叭同轴等高,且通过分光计中心。喇叭口均可在 90° 内旋转,每隔 5° 有一个刻度,将喇叭口都调为零偏转。旋转活动臂至仪器外侧,使两臂成 90° 夹角。

(2)将迈克尔逊干涉仪的附件安装在底座上(注意将可调反射板底座装在发射喇叭口对面)。

(3)按图 4.7.5 装上半反半透板(玻璃板)和反射板,将可移动反射板移动至读数机构的一端。

(4)测量微波波长

打开信号发生器电源,调节发射喇叭口后的可调衰减器,使微安表能检测到微波。改变可移动反射镜的位置,就可在检测表头上观察干涉的结果。测定连续 3 个极小变化之间,可移动反射镜移动的距离(相邻两个极小值或极大值的距离为 1/2 波长),并计算出微波波长。重复 6 次,计算其标准不确定度(参见迈克尔逊干涉仪实验)。

**2. 验证布拉格公式**

(1)可用米尺测量模拟晶体的晶格常数 $d_{100}$(本实验用的模拟立方晶体晶格常数 $d \approx 4$ cm)。

(2)按图 4.7.6 布置仪器。

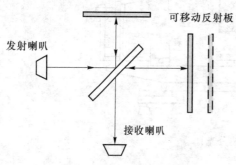

图 4.7.5  微波迈克尔逊干涉仪

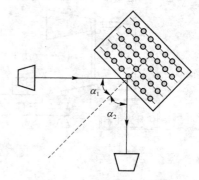

图 4.7.6  验证布拉格公式

182

调节模拟晶体,使其面法线对准 0 刻度线。这样,固定臂与活动臂指针所对应的角度就分别是入射角和反射角。调节衰减器使表头指针有读数,从 30°开始改变入射角和反射角,每隔 1°观察一次,不记数据,只注意信号极大值对应的角度。找到 30°～70°范围内信号的最大值后,调整仪器到此角度,适当调节衰减器使表头指针接近满量程,测量立方晶体(100)面衍射一级与二级极大值的入射角。入射角从 30°开始测量,转动两臂每隔 1°记录表头读数,直至 70°为止。

**3. 已知波长测定模拟立方晶体的晶格常数**

(1) 关闭电源,休息一下再启动微波电源继续实验。

(2) 分别用(100),(110),(120)晶面族作为散射点阵面,测出衍射极大值时的入射角,分别计算 $d_{100}$,$d_{110}$,$d_{120}$。其中(100)面可以利用实验内容 2 的结果,(110)面与(120)面重复实验内容 2 中的步骤(2)。

**4. 单缝和双缝衍射**

将单缝衍射板放到平台上,调节缝宽为 4 cm,使狭缝平面与工作台的 90°刻线一致。此时,固定臂和活动臂的指针读数应分别为 180°和 0°。调节活动臂找到微波最强位置,调节衰减器使微安表读数接近满偏。

测量单缝衍射左右 50°范围内的强度分布,每隔 2°记录一次微波强度。

**5. 数据与计算**

记录表格由学生自行设计。

(1) 利用实验数据计算微波波长,并进行误差分析;

(2) 验证布拉格公式,求出(100)面晶格常数并与实际值相比较;

(3) 作单缝衍射的 $I$-$\theta$ 曲线,找出极大值和极小值,利用单缝衍射公式计算缝宽,并与实际缝宽进行比较。

[注意事项]

发射喇叭和探测喇叭有增益作用,如果装配不当,信号传输可能被破坏,因此使用过程中不得随意拆下。

[思考题]

(1) 为什么本实验(100)面只有二级极大值,不存在第三级极大值,而(110)面和(120)面只有一级极大值?

(2) 本实验入射角从 30°开始测量到 70°截止,如果在 70°以后测试,有时可能出现不符合布拉格公式的极大值,试解释。

# 实验 4.8　用密立根油滴仪测量电子电量

由美国著名的实验物理学家密立根(R. A. Millikan)在 1909 年至 1917 年期间所做的测量微小油滴上所带电荷的工作,即油滴实验,是近代物理学发展史上具有重要意义的实验。这一实验设计巧妙,原理清晰,设备简单,结果精确,其结论具有不容置疑的说服力,因此堪称为物理实验的精华和典范,对提高学生实验设计思想和实验技能都有很大的帮助。密立根在这一实验工作上花费了 10 年的心血,取得了具有重大意义的结果:证明电荷的不连续性,所有电荷都是基本电荷 $e$ 的整倍数;测量了基本电荷即电子电荷的值为 $e=1.60\times10^{-19}$ C。正是由于这一实验的成就,他荣获了 1923 年度诺贝尔物理学奖。

[实验目的]

(1) 测定电子的电荷值,并验证电荷的不连续性;

(2) 培养学生进行科学实验时的坚韧精神和严谨的科学态度。

[实验原理]

用喷雾器将油滴喷入两块相距为 $d$ 的水平放置的平行板之间。由于喷射时的摩擦,油滴一般带有电量 $q$。

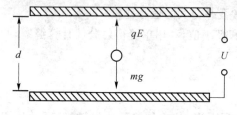

当平行板间加有电压 $U$,产生电场 $E$,油滴受电场力作用。调整电压的大小,使油滴所受的电场力与重力相等,油滴将静止地悬浮在极板中间,如图 4.8.1 所示。此时

图 4.8.1　带电平行板间油滴的平衡

$$mg=qE=q\frac{U}{d}$$

或

$$q=\frac{mgd}{U} \tag{4.8.1}$$

$U,d$ 是容易测量的物理量,如果进一步测量出油滴的质量 $m$,就能得到油滴所带的电量。实验发现,油滴的电量是某最小恒量的整数倍,即 $q=ne,n=\pm1,\pm2,\cdots$。这样就证明了电荷的不连续性,并存在着最小的电荷单位,即电子的电荷值 $e$。

设油滴的密度为 $\rho$,油滴的质量 $m$ 可用式(4.8.2)表示:

$$m=\frac{4}{3}\pi r^3\rho \tag{4.8.2}$$

为测量 $r$,去掉平行板间电压。油滴受重力而下降,同时受到空气的黏滞性对油滴所

184

产生的阻力。黏滞力与下降速度成正比,也就是服从斯托克斯定律:

$$f_r = 6\pi r \eta v \tag{4.8.3}$$

式中,$\eta$ 是空气黏滞系数,$r$ 是油滴半径,$v$ 是油滴下落速度。油滴受重力为

$$F = mg = \frac{4}{3}\pi r^3 \rho g \tag{4.8.4}$$

当油滴在空气中下降一段距离时,黏滞阻力增大,达到两力平衡,油滴开始匀速下降。

$$\frac{4}{3}\pi r^3 \rho g = 6\pi r \eta v \tag{4.8.5}$$

解出油滴半径

$$r = \sqrt{\frac{9\eta v}{2\rho g}} \tag{4.8.6}$$

对于半径小到 $10^{-6}$ m 的油滴,空气介质不能认为是均匀连续的,因而需将空气的黏滞系数 $\eta$ 修正为

$$\eta' = \frac{\eta}{1 + \dfrac{b}{pr}}$$

式中,$b$ 为一修正系数,$p$ 为大气压强,于是可得

$$r = \sqrt{\frac{9\eta v}{2\rho g}\frac{1}{1 + \dfrac{b}{pr}}} \tag{4.8.7}$$

$$m = \frac{4}{3}\pi\left(\frac{9\eta v}{2\rho g}\frac{1}{1 + \dfrac{b}{pr}}\right)^{\frac{3}{2}}\rho \tag{4.8.8}$$

式(4.8.8)中还包含油滴半径 $r$,但因它是处于修正项中,可以不十分精确,故可将式(4.8.6)代入式(4.8.8)进行计算。

考虑到油滴匀速下降的速度 $v$ 等于匀速下降的距离与经过这段距离所需时间的比值,即 $v = l/t$,得

$$m = \frac{4}{3}\pi\left(\frac{9\eta l}{2\rho g t}\frac{1}{1 + \dfrac{b}{pr}}\right)^{\frac{3}{2}}\rho \tag{4.8.9}$$

将式(4.8.9)代入式(4.8.1)可得

$$q = ne = \frac{18\pi}{\sqrt{2\rho g}}\left[\frac{\eta l}{t\left(1 + \dfrac{b}{pr}\right)}\right]^{\frac{3}{2}}\frac{d}{U} \tag{4.8.10}$$

式(4.8.10)及式(4.8.6)就是本实验所用的基本公式。

[实验仪器]

密立根油滴仪(包括油滴盒、油滴照明装置),测量显微镜、供电电源以及电子停表、喷雾器等部分组成。

## 1. 油滴盒

如图 4.8.2 所示,油滴盒由两块经过精磨的平行极板组成,间距 $d = 0.500$ cm。上电极板中央有一个 $\phi 0.4$ mm 的小孔,以供油滴落入。整个油滴盒装在有机玻璃防风罩中,以防空气流动对油滴的影响。防风罩上面是油雾室,油滴用喷雾器从喷雾口喷入,并经油雾孔落入油滴盒。为了观察油滴的运动,附有发光二极管照明装置。发光二极管发热量小,因此对油滴盒中的空气热对流小,油滴就比较稳定。

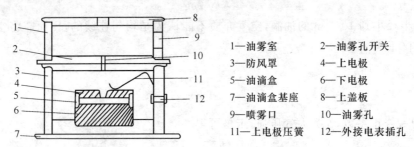

| | |
|---|---|
| 1—油雾室 | 2—油雾孔开关 |
| 3—防风罩 | 4—上电极 |
| 5—油滴盒 | 6—下电极 |
| 7—油滴盒基座 | 8—上盖板 |
| 9—喷雾口 | 10—油雾孔 |
| 11—上电极压簧 | 12—外接电表插孔 |

图 4.8.2　油滴盒侧视图

## 2. 显微镜(CCD 显示器)

显微镜(配有 CCD 电子显示系统)是用来观察和测量油滴运动的,目镜中装有分划板,竖直方向上共分 6 格,每格相当于视场中的 0.050 cm,6 格共 0.300 cm,如图 4.8.3 所示,分划板可用来测量油滴运动的距离 $l$,以计算油滴运动的速度 $v$。

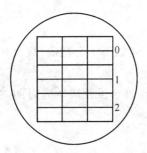

图 4.8.3　显示器分划板

## 3. 电源

电源共提供 4 种电压。

(1) 5 V 的数字电压表,数字计时器、发光二极管等电源电压。

(2) 500 V 直流平衡电压:接平行极板,使两极板间产生电场。该电压的大小可连续调节,数值可以从数字电压表上读出,并受工作电压选择开关控制。开关分 3 挡:"平衡"挡提供极板平衡电压;"下落"挡除去平衡电压,使油滴自由下落;"提升"挡是在平衡电压上叠加了一个 200 V 左右的提升电压,将油滴从视场的下端提升上来,作下次测量用。

(3) 200 V 左右的直流提升电压。

(4) 12 V 的 CCD 电源电压。

186

### 4. 计时器

利用"计时"、"复零"按钮控制数字计时器计时。

[实验内容]

#### 1. 测量练习

(1) 首先使仪器预热一段时间,然后将油从油雾室的喷雾口喷入(喷一次即可),微调测量显微镜的调焦手轮,这时视场中将出现大量清晰的油滴,犹如夜空繁星。

(2) 练习控制油滴:平行极板加上 250 V 左右的平衡电压,可以看到多数油滴很快升降而消失,选择一个因加电压而运动缓慢的油滴,仔细调节平衡电压使油滴平衡。利用提升电压使它上升,然后将电压全部去掉,让油滴自由降落。如此反复升降,多次练习,掌握控制和观察油滴的方法。

(3) 练习选择油滴:选择一个大小适当、带电量适中的油滴,是本实验中每次测量的关键一环。油滴太大,自由降落太快,测量时速度尚未达到匀速,必然误差大,而且油滴需带电较多才易于平衡,由于电量的绝对误差会接近于电子电量,结果不易测准。油滴太小,又会因热扰运动和布朗运动,使测量时涨落太大。为此,可在刚出现的"繁星"自由降落时,选定几个运动较慢又不过分缓慢的油滴,再将 250 V 上下的平衡电压加上去,设法留住其中一个。通常在 20 s 左右时间内匀速下降 2 mm 的油滴,其大小和带电量都比较合适。

(4) 练习测量油滴运动的时间:利用平衡电压及提升电压,把选中的油滴调到电场最上方,然后去掉全部电压,待油滴速度稳定并通过某一条刻线时开始计时,记录降落一段距离所需要的时间,并及时把油滴控制在视场内不要丢失。反复几次,以掌握测量时间的方法。

#### 2. 正式测量

由公式(4.8.10)可知,进行本实验要测量的只有两个量:一个是平衡电压 $U_n$,另一个是油滴匀速下降一段距离 $l$ 所需要的时间 $t$。测量平衡电压必须经过仔细调节,将油滴悬于分划板上某条横线附近,以便准确判断出这颗油滴是否平衡了。

测量油滴匀速下降一段距离 $l$ 所需的时间 $t$ 时,为保证油滴下降时速度均匀,应先让它下降一段距离后再测量时间。选定测量的一段距离应该在平行极板之间的中央部分,若太靠近上极板,小孔附近有气流,电场也不均匀,会影响测量结果。太靠近下极板,油滴容易丢失,影响重复测量。一般取分划板中央部分 $l = 0.200$ cm 比较合适。

由于实验的统计涨落现象显著,所以对于同一颗油滴应进行 6～10 次测量,而且每次测量都要重新调整平衡电压,并记录此电压值,同时还应该分别对 6～10 颗油滴进行反复的测量。

#### 3. 数据处理

(1) 根据公式(4.8.10)及公式(4.8.6)进行计算。

已知:油的密度 $\rho = 981$ kg/m³,空气黏滞系数 $\eta = 1.83 \times 10^{-5}$ kg/(m·s),重力加速度 $g = 9.80$ m/s²,油滴匀速下降的距离取 $l = 2.00 \times 10^{-3}$ m,修正常数 $b = 6.17 \times 10^{-6}$ m·cmHg,

大气压强 $p=76.0\,\mathrm{cmHg}$，平行极板间距 $d=5.00\times10^{-3}\,\mathrm{m}$，将以上数据代入公式得

$$q=\frac{1.43\times10^{-14}}{[t(1+0.02\sqrt{t})]^{3/2}}\frac{1}{U_{n}}$$

显然，由于油滴的密度 $\rho$ 和空气黏滞系数 $\eta$ 都是温度的函数，重力加速度和大气压又随实验地点和条件而变化，因此，上式的计算是近似的。但一般条件下，这样的计算引起的误差仅有 1% 左右，带来的好处是运算大为简化。

（2）为了证明所有电荷都是基本电荷 $e$ 的整数倍，并得到基本电荷 $e$ 值，应对实验测得的各个电量 $q$ 求最大公约数。这个最大公约数就是基本电荷，也就是电子的电荷值。但是对于初学者可以用"倒过来验证"的办法进行数据处理。即用公认的电子电荷值 $e=1.602\times10^{-19}\,\mathrm{C}$ 去除实验测得的电量 $q$，得到很接近于某一个整数的数值，然后取其整数，这个整数就是油滴所带的基本电荷数目 $n$。再用这个 $n$ 去除实验测得的电量，即得电子的电荷值 $e$，求出 $e$ 并与公认值比较。

[注意事项]

（1）每次计时之后，及时控制油滴不要丢失。油滴升降运动时必须不停地注视，以免油滴跑得太高和太低，以致逃出视野甚至丢失。若停止观察时间略长，则应把油滴稳定在电场上部，但不可停止观察太久。

（2）油滴选定之后，应及时关闭电极进油孔，再开始正式测量。

（3）为使平衡电压测得准确，应适当延长观察平衡状态的时间。

（4）在测量过程中，不断校准平衡电压，每一次测量都要记录平衡电压值。若发现平衡电压有明显改变，则应作为一颗新的油滴记录其测量数据。

[思考题]

（1）未加任何电压的情况下，一个油滴下落极快或极慢的原因是什么？对测量会带来什么影响？

（2）若一个油滴所需平衡电压太大或太小，各说明了什么？

（3）在一个油滴测量过程中，发现所加平衡电压有显著变化，说明什么？如果平衡电压须在不大范围内逐渐减小，又说明什么问题？

（4）观察中发现油滴形象变模糊，是什么问题？为什么会发生？如何处理？

（5）根据实验数据，求出自由下落同样距离（$l=0.200\,\mathrm{cm}$）所需时间最多和最少的两个油滴的半径和质量。说明时间差别较大的原因。

（6）利用某一颗油滴的实验数据，计算出作用在该油滴上的浮力，将其大小与重力、黏滞力、电场力相比较。

# 实验 4.9 用非线性电路研究混沌现象

非线性科学和复杂系统的研究是 21 世纪科学研究的一个重要方向。非线性科学的研究对了解生物、物理、化学、气象等学科都有重要意义。最近 20 多年,混沌作为非线性科学中的主要研究对象之一,在许多领域都得到了证实和应用。混沌作为一门新学科,填补着自然界决定论和概率论的鸿沟。混沌是对经典决定论的否定,但其本身有它特有的规律。研究混沌的目的是要揭示貌似随机的现象背后所隐藏的规律。

混沌运动最主要的特征是具有初值敏感性和长时间发展趋势的不可预见性。混沌研究表明,一个完全确定的系统,即使非常简单,由于系统内部的非线性作用,同样具有内在的随机性,可以产生随机性的非周期运动——混沌。在许多非线性动力学系统中,既有周期运动,又有混沌运动。混沌运动是非线性方程所特有的一种解,不是由外噪声引起的;混沌吸引子是由确定性方程中非线性因素直接得到的具有随机性运动的一种状态。本实验通过一个简单的电路产生混沌,观察倍周期分叉产生混沌的过程,同时了解非线性电阻对产生混沌的作用,了解混沌现象的一些基本特征。

[实验目的]

(1) 通过对非线性电路的分析,了解产生混沌现象的基本条件;
(2) 通过调整 Chua 电路的参数,学习倍周期分叉走向混沌的过程;
(3) 在示波器上观察混沌的各种相图:单吸引子和双吸引子;
(4) 测量电路中非线性电阻的 *I-U* 特性。

[实验原理]

混沌产生的必要条件是系统具有非线性因素。图 4.9.1(a)是讨论非线性电路系统的一种简单的电路——Chua 电路。电路中一共只需要 5 个基本电路元件:4 个线性元件 $L, C_1, R_0, C_2$ 和一个非线性元件 $R$。电路中电感 $L$ 和电容 $C_2$ 并联构成一个 $LC$ 振荡电路。可变电阻 $R_0$ 的作用是把振荡信号耦合到非线性电阻 $R$ 上。理想的非线性元件 $R$ 是一个分段线性的电阻,它的伏安特性如图 4.9.1(b)所示。

根据电路原理图 4.9.1(a)可建立如下方程组:

$$C_1 \frac{dU_{C_1}}{d\tau} = \frac{1}{R_0}(U_{C_2} - U_{C_1}) - \hat{f}(U_{C_1}) \tag{4.9.1}$$

$$C_2 \frac{dU_{C_2}}{d\tau} = \frac{1}{R_0}(U_{C_1} - U_{C_2}) + i_L \tag{4.9.2}$$

189

$$L\frac{\mathrm{d}i_L}{\mathrm{d}\tau}=-U_{C_2}\tag{4.9.3}$$

式中，$U_{C_1}$，$U_{C_2}$ 是电容 $C_1$，$C_2$ 上的电压，$i_L$ 是电感 $L$ 上的电流，$\hat{f}(U_{C_1})$ 是一个分段线性的函数。

$$i_R=\hat{f}(U_{C_1})=G_{\mathrm{b}}U_{C_1}+\frac{1}{2}(G_{\mathrm{a}}-G_{\mathrm{b}})(|U_{C_1}+B_{\mathrm{p}}|-|U_{C_1}-B_{\mathrm{p}}|)$$

式中，$G_{\mathrm{a}}$ 和 $G_{\mathrm{b}}$ 是电导。

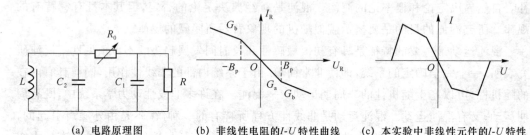

(a) 电路原理图　　　(b) 非线性电阻的$I$-$U$特性曲线　　(c) 本实验中非线性元件的$I$-$U$特性

图 4.9.1　电路原理图及非线性电阻的特性曲线

由于 $\hat{f}$ 是非线性变化的，所以上面的 3 个非线性微分方程组一般没有解析解。为了方便计算机模拟求解上面的方程，作以下变换：

$$x(t)=\frac{U_{C_1}(\tau)}{B_{\mathrm{p}}},y(t)=\frac{U_{C_2}(\tau)}{B_{\mathrm{p}}},z(t)=i_L\left(\frac{R_0}{B_{\mathrm{p}}}\right),t=\frac{\tau}{R_0C_2},\alpha=\frac{C_2}{C_1},\beta=\frac{R_0^2C_2}{L}$$

$$k=\mathrm{sgn}(RC_2),a=R_0G_{\mathrm{a}},b=R_0G_{\mathrm{b}}$$

可将上面的方程简化写成以下形式：

$$\frac{\mathrm{d}x}{\mathrm{d}t}=k\alpha[y-x-f(x)]\tag{4.9.4}$$

$$\frac{\mathrm{d}y}{\mathrm{d}t}=k(x-y+z)\tag{4.9.5}$$

$$\frac{\mathrm{d}z}{\mathrm{d}t}=-k\beta y\tag{4.9.6}$$

式中，$f(x)=bx+\frac{1}{2}(a-b)(|x+1|-|x-1|)$。

计算机模拟方程(4.9.4)，(4.9.5)，(4.9.6)的实验结果如图 4.9.2 所示，其中 $a=-\dfrac{8}{7}$，$b=-\dfrac{5}{7}$，$\alpha=9$，$k=1$。图 4.9.2(a)~(f)分别对应 $\beta=25,18,16,15.6,15.2,14$ 时的解。可以看出系统从不动点解，通过倍周期分叉走向混沌的过程。事实上，在这个过程中还有许多有趣丰富的现象，例如，周期 3 窗口、阵发混沌、两带混沌等，在计算机模拟中通过仔细调整系统参数和初始条件可以得到。

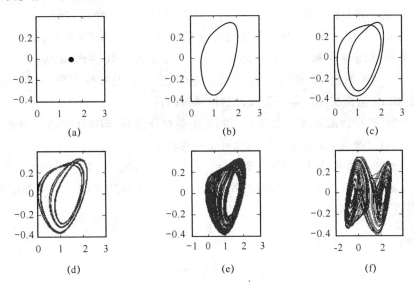

图 4.9.2 计算机模拟实验结果

除了计算机数值模拟方法外,更直接的方法是用示波器来观察混沌现象。本实验采用的 Chua 电路,如图 4.9.3 所示。

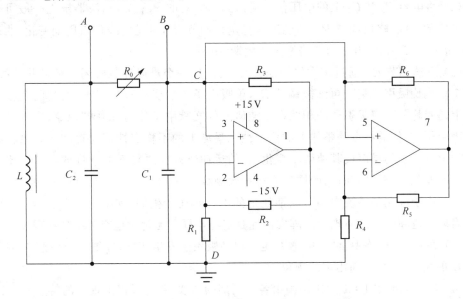

图 4.9.3 实验电路图

图中,非线性电阻采用了 1 个双运放放大器和 6 个电阻来实现,这是一个有源电路。

191

双运放器件 TL082 的前级和后级的正负反馈同时存在,正反馈的强弱与比值 $R_3/R_0$,$R_6/R_0$ 有关,负反馈的强弱与比值 $R_2/R_1$,$R_5/R_4$ 有关。当正反馈大于负反馈时,$LC$ 电路才能产生并维持振荡。若调节 $R_0$,正反馈强度的变化可以改变 $LC$ 的振荡情况,出现周期振荡、倍周期分叉和混沌等现象。由于双运放器件 TL082 的非线性作用,从 $C$,$D$ 两点看,TL082 与 6 个电阻的组合等效于一个非线性电阻,它的伏安特性大致如图 4.9.1(c)所示,所以说 Chua 电路实际上是一个可调的特殊振荡器。

在本实验中,用示波器观察电容 $C_1$ 和 $C_2$ 上的电压信号,即在示波器上显示 $U_{C_1}$,$U_{C_2}$ 的合成图形,通过改变 $R_0$ 和电感 $L$ 的值观察混沌现象。

图中的元件参考值为 $L = 18$ mH,$C_1 = 10$ nF,$C_2 = 100$ nF,$R_1 = 3.3$ kΩ,$R_2 = R_3 = 22$ kΩ,$R_4 = 2.2$ kΩ,$R_5 = R_6 = 220$ Ω。$R_0$ 由 2.2 kΩ 与 100 Ω 的两个多圈电位器串联组成,因此可以粗调和细调。

[实验仪器]

非线性电路与混沌实验仪,示波器,电阻箱,数字万用表。

[实验内容]

**1. 倍周期现象、周期窗口、单吸引子和双吸引子的观察、记录和描述**

(1)将电容 $C_1$ 和 $C_2$ 上的电压信号输入到示波器的 $x$,$y$ 轴,示波器屏上一般可观察到不稳定的曲线,略微调节 $R_0$,即能迅速稳定。调节 $R_0$,可见曲线作倍周期变化,曲线由 1 周期倍增至 2 周期,由 2 周期倍增至 4 周期,……

(2)继续调节 $R_0$,通过多次倍周期分叉,会出现一个难以计数的闭合的环状曲线,这是一个单涡旋吸引子集。再细微调节 $R_0$,单吸引子突然变成双吸引子,而且两个吸引子基本上是对称的。双吸引子的相图在混沌研究的文献中又称为“蝴蝶”现象,这也是一种奇怪吸引子,它们的特点是整体上的稳定性和局域上的不稳定性同时存在。如果在某一时刻加上一个小的噪声或其他微小变化,它的运动轨迹与原来不加干扰的轨迹相比会发生很大的变化,其差异随时间的增加是按指数规律变化的。这就是混沌现象的初值敏感性特征。由于混沌是系统中多个周期轨道的不稳定而产生的,如果仔细调整 $R_0$,还可观察 3 周期轨道和阵发混沌现象。阵发混沌是混沌与周期无规律地交替出现的现象。

(3)在 Chua 电路中,调节电感 $L$ 也可以使吸引子发生变化,仔细调节电感 $L$ 的磁芯改变 $L$ 的大小,观察上面出现的现象。

(4)用坐标纸按 1∶1 的比例画出各种周期的曲线,并记录以上现象的特点。

**2. 测量电路中等效非线性电阻的伏安特性曲线**

(1)取下电感 $L$,将图 4.9.3 中的 $C$、$D$ 两点作为输出端,外接电流表和一个电阻箱 $r$。由于这里的非线性电阻是有源的,因此回路中始终有电流。$r$ 的作用是改变非线性元件的对外输出,虽然所用的电阻箱改变的电阻不连续,但并不影响本实验的测量。测量的伏安特性曲线就是改变 $r$ 得到的不同电压下非线性电阻的变化规律。

（2）将电压表读数从 $-0.1\,\mathrm{V}$ 一直调到 $-12\,\mathrm{V}$ 左右,尽量多测数据点。

（3）对以上数据作图,并对 3 段进行线性拟合,分别求出它们的斜率。对于正向电压部分的曲线,由理论分析和计算得知是与反向电压部分曲线关于原点呈 180°对称的。

[思考题]

（1）混沌现象的产生条件是什么？实验中为什么用相图来观测倍周期分叉等现象？

（2）通过本实验阐述一下倍周期分叉、混沌、奇怪吸引子等概念的物理意义。

（3）如何理解"混沌是确定系统的随机性行为"？在实验中如何观察混沌的初值敏感性的特点？

# 实验 4.10  光电效应

当光束照射到某些金属表面上时,会有电子从金属表面即刻逸出,这种现象称为"光电效应"。1905 年爱因斯坦圆满地解释了光电效应的实验现象,使人们进一步认识到光的波粒二象性的本质,促进了光的量子理论的建立和近代物理学的发展,爱因斯坦因此获得了 1921 年的诺贝尔奖。现在利用光电效应制成的各种光电器件(如光电管、光电倍增管、夜视仪等)已经被广泛应用于工农业生产、科研和国防等领域。

[实验目的]

(1)加深对光的量子性的认识;

(2)验证爱因斯坦方程,测定普朗克常量;

(3)测定光电管的伏安特性曲线。

[实验原理]

当一定频率的光照射到某些金属表面上时,可以使电子从金属表面逸出,这种现象称为光电效应。所产生的电子,称为光电子。根据爱因斯坦的光电效应方程有

$$h\nu = \frac{1}{2}mv_m^2 + W \tag{4.10.1}$$

式中,$\nu$ 为光的频率,$h$ 为普朗克常量,$m$ 和 $v_m$ 是光电子的质量和最大速度,$W$ 为电子摆脱金属表面的约束所需要的逸出功。

按照爱因斯坦的光量子理论:频率为 $\nu$ 的光子具有能量 $h\nu$,当金属中的电子吸收一个频率为 $\nu$ 的光子时,便获得这个光子的全部能量。如果光子的能量 $h\nu$ 大于电子摆脱金属表面的约束所需要的逸出功 $W$,电子就会从金属中逸出,$\frac{1}{2}mv_m^2$ 是光电子逸出表面后所具有的最大动能;光子能量 $h\nu$ 小于 $W$ 时,电子不能逸出金属表面,因而没有光电效应产生。能产生光电效应的入射光最低频率 $\nu_0$,称为光电效应的截止(或极限)频率。由方程(4.10.1)可得

$$\nu_0 = W/h \tag{4.10.2}$$

不同的金属材料有不同的逸出功,因而 $\nu_0$ 也是不同的。

利用光电管可以进行研究光电效应规律、测量普朗克常量的实验,实验原理可参考图4.10.1。图中 K 为光电管的阴极,A 为阳极,微安表用于测量微小的光电流,电压表用于测量光电管两极间的电压,$E$ 为电源,$R$ 提供的分压可以改变光电管两极间的电势差。单色光照射到光电管的阴极 K 上产生光电效应时,逸出的光电子在电场的作用下由阴极向

阳极运动,并且在回路中形成光电流。当阳极 A 电势为正,阴极 K 电势为负时,光电子被加速。当 K 电势为正,A 电势为负时,光电子被减速;而当 A,K 之间的电势差足够大时,具有最大动能的光电子也被反向电场所阻挡,光电流将为零。此时,有

$$eU_0 = \frac{1}{2}mv_m^2 \tag{4.10.3}$$

式中,$e$ 为电子电量,$U_0$ 称为截止电压。

　　光电管的伏安特性曲线(光电流与所加电压的 $I$-$U$ 关系)如图 4.10.2 所示。当用一定强度的光照射在光电管阴极 K 上时,光电流 $I$ 随两极间的加速电压改变而改变,开始光电流 $I$ 随两极间的加速电压增加而增加,当加速电压增加到一定值后,光电流不再增加。这是因为在一定光强下,单位时间内所产生的光电子数目一定,而且这些电子在电场的作用下已全都跑向阳极 A,从而达到饱和。称此时的电流为饱和电流 $I_m$。由于光电子从阴极表面逸出时具有一定的初速度,所以当两极间电压为零时,仍有光电流 $I$ 存在。若在两极间施加一反向电压,光电流随之减小;当反向电压达到截止电压 $U_0$ 时,光电流为零。由式(4.10.1)、式(4.10.2)及式(4.10.3)可得

$$eU_0 = h\nu - W = h\nu - h\nu_0$$

即

$$U_0 = \frac{h}{e}\nu - \frac{W}{e} = \frac{h}{e}(\nu - \nu_0) \tag{4.10.4}$$

式(4.10.4)表明,截止电压 $U_0$ 是入射光频率 $\nu$ 的线性函数,其直线的斜率等于 $h/e$。可见,只要用实验方法,测量不同频率光的截止电压,作出 $U_0$-$\nu$ 图形,从图中求得直线的斜率 $h/e$,即可求出普朗克常量 $h$。另外,从直线和坐标轴的交点还可求出截止频率 $\nu_0$。

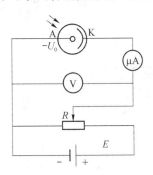

图 4.10.1　光电效应实验原理图

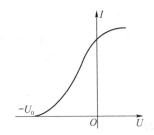

图 4.10.2　光电管的伏安特性曲线

　　测定普朗克常量 $h$ 的关键是正确地测定截止电压 $U_0$。但实际的光电管由于制作工艺等原因,给准确测定截止电压带来一些困难。对测量产生影响的主要因素如下。

　　(1)暗电流和本底电流

　　光电管在没有受到光照时,也会产生电流,称为暗电流。它是由阴极在常温下的热电

子发射形成的热电流和封闭在暗盒里的光电管在外加电压下因管子阴极和阳极间绝缘电阻漏电而产生的漏电流两部分组成。本底电流是周围杂散光射入光电管所致。

（2）反向电流

由于制作光电管时阳极上往往溅有阴极材料，所以当光照到阳极上或杂散光漫射到阳极上时，阳极上也往往有光电子发射；此外，阴极发射的光电子也可能被阳极的表面所反射。当阳极 A 为负电势，阴极 K 为正电势时，对阴极 K 上发射的光电子而言起减速作用，而对阳极 A 发射或反射的光电子而言却起了加速作用，使阳极 A 发出的光电子也到达阴极 K，形成反向电流。

由于上述原因，实测的光电管伏安特性（$I$-$U$）曲线与理想曲线是有区别的。且不同的光电管的伏安特性曲线的特点也不同。实验中使用的光电管的伏安特性曲线的特点，可以参考图 4.10.3，其中实线表示实测曲线，虚线表示理想曲线即阴极光电流曲线，点划线代表影响较大的反向电流及暗电流曲线。实测曲线上每一点的电流值是以上 3 个电流值的代数和。显然，实测曲线上光电流 $I$ 为零的点所对应的电压值并不是截止电压。从图 4.10.3 可看出，阳极光电流（即反向电流和暗电流）的存在，使阴极光电流曲线下移，实测曲线的抬头点处的电压值与截止电压近似相等，可代替截止电压。因此，在光电效应实验中应通过找出实测伏安特性曲线的抬头点来确定截止电压 $U_0$。

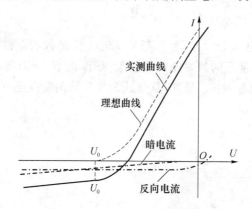

图 4.10.3　光电流曲线分析

[**实验仪器**]

（1）GDH-I 型光电管：阳极为镍圈，阴极为银-氧-钾（Ag-O-K），光谱范围 340.0～700.0 nm。光窗口为无铅多硼硅玻璃，暗电流约为 $10^{-12}$ A。为了避免杂散光和外界电磁场对微弱光电流的干扰，光电管安装在可升降的铝质暗盒中，暗盒窗口可以安放圆孔光阑和滤色片或遮光罩。

（2）光源：高压汞灯，谱线范围在 302.3～872.0 nm。

（3）NG 型滤色片：一组有色玻璃组合滤色片。滤过的谱线波长分别为 365 nm，

196

404 nm,436 nm,546 nm,577 nm。

（4）GP-Ⅱ型微电流测量放大器：电流测量范围为 $10^{-6} \sim 10^{-13}$ A,分六挡十进变换；工作电压为 $-3 \sim +3$ V 连续可调,量程分 $0 \sim \pm 1 \sim \pm 2 \sim \pm 3$ V 六段读数,读数精度 0.02 V；锯齿电压信号幅度为 3 V、周期约为 50 s,分 $-3 \sim 0$ V, $-2.5 \sim 0.5$ V, $-2.0 \sim 1.0$ V, $-1.5 \sim +1.5$ V 四段平移。机后盖设有 X-Y 函数记录仪接线柱,可以与记录仪或数字存储示波器配合使用,自动扫描出光电管的伏安特性曲线。

（5）数字存储示波器：可以作为引入数字处理和微处理器技术的实验拓展内容,对光电管的伏安特性曲线直接进行显示、读取及处理。DS5062 型数字存储示波器提供的内嵌 USB 接口可以与装有 UltraScope for Windows 98/2000/XP 软件配套的计算机连接,组成测量系统。利用计算机,可以显示示波器上的曲线图形、数据及测量值,能够将曲线图形数据文件存为 TXT 文本文件或者 Excel 表格文件,便于作进一步的分析,能够以图像格式存储曲线图形文件,使曲线图形的存储打印等工作变得十分方便。

[实验内容]

**1. 测试前的准备**

（1）将光源、光电管暗盒、微电流测量放大器安放在适当位置,连接好光电管暗盒与测量放大器之间的屏蔽电缆、地线和阳极电源线。将微电流测量放大器面板上各开关、旋钮置于下列位置："倍率"开关置"ZERO"；"电流极性"置"－"；"工作选择"置"DC"；"扫描平移"任意；"电压极性"置"－"；"电压量程"置"－3"；"电压调节"反时针调到头。

（2）打开微电流测量放大器电源开关让其预热 20～30 min。在光电管暗盒的光窗上装光阑；并盖上遮光罩,打开光源开关,让汞灯预热。

（3）仪器预热后,将"电流极性"开关置于"＋",将倍率开关置于"FULL",使表针对准满度刻线（100 μA）；否则,应用改锥调节后盖输出端子旁圆孔内凹槽。转动"倍率"开关至各挡,指针应处于零位,如不符再略作调整。

**2. 测量光电管的暗电流和反向电流**

（1）测量放大器"倍率"旋钮置"$\times 10^{-7}$"或"$\times 10^{-6}$"。

（2）顺时针缓慢旋转"电压调节"旋钮,并相应地改变"电压量程"和"电流极性"开关。仔细记录从 $-3 \sim +3$ V 不同电压下的相应电流值（电流值＝倍率×电表读数×μA）。此时所读得的即为光电管的暗电流。

（3）把反向电压加到 2.00 V,记录有光照和无光照时的电流值。在不同频率光的照射下分别进行上述观察,以确定相应反向电流的大小。

**3. 测量光电管的 *I-U* 特性**

（1）让光源出射孔对准暗盒窗口,并使暗盒离开光源 30 ～ 50 cm。换上波长 $\lambda = 365$ nm 的滤色片,取去遮光罩。选择合适的电流和电压量程,测出 $-3 \sim 0$ V 时不同电压下的光电流。测量时,采用先定性粗测,后定量精测的方法,即先观察一遍不同电压下的电流变化情况,以便合理安排测量点,可在电流有明显变化的部位附近多测些点。

为便于找准"拐点",可在其附近(即从电压约为 $-2.20\text{ V}$ 开始)每隔 $0.02\text{ V}$ 记录一次测量值,直到电流有明显改变后再加大测量间隔。

(2) 依次调换不同波长的滤色片,重复上面测量。

(3) 在大小合适的方格纸上,仔细作出不同频率光照的伏安特性曲线。从曲线中认真找出电流从缓慢变化到变化较大的"拐点",以确定截止电压。

### 4. 求普朗克常量 $h$

把不同频率下的截止电压描绘在方格纸上,如果实验结果准确,则 $U_0 = f(\nu)$ 关系曲线是一条直线,求出直线的斜率,从而可算出普朗克常量 $h$,并将结果与公认值比较,求出百分误差。

[注意事项]

(1) 微电流测量放大器必须充分预热测量方能准确。

(2) 为避免强光直射阴极缩短光电管寿命,更换滤色片时以及实验完毕后用遮光罩盖住光电管暗盒进光窗。

(3) 保持滤色片表面光洁,小心使用防止损坏。更换滤色片时务必平整套架,以免除不必要的折光带来实验误差。

(4) 实验中应减少杂散光的干扰。

(5) 作图时坐标轴的标度要合适,以保证测量数据的精度不降低。

# 实验 4.11　氢原子光谱

氢原子的结构最简单,是最适合于进行理论与实验比较的原子。氢原子的线光谱具有明显的规律,从氢原子光谱的规律性,人们熟悉了氢原子的内部结构和其发射线光谱的机制,从而发展了研究物质结构的近代光谱学,打开了研究原子物理的大门。

[实验目的]

(1) 利用分光计和三棱镜或光栅正确测量最小偏向角或衍射角;

(2) 通过里德伯常量的测定,了解氢原子光谱的规律。

[实验原理]

**1. 原子光谱**

根据量子力学理论,原子光谱中某一谱线的产生,是与原子中电子在某一对特定能态之间的跃迁相联系的。原子按照其内部运动状态的不同,可以处于不同的定态。每一定态具有一定的能量(主要包括原子体系内部运动的动能、核与电子之间的相互作用能以及电子间的相互作用能),能量最低的能态叫基态,能量高于基态的为激发态。激发态的原子可以发射光子,跃迁到较低的能态,较低的能态可吸收光子,跃迁到较高的能态。由原子的电子能态间跃迁产生的光谱主要是线状光谱。根据原子光谱可以研究原子的结构,了解原子的运动状态。

**2. 氢原子光谱**

早在 1885 年,瑞士的巴耳末(J. J. Balmer)首先将可见光区域内氢原子的光谱用经验公式

$$\lambda = B \frac{m^2}{m^2 - 4} \tag{4.11.1}$$

表示。式中,$\lambda$ 为波长;$m$ 依次为整数 $3, 4, 5, \cdots$;$B = 3.645\,6 \times 10^{-7}$m,是谱线系极限值,即 $m \to \infty$ 时的波长值。

为了更清楚地表明谱线的分布规律,1890 年瑞典的里德伯(J. R. Rydberg)将巴耳末的经验公式(4.11.1)改写为

$$\frac{1}{\lambda} = R_{\mathrm{H}} \left( \frac{1}{m_1^2} - \frac{1}{m_2^2} \right) \qquad \begin{cases} m_1 = 1, 2, 3, \cdots \\ m_2 = (m_1 + 1), (m_2 + 2), \cdots \end{cases} \tag{4.11.2}$$

式中,$R_{\mathrm{H}}$ 为里德伯常量;$m_2$ 为量子数,是一系列大于 $m_1$ 的正整数。一定 $m_1$ 值的谱线组成一个谱系。$m_1 = 2$ 时,组成氢原子光谱的巴耳末线系;$m_2 = 3, 4, 5$ 时,氢原子光谱中可见光区域内巴耳末线系的前 3 条较强的特征谱线的波长所满足的关系式为

$$\begin{cases} \dfrac{1}{\lambda_\alpha} = R_H \left( \dfrac{1}{2^2} - \dfrac{1}{3^2} \right) \\[3mm] \dfrac{1}{\lambda_\beta} = R_H \left( \dfrac{1}{2^2} - \dfrac{1}{4^2} \right) \\[3mm] \dfrac{1}{\lambda_\gamma} = R_H \left( \dfrac{1}{2^2} - \dfrac{1}{5^2} \right) \end{cases} \tag{4.11.3}$$

测出氢原子光谱线的波长 $\lambda_\alpha$, $\lambda_\beta$, $\lambda_\gamma$ 后,由巴耳末公式(4.11.3)可求出里德伯常量 $R_H$。

### 3. 光的色散

光的色散表明,同一介质对不同波长的光的折射率不同,折射率 $n$ 是波长 $\lambda$ 的函数,即

$$n = f(\lambda) \tag{4.11.4}$$

描述表示折射率 $n$ 与波长 $\lambda$ 关系的正常色散曲线的经验公式,是由柯西(A. L. Cauchy)首先得到的。在波长间隔不太大时,正常色散的柯西经验公式可表示为

$$n = a + \frac{b}{\lambda^2} \tag{4.11.5}$$

式中,$a$,$b$ 是由材料的特性决定的常数,可以通过棱镜测汞灯光谱的实验求出。

光栅也是具有色散本领的分光元件,光栅的色散本领与光栅常数成反比。通过光栅测汞灯光谱可以求出光栅常数,得出光栅方程。

[实验仪器]

分光计,汞灯,氢灯,棱镜,光栅等。

[实验内容]

**1. 利用棱镜、分光计测定氢原子光谱的波长并计算里德伯常量**

(1)测出棱镜对汞灯各谱线的最小偏向角 $\delta_{min}$,计算相应的折射率 $n$;

(2)作变量 $n$ 和 $\dfrac{1}{\lambda^2}$ 的拟合图线,求相关系数以及常数 $a$ 和 $b$,写出柯西经验公式(4.11.5);

(3)测棱镜对氢灯的红、蓝、紫 3 条谱线的最小偏向角 $\delta_{min}$,计算相应的折射率 $n$,由公式(4.11.5)求出氢原子光谱的波长 $\lambda_\alpha$,$\lambda_\beta$,$\lambda_\gamma$;

(4)根据氢原子光谱的巴耳末公式(4.11.3),计算里德伯常量 $R_H$,求出 $\overline{R}_H$,并与公认值比较,计算百分误差。

**2. 利用光栅、分光计测定氢原子光谱的波长并计算里德伯常量**

(1)测出汞灯各个一级衍射谱线的衍射角 $\varphi$,作变量 $\sin\varphi$ 和 $\lambda$ 的拟合图线,从图中求出光栅常数,写出光栅方程;

(2)测氢灯的红、蓝、紫 3 条谱线的衍射角,由光栅方程求出氢原子光谱的波长 $\lambda_\alpha$,$\lambda_\beta$,$\lambda_\gamma$;

（3）根据氢原子光谱的巴耳末公式（4.11.3），计算里德伯常量 $R_H$，求出 $\overline{R}_H$，并与公认值比较，计算百分误差。

附表：汞灯谱线的波长

| 颜色 | 黄 | 黄 | 绿 | 绿蓝 | 蓝 | 紫（弱） | 紫 |
|------|------|------|------|------|------|------|------|
| $\lambda/\mathrm{nm}$ | 579.07 | 576.96 | 546.07 | 491.60 | 435.83 | 407.78 | 404.66 |

# 实验 4.12　弗兰克-赫兹实验

20 世纪初,在原子光谱的研究中确立了原子能级的存在。原子光谱中的每根谱线就是原子从某个较高能级向较低能级跃迁时的辐射形成的。原子能级的存在,除了可由光谱研究证实外,还可以利用慢电子轰击稀薄气体原子的方法来证明。1914 年,即玻尔理论发表后的第二年,弗兰克(F. Franck)和赫兹(G. Hertz)采用这种方法研究了电子与原子碰撞前后电子能量改变的情况,测定了汞原子的第一激发电位,令人信服地证明了原子内部量子化能级的存在,给玻尔理论提供了独立于光谱研究方法的直接的实验证据。后来他们又在实验中观测了被激发的原子回到正常态时所辐射的光,测出的辐射光的频率很好地满足了玻尔假设中的频率定则。为此,他们获得了 1925 年度诺贝尔物理学奖。

[实验目的]

(1) 学习弗兰克和赫兹为揭示原子内部量子化能级所作的巧妙构想以及采用的实验方法;

(2) 了解气体放电现象中低能电子与原子间相互作用的机理,以及电子与原子碰撞的微观过程与实验中的宏观量的关系;

(3) 测量氩原子的第一激发电位。

[实验原理]

玻尔提出的原子理论有两个基本假设:①原子只能较长久地停留在一些稳定状态,简称"定态",原子在这些状态时不发射也不吸收能量,各定态的能量是彼此分隔的。原子的能量不论通过什么方式发生改变,只能使原子从一个定态跃迁到另一个定态。②原子从一个定态跃迁到另一个定态而发射或吸收辐射能量时,辐射的频率是一定的。如果用 $E_m$ 和 $E_n$ 代表有关二定态的能量,辐射的频率 $\nu$ 取决于如下关系:

$$h\nu = E_m - E_n \tag{4.12.1}$$

式中,$h$ 为普朗克常量。

原子状态的改变,通常发生于原子本身吸收或发射电磁辐射以及原子与其他粒子发生碰撞而交换能量这两种情况。能够控制原子所处状态的最方便的方法是用电子轰击原子,电子的动能可通过改变加速电位的方法加以调节。

电子被加速后获得能量 $eU$,$e$ 是电子电量,$U$ 是加速电压。当 $U$ 值小时,电子与原子发生弹性碰撞;若当电位差为 $U_g$ 时,电子具有的能量 $eU_g$ 恰好使原子从正常状态跃迁到第一激发状态,则 $U_g$ 就称为第一激发电位。继续增加电位差 $U$ 时,电子的能量就逐渐上升到足以使原子跃迁到更高的激发态(第二、第三、……),最后电位差达到某一值 $U_i$ 时,电子的能量刚好足以使原子电离,$U_i$ 就称为电离电位。

### 1. 激发电位的测定

弗兰克-赫兹实验装置如图 4.12.1 所示。在弗兰克-赫兹管(以下简称 F-H 管)中充以要测量的气体,电子由热阴极 K 发出。在 K 的近处加一个小的正向电压 $U_{G1K}$,起到驱散附在热阴极上电子云的作用。在 K 与栅极 $G_2$ 之间加电场使电子加速,加速电压为 $U_{G2K}$。$G_1$ 和 $G_2$ 之间的距离较大,为电子与气体原子提供较大的碰撞空间,从而保证足够高的碰撞概率。

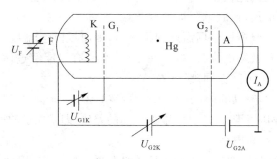

图 4.12.1 弗兰克-赫兹实验装置

在 $G_2$ 与接收电子的板极 A 之间加有反向拒斥电压 $U_{G2A}$。当电子通过 $KG_2$ 空间,进入 $G_2A$ 空间时,如果仍有较大能量,就能冲过反向拒斥电场而到达板极 A,成为通过电流计的电流 $I_A$,进而被检测出来。如果电子在 $KG_2$ 空间与原子碰撞,把自己一部分能量给了原子,使后者被激发,电子本身所剩下的能量就可能很小,以致通过栅极后不足以克服拒斥电场,那就达不到板极 A,因而不通过电流计。如果这样的电子很多,电流计中的电流就要显著地降低。

最初研究用的是汞蒸气。在 F-H 管内把空气抽出,注入少量的汞,维持适当温度,可以得到合适的汞蒸气气压。实验时,把 $KG_2$ 间的电压逐渐增加,观察电流计的电流 $I_A$,这样就得到板极 A 电流随 $KG_2$ 之间加速电压的变化情况,如图 4.12.2 所示。

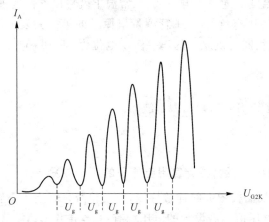

图 4.12.2 汞的第一激发电位的测量

对上述的实验现象可以作如下解释：当 KG₂ 间电压 $U_{G2K}$ 逐渐增加时，电子在 KG₂ 空间被加速而取得越来越多的能量。当电子取得的能量较低时，与汞原子碰撞不足以影响汞原子的内部能量，板极电流 $I_A$ 将随 $U_{G2K}$ 的增加而增加。当 KG₂ 间加速电压达到汞原子的第一激发电位时，电子在栅极 G₂ 附近与原子碰撞，将自己的能量传递给原子，使原子从基态(最低能量的状态)被激发到第一激发态。而电子失去几乎全部动能，这些电子将不能克服拒斥电场而到达板极 A，板极电流 $I_A$ 开始下降。继续升高加速电压 $U_{G2K}$，电子获得的动能亦有所增加，这时电子即使在 KG₂ 空间与汞原子相碰撞损失大部分能量，仍留有足够能量可以克服拒斥电场而达到板极 A，因而板极电流 $I_A$ 又开始回升。当 KG₂ 间电压是 2 倍的汞原子激发电位时，电子在 KG₂ 空间有可能经过两次碰撞而失去能量，因此又造成板极电流 $I_A$ 下降。同理，凡在

$$U_{G2K} = nU_g \qquad (n=1,2,3,\cdots) \tag{4.12.2}$$

的地方板极电流都会相应下降。式中相邻两 $U_{G2K}$ 的差值，即汞原子的第一激发电位 $U_g$。

### 2. 接触电位差和空间电荷

实际的 F-H 管的阴极和栅极往往由不同的金属材料制作，因此会产生接触电位差。接触电位差的存在，使真正加到电子上的加速电压不等于 $U_{G2K}$，而是 $U_{G2K}$ 与接触电位差的代数和。这将影响 F-H 实验曲线第一个峰的位置，使它左移或右移。开始，阴极 K 附近积聚较多电子，这些空间电荷使 K 发出的电子受到阻滞而不能全部参与导电。随着 $U_{G2K}$ 的增大，空间电荷逐渐被驱散，参与导电的电子逐渐增多，所以 $I_A$-$U_{G2K}$ 曲线的总趋势呈上升状态。

进行 F-H 实验通常使用的 F-H 管是充汞的。这是因为：汞是单原子分子，能级较为简单，常温下是液态，饱和蒸气压很低，加热就可改变它的饱和蒸气压；汞的原子量较大，与电子做弹性碰撞时几乎不损失动能；汞的第一激发能级较低，为 4.9 eV，因此只需几十伏电压就能观察到多个峰值。当然除充汞蒸汽以外，还常充以惰性气体如氖、氩等。用这些 F-H 管做实验时，温度对气压影响不大，在常温下就可以方便地进行实验。

本实验主要介绍利用充氩的 F-H 管测量氩原子的第一激发电位。实验原理与物理过程和充汞的 F-H 管相同。氩原子的第一激发电位为 11.39 eV。

[实验仪器]

弗兰克-赫兹实验仪，SS-7802A 型示波器。

[实验内容]

### 1. 手动测试 $I_A$-$U_{G2K}$ 曲线，并计算出氩原子的第一激发电位

(1) 按 F-H 实验仪面板图上的连接导线，反复检查是否连接正确，确认后方可开机。

(2) 设定电压源电压值。需设定的电压源有：灯丝电压 $U_F$，$U_{G1K}$，$U_{G2A}$。

由于 F-H 管的离散性以及使用中的衰老过程，每一只 F-H 管的最佳工作状态是不同

的。具体的 F-H 管的相关参数已在机体上标出，学生可以此为依据设置相应的电压值。

F-H 管很容易因电压设置不合适而遭到损坏，所以一定要按照规定的实验步骤和适当的状态进行实验。

（3）测试操作与数据记录

测试操作过程中每改变一次电压源 $U_{G2K}$ 的电压值，F-H 管的板极电流值随之改变，此时记录电流值和电压值数据。如果 $U_{G2K}$ 的电压值升至 10 V 时，板极电流值仍没有变化，应立即关闭电源，重新检查连线。电压源 $U_{G2K}$ 的电压值的最小变化值是 0.5 V，如果需要快速改变 $U_{G2K}$ 的电压值，可改变调整"位"的按钮，再调整电压值，可以得到每步大于 0.5 V 的调整速度。待实验完成后，根据实验数据作 $I_A$-$U_{G2K}$ 图，并根据 4～5 个峰的峰值位置计算氩原子的第一激发电位。建议在 0～80 V 范围内每隔 0.5 V 记录一次数据，然后依据 $I_A$ 随 $U_{G2K}$ 变化的快慢选择 60～80 个数据，在坐标纸上作图。

**2. 启动自动测试，在示波器上观察 $I_A$-$U_{G2K}$ 曲线**

（1）自动测试状态设置

自动测试即 F-H 实验仪将 $U_{G2K}$ 从 0 V 开始自动扫描到设定的终止电压，同时将 $I_A$ 输出到示波器或记录仪上。实验时，保持 F-H 管的连线不变，$U_F$，$U_{G1K}$，$U_{G2A}$ 的操作过程与手动测试一样，将转换开关设置为自动测试状态，然后设置 $U_{G2K}$ 的扫描终止电压。$U_{G2K}$ 的设定终止值不要超过 80 V，最好取手动测试时的数值。

在启动自动测试过程前应检查 $U_F$，$U_{G1K}$，$U_{G2A}$，$U_{G2K}$ 的电压设定值是否正确，电流量程选择是否合适，自动测试指示灯是否正确指示，然后按下面板上的"启动"键，自动测试开始。注意：切换"手动"与"自动"会将已设置的参数清零。

（2）示波器显示输出

测试电流也可以通过示波器进行显示观测。将 F-H 实验仪的"信号输出"和"同步输出"分别连接到示波器的信号通道和外同步通道，调节好示波器的同步状态和显示幅度，这样，在自动测试时，可同时在示波器上直接观察极板电流 $I_A$ 随 $U_{G2K}$ 的变化曲线。

（3）利用示波器的测量功能键，求出氩原子的平均第一激发电位，并和参考值 $U_g =$ 11.39 V 比较。自动扫描的电压间隔为 0.2 V，小于手动的电压间隔，因此可以得到更准确的测量。

（4）改变灯丝电压和 $U_{G2A}$ 电压，观察并解释其对 $I_A$-$U_{G2K}$ 曲线所产生的影响。

[思考题]

（1）$I_A$-$U_{G2K}$ 曲线中峰值点的纵坐标为什么呈增大趋势？

（2）为什么 $I_A$-$U_{G2K}$ 曲线中第一个峰到起始点的距离不等于第一激发电位？

（3）灯丝电压的大小对 $I_A$-$U_{G2K}$ 曲线有何影响？

（4）数据处理时，如何消除本底电流的影响？

# 实验 4.13　核磁共振

核磁共振是重要的物理现象。核磁共振实验技术在物理、化学、生物、临床诊断、计量科学和石油分析与勘探等许多领域得到广泛应用。1945 年发现核磁共振现象的美国科学家珀塞耳(Purcell)和布洛赫(Bloch)在 1952 年获得诺贝尔化学奖。

## [实验目的]

(1) 了解核磁共振的基本原理；
(2) 学习利用核磁共振校准磁场和测量因子 $g$ 的方法。

## [实验原理]

氢原子中电子的能量不能连续变化,只能取离散的数值。在微观世界中物理量只能取离散数值的现象很普遍。本实验涉及的原子核自旋角动量也不能连续变化,只能取离散值 $p=\sqrt{I(I+1)}\hbar$,其中 $I$ 称为自旋量子数,只能取 $0,1,2,3,\cdots$ 整数值或 $1/2,3/2,5/2,\cdots$ 半整数值。公式中的 $\hbar=h/2\pi$,而 $h$ 为普朗克常量。对不同的核素,$I$ 分别有不同的确定数值。本实验涉及的质子和氟核 $F^{19}$ 的自旋角量子数 $I$ 都等于 $1/2$。类似地,原子核的自旋角动量在空间某一方向(如 $z$ 方向)的分量也不能连续变化,只能取离散的数值 $p_z=m\hbar$,其中量子数 $m$ 只能取 $I,I-1,\cdots,-I+1,-I$ 共 $(2I+1)$ 个数值。

自旋角动量不为零的原子核具有与之相联系的核自旋磁矩,简称核磁矩。其大小为

$$\mu=g\frac{e}{2M}p \tag{4.13.1}$$

式中,$e$ 为质子的电荷,$M$ 为质子的质量,$g$ 是一个由原子核结构决定的因子。对不同种类的原子核,$g$ 的数值不同,称为原子核的 $g$ 因子。值得注意的是 $g$ 可能是正数,也可能是负数。因此核磁矩的方向可能与核自旋角动量方向相同,也可能相反。

由于核自旋角动量在任意给定的 $z$ 方向只能取 $(2I+1)$ 个离散的数值,因此核磁矩在 $z$ 方向也只能取 $(2I+1)$ 个离散的数值:

$$\mu_z=g\frac{e}{2M}p_z=gm\frac{e}{2M}\hbar \tag{4.13.2}$$

原子核的磁矩通常用 $\mu_N=e\hbar/2M$ 作为单位,$\mu_N$ 称为核磁子。采用 $\mu_N$ 作为核磁矩的单位以后,$\mu_z$ 可记为 $\mu_z=gm\mu_N$。与角动量本身的大小为 $\sqrt{I(I+1)}\hbar$ 相对应,核磁矩本身的大小为 $g\sqrt{I(I+1)}\mu_N$。除了用 $g$ 因子表征核的磁性质外,通常引入另一个可以由实验测量的物理量 $\gamma$,$\gamma$ 定义为原子核的磁矩与自旋角动量之比:

$$\gamma=\mu/p=ge/(2M) \tag{4.13.3}$$

可写成 $\mu=\gamma p$，相应的有 $\mu_z=\gamma p_z$。

当不存在外磁场时，原子核的能量不会因处于不同的自旋态而不同。但是，当施加一个外磁场 $\boldsymbol{B}$ 后，情况发生变化。为了方便起见，通常把 $\boldsymbol{B}$ 的方向规定为 $z$ 方向，由于外磁场 $\boldsymbol{B}$ 与磁矩的相互作用能为

$$E=-\boldsymbol{\mu}\cdot\boldsymbol{B}=-\mu_z B=-\gamma p_z B=-\gamma m\hbar B \tag{4.13.4}$$

因此量子数 $m$ 取值不同，核磁矩的能量也就不同，从而原来简并的同一能级分裂为 $(2I+1)$ 个子能级。由于在外磁场中各个子能级的能量与量子数 $m$ 有关，因此量子数 $m$ 又称为磁量子数。这些不同能级的能量虽然不同，但相邻能级之间的能量间隔 $\Delta E=\gamma\hbar B$ 却是一样的，而且，对于质子而言，$I=1/2$，因此，$m$ 只能取 $m=1/2$ 和 $m=-1/2$ 两个数值，施加磁场前后的能级分别如图 4.13.1(a) 和 (b) 所示。

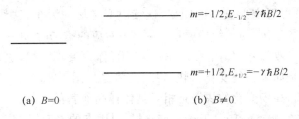

(a) $B=0$    (b) $B\neq0$

图 4.13.1  施加磁场前后的能级示意图

当施加外磁场 $\boldsymbol{B}$ 以后，原子核在不同能级上的分布服从玻耳兹曼分布，显然处在下能级的粒子数要比上能级的多，其差数由 $\Delta E$ 大小、系统的温度和系统的总粒子数决定。这时，若在与 $\boldsymbol{B}$ 垂直的方向上再施加一个高频电磁场，通常为射频场，当射频场的频率满足 $h\nu=\Delta E$ 时会引起原子核在上下能级之间跃迁，但由于一开始处在下能级的核比在上能级的要多，因此净效果是往上跃迁的比往下跃迁的多，从而使系统的总能量增加，这相当于系统从射频场中吸收能量。

当 $h\nu=\Delta E$ 时，引起的上述跃迁称为共振跃迁，简称为共振。显然共振时要求 $h\nu=\Delta E=\gamma\hbar B$，从而要求射频场的频率满足共振条件：

$$\nu=\frac{\gamma}{2\pi}B \tag{4.13.5}$$

如果用角频率 $\omega=2\pi\nu$ 的单位表示，共振条件可写成：

$$\omega=\gamma B \tag{4.13.6}$$

如果频率的单位用 Hz，磁场的单位用 T（特斯拉），对裸露的质子而言，经过大量测量得到 $\gamma/2\pi=42.577\,469$ MHz/T。但是对于原子或分子中处于不同基团的质子，由于不同质子所处的化学环境不同，受到周围电子屏蔽的情况不同，$\gamma/2\pi$ 的数值将略有差别，这种差别称为化学位移。对于温度为 25 ℃ 球形容器中水样品的质子，$\gamma/2\pi=42.576\,375$ MHz/T，本实验可采用这个数值作为很好的近似值。通过测量质子在磁场 $B$ 中共振频率 $\nu$ 可实现对磁场的校准，即

$$B = \frac{\nu}{\gamma/2\pi} \tag{4.13.7}$$

反之,若 $B$ 已经校准,通过测量未知原子核的共振频率 $\nu$ 便可求出待测原子核的 $\gamma$ 值（通常用 $\gamma/2\pi$ 值表征）或 $g$ 因子:

$$\frac{\gamma}{2\pi} = \frac{\nu}{B} \tag{4.13.8}$$

$$g = \frac{\nu/B}{\mu_N/h} \tag{4.13.9}$$

式中, $\mu_N/h = 7.622\,591\,4\,\mathrm{MHz/T}$。

通过上述讨论,要发生共振必须满足 $\nu = (\gamma/2\pi)B$。为了观察到共振现象通常有两种方法:一种是固定 $B$,连续改变射频场的频率,这种方法称为扫频法;另一种方法,也就是本实验采用的方法,即固定射频场的频率,连续改变磁场的大小,这种方法称为扫场法。如果磁场的变化不是很快,而是缓慢通过与频率 $\nu$ 对应的磁场时,用一定的方法可以检测到系统对射频场的吸收信号,如图 4.13.2(a)所示,称为吸收曲线,这种曲线具有洛伦兹型曲线的特征。但是如果扫场变化太快,得到的将是如图 4.13.2(b)所示的带有尾波的衰减振荡曲线,然而,扫场变化的快慢是相对具体样品而言的。例如,本实验采用的扫场为频率 50 Hz、幅度在 $10^{-5} \sim 10^{-3}$ T 的交变磁场,对固态的聚四氟乙烯样品而言是变化十分缓慢的磁场,其吸收信号将如图 4.13.2(a)所示。而对液态的水样品而言却是变化太快的磁场,其吸收信号将如图 4.13.2(b)所示,而且磁场越均匀,尾波中振荡的次数越多。

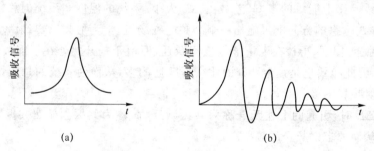

图 4.13.2　吸收和衰减示意图

[实验装置]

实验装置的方框图如图 4.13.3 所示,它由永久磁铁、扫场线圈、探头(包括电路盒和样品盒)、数字频率计、示波器、可调变压器和 220 V/6 V 小变压器组成。

永久磁铁:对永久磁铁的要求是有较强的磁场,均匀性好。本实验所用的磁铁中心磁场 $B_0 \geqslant 0.5$ T,在磁场中心 $(5\,\mathrm{mm})^3$ 范围内,均匀性优于 $10^{-5}$。

扫场线圈:用来产生一个幅度在 $10^{-5} \sim 10^{-3}$ T 的可调交变磁场,用于观察共振信号,扫场线圈的电流由可调变压器的输出再经 220 V/6 V 小变压器降压后提供。扫场的幅度可通过可调变压器调节。

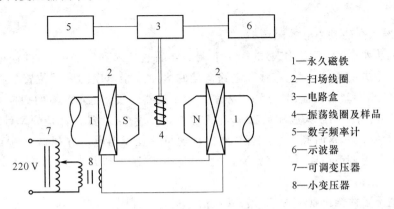

图 4.13.3　核磁共振方框图

探头：本实验提供两个探头，其中一个的样品为水（掺有三氯化铁），另一个为固态的聚四氟乙烯。

探头由电路盒和样品盒组成，在样品盒中液态样品装在玻璃管中。在玻璃管或固态样品上绕有线圈，这个线圈就是一个电感 $L$，将这个线圈插入磁场中，线圈的取向与 $\boldsymbol{B}_0$ 垂直。线圈两端的引线与电路盒处于反向接法的变容二极管（充当可变电容）并联构成 $LC$ 电路并与晶体管等非线性元件组成振荡电路。当电路振荡时，线圈中即有射频场产生并作用于样品上。改变二极管两端反向电压的大小就可改变二极管两个电极之间的电容 $C$，达到调节频率的目的。这个线圈可兼作探测共振信号的线圈，其探测原理如下。

电路盒中的振荡器不是工作在振幅稳定的状态，而是工作在刚刚起振的边际状态（边限振荡器由此得名），这时电路参数的任何改变都会引起工作状态的变化。当共振发生时，样品要吸收射频场的能量，使振荡线圈的品质因数 $Q$ 值下降，$Q$ 值的下降将引起工作状态的改变，表现为振荡波形包络线发生变化，这种变化就是共振信号，经过检波、放大，经由"检波输出"端与示波器连接，即可从示波器上观察到共振信号。振荡器未经检波的高频信号经由"频率输出"端直接输出到数字频率计，从而可直接读出射频场的频率。

电路盒正面面板除了电源开关外（做完实验一定要关好电源，以免机内电源耗电），还有一个由 10 圈电位器做成的频率调节旋钮，此外，还有一个幅度调节旋钮，适当调节这个旋钮可以使共振吸收的信号最大，但由于调节幅度旋钮时会改变振荡管的极间电容，从而对频率也有一定影响。电路盒背面的"频率输出"与数字频率计连接，"检波输出"与示波器连接。

[实验仪器]

永久磁铁（含扫场线圈），可调变压器，探头两个（样品分别为水和聚四氟乙烯），数字频率计，示波器。

[实验内容]

**1. 校准永久磁铁中心的磁场 $B_0$**

把样品为水(掺有三氯化铁)的探头下端的样品盒插入到磁铁中心,并使电路盒水平放置在磁铁上方的木座上,左右移动电路盒使它大致处于木座的中间位置。将电路盒背面的"频率输出"和"检波输出"分别与频率计和示波器连接。把示波器的扫描速度旋钮放在 5 ms/格位置,纵向放大旋钮放在 0.1 V/格或 0.2 V/格位置。打开频率计、示波器和电路盒的电源开关,这时频率计应有读数。接通可调变压器电源并把输出调节在较大数值(100 V),缓慢调节电路盒频率旋钮,改变振荡频率(由小到大或由大到小),同时监视示波器,搜索共振信号。

什么情况下才会出现共振信号?共振信号又是怎样呢?

如今磁场是永久磁铁的磁场 $B_0$ 和一个 50 Hz 的交变磁场叠加的结果,总磁场为

$$B = B_0 + B' \cos \omega' t \tag{4.13.10}$$

式中,$B'$ 是交变磁场的幅度,$\omega'$ 是市电的角频率。总磁场在 $(B_0-B') \sim (B_0+B')$ 的范围内按图 4.13.4 的正弦曲线随时间变化。由式(4.13.6)可知,只有 $\omega/\gamma$ 落在这个范围内才能发生共振。为了容易找到共振信号,要加大 $B'$(即把可调变压器的输出调到较大数值),使可能发生共振的磁场变化范围增大;另一面要调节射频场的频率,使 $\omega/\gamma$ 落在这个范围。

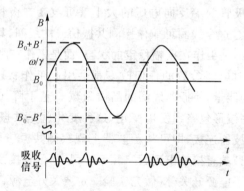

图 4.13.4 扫场过程中的共振吸收

一旦 $\omega/\gamma$ 落在这个范围,在磁场变化的某些时刻总磁场 $B = \omega/\gamma$,在这些时刻就能观察到共振信号,如图 4.13.4 所示,共振发生在 $B = \omega/\gamma$ 的水平虚线与代表总磁场变化的正弦曲线交点对应的时刻。如前所述,水的共振信号如图 4.13.2(b)所示,而且磁场越均匀,尾波中的振荡次数越多,因此一旦观察到共振信号,应进一步仔细调节电路盒在木座上的左右位置,使尾波中振荡的次数最多,亦即使探头处在磁场最均匀的位置。

由图 4.13.4 可知,只要 $\omega/\gamma$ 落在 $(B_0-B') \sim (B_0+B')$ 范围内就能观察到共振信号,但这时 $\omega/\gamma$ 未必正好等于 $B_0$,从图上可以看出:当 $\omega/\gamma \neq B_0$ 时,各个共振信号发生的时间

间隔并不相等,共振信号在示波器上的排列不均匀。只有当 $\omega/\gamma = B_0$ 时,它们才均匀排列,这时共振发生在交变磁场过零时刻,而且从示波器的时间标尺可测出它们的时间间隔为 10 ms。当然,当 $\omega/\gamma = B_0 - B'$ 或 $\omega/\gamma = B_0 + B'$ 时,在示波器上也能观察到均匀排列的共振信号,但它们的时间间隔不是 10 ms,而是 20 ms。因此,只有当共振信号均匀排列而且间隔为 10 ms 时才有 $\omega/\gamma = B_0$,这时频率计的读数才是与 $B_0$ 对应的质子的共振频率。

作为定量测量,除了要求待测量的数值外,还关心如何减小测量误差并力图对其不确定度的大小作出定量估计从而确定测量结果的有效数字。从图 4.13.4 可以看出,一旦观察到共振信号,$B_0$ 的误差不会超过扫场的幅度 $B'$。因此,为了减小估计误差,在找到共振信号之后应逐渐减小扫场的幅度 $B'$,并相应地调节射频场的频率 $\nu$,使共振信号保持间隔为 10 ms 的均匀排列。在能观察到和分辨出共振信号的前提下,力图把 $B'$ 减小到最小程度,记下达到最小而且共振信号保持间隔为 10 ms 均匀排列时的频率,利用水中质子的 $\gamma/2\pi$ 值和式(4.13.5)求出磁场中待测区域的 $B_0$ 值。顺便指出,当 $B'$ 很小时,由于扫场变化范围小,尾波中振荡的次数也少,这是正常的,并不是磁场变得不均匀。

为了定量估计 $B_0$ 的测量不确定度 $u(B)$,首先必须测出 $B'$ 的大小。可采用以下步骤:保持这时扫场的幅度不变,调节射频场的频率,使共振先后发生在 $(B_0 + B')$ 与 $(B_0 - B')$ 处,这时图 4.13.4 中与 $\omega/\gamma$ 对应的水平虚线将分别与正弦波的峰顶和谷底相切,即共振分别发生在正弦波的峰顶和谷底附近。这时从示波器看到的共振信号均匀排列,但时间间隔为 20 ms,记下这两次的共振频率 $\nu'$ 和 $\nu''$,利用公式

$$B' = \frac{(\nu' - \nu'')/2}{\gamma/2\pi} \tag{4.13.11}$$

可求出扫场的幅度。

实际上 $B_0$ 的估计误差比 $B'$ 还要小,这是由于借助示波器上网格的帮助,共振信号排列均匀程度的判断误差通常不超过 $10\%$,再考虑到共振频率的测量也有误差,可取 $B'$ 的 $1/10$ 作为 $B_0$ 的不确定度,即取

$$u(B_0) = \frac{B'}{10} = \frac{(\nu' - \nu'')/20}{\gamma/2\pi} \tag{4.13.12}$$

式(4.13.12)表明,由峰顶与谷底共振频率差值的 $1/20$,利用 $\gamma/2\pi$ 数值可求出 $u(B_0)$,本实验 $u(B_0)$ 只要求保留一位有效数字,进而可以确定 $B_0$ 的有效数字,并要求给出测量结果的完整表达式,即

$$B_0 = 测量值 \pm 不确定度$$

通过现象观察:适当增大 $B'$,观察到尽可能多的尾波振荡,然后向左(或右)逐渐移动电路盒在木座上的左右位置,使下端的样品盒从磁铁中心逐渐移动到边缘,同时观察移动过程中共振信号波形的变化并加以解释。

选做实验:利用样品为水的探头,把电路盒移到木座的最左(或最右)边,测量磁场边缘的磁场大小。

## 2. 测量 $F^{19}$ 的 $g$ 因子

把样品为水的探头换为样品为聚四氟乙烯的探头,并把电路盒放在相同的位置。示波器的纵向放大旋钮调节到 50 mV/格或 20 mV/格,用与校准磁场过程相同的方法和步骤测量聚四氟乙烯中 $F^{19}$ 与 $B_0$ 对应的共振频率 $\nu_F$ 以及在峰顶及谷底附近的共振频率 $\nu'_F$ 及 $\nu''_F$,利用公式(4.13.9)求出 $F^{19}$ 的 $g$ 因子。根据公式(4.13.9),$g$ 因子的相对不确定度为

$$\frac{u(g)}{g} = \sqrt{\left[\frac{u(\nu_F)}{\nu_F}\right]^2 + \left[\frac{u(B_0)}{B_0}\right]^2} \tag{4.13.13}$$

式中,$B_0$ 和 $u(B_0)$ 为校准磁场得到的结果,与上述估计 $u(B_0)$ 的方法类似,可取 $u(\nu_F) = (\nu'_F - \nu''_F)/20$。

求出 $u(g)/g$ 之后可利用已算出的 $g$ 因子求出不确定度 $u(g)$,$u(g)$ 也只保留一位有效数字并由它确定 $g$ 因子的有效数字,最后给出 $g$ 因子测量结果的完整表达式。

观测聚四氟乙烯中氟的共振信号时,比较它与掺有三氯化铁的水样品中质子的共振信号波形的差别。

[注意事项]

1. 由于电路盒中的电池在放电过程中端电压下降,导致频率缓慢减小(衰减小于 $10^{-5}$ min$^{-1}$)。实际操作中读数要迅速,应在几秒内完成,读出 6 位有效数字即可。

2. 实验完毕立即关闭电路盒电源。

# 实验 4.14　音频信号光纤传输实验

光导纤维技术是近 40 年发展起来的一项新兴的技术,是现代光信息技术的重要组成部分。光纤的用途很多,其最重要的应用是光纤通信。它是 1966 年由美籍华人高锟博士根据介质波导理论首次提出的。随着光纤通信技术的发展,一个以微电子技术、激光技术、计算机技术和现代通信技术为基础的超高速宽带信息网将使远程教育、远程医疗、电子商务、智能居住小区越来越普及。光纤通信以其诸多优点将成为现代通信的主流,未来信息社会的一项基础技术和主要手段。通过本实验,可以了解光纤通信的基本工作原理,熟悉半导体电光-光电器件的基本性能和主要特性的测试方法。

[实验目的]

(1) 了解音频信号光纤传输系统的结构;
(2) 熟悉半导体电光、光电器件的基本性能并且掌握其主要特性的测试方法;
(3) 学会音频信号光纤传输系统的调试技能。

[实验原理]

**1. 音频信号光纤传输系统的原理**

音频信号光纤传输系统由"光信号发送器"、"光信号接收器"和"传输光纤"3 部分组成。为了保证系统的传输损耗低,光信号发送器的光源发光二极管(LED)的发光中心波长必须在传输光纤呈现低损耗的 $0.85 \sim 1.3\ \mu m$ 或 $1.6\ \mu m$ 附近。光信号接收器中的光电检测器件(SPD)的峰值响应波长也应与此接近。

为了避免或减小波形失真,要求整个传输系统的频带宽度能覆盖被传输信号的频率范围。对于语音信号,频谱在 $300 \sim 3\ 400\ Hz$ 范围内。由于光导纤维对光信号具有很宽的频带,故在音频范围内,整个系统的频带宽度主要决定于发送端调制放大电路和接收端功率放大电路的幅频特性。

**2. 半导体发光二极管的结构**

光纤通信系统中,对光源器件在发光波长、电光效率、工作寿命、光谱宽度和调制性能等许多方面均有特殊要求。目前在以上各个方面都能较好满足要求的光源器件主要有半导体发光二极管和半导体激光器(LD)。光纤传输系统中常用的半导体发光二极管是一个如图 4.14.1 所

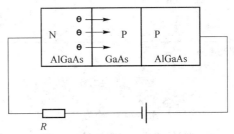

图 4.14.1　半导体发光二极管工作原理

示的 N-P-P 双异质(简称 DH)结构的半导体器件,中间层通常是由直接带隙的 GaAs(砷化镓)P 型半导体材料组成,称为有源层,其带隙宽度较窄;两侧分别由 AlGaAs 的 N 型和 P 型半导体材料组成,与有源层相比,它们都具有较宽的带隙。具有不同带隙宽度的两种半导体材料形成的 PN 结称为异质结。当给这种结构加上正向偏压时,就能使 N 层向有源层注入导电电子。这些导电电子一旦进入有源层后,因受到右边 P-P 异质结的阻挡作用不能再进入右侧的 P 层,它们只能被限制在有源层内与空穴复合。导电电子在有源层与空穴复合的过程中,有不少电子要释放出能量满足以下关系式的光子:

$$h\nu = E_1 - E_2 = E_g$$

式中,$h$ 是普朗克常量,$\nu$ 是光波的频率,$E_1$ 是有源层内导电电子的能量,$E_2$ 是导电电子与空穴复合后处于价键束缚状态时的能量。两者的差值 $E_g$ 与 DH 结构中各层材料及其组分的选取等多种因素有关,制做 LED 时只要这些材料的选取和组分的控制适当,就能使 LED 的发光中心波长与传输光纤的低损耗波长一致。

### 3. LED 的驱动及调制电路

光纤通信系统中使用的半导体发光二极管的光功率经光导纤维输出,出纤光功率与 LED 驱动电流的关系称为电光特性。

图 4.14.2 表示了 LED 的偏置电流与出纤光功率之间的关系。当偏置电流过大时,会出现输出信号上部畸变的饱和失真;而偏置电流太小,则会出现输出信号下部畸变的截止失真。为了避免和减少非线性失真,使用时应先给 LED 一个适当的偏置电流 $I_D$,使被调制信号(输出信号)的峰-峰值位于电光特性的直线范围内,即 $I_D$ 等于这一特性曲线线性部分中点对应的电流值,而对于非线性失真要求不高的情况下,也可把偏置电流选为 LED 最大允许工作电流的一半,这样可使 LED 获得无截止畸变幅度最大的调制,有利于信号的远距离传送。

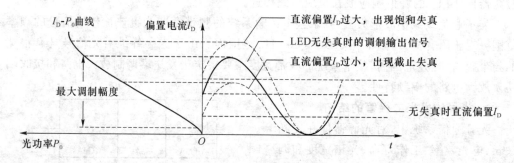

图 4.14.2　LED 信号的调制

音频信号光纤传输系统发送端 LED 的驱动和调制电路如图 4.14.3 所示,以 BG₁ 为主要元件构成的电路是 LED 的驱动电路,调节这一电路中的 RP₂ 可使 LED 的偏置电流在 0～20 mA 的范围内变化。被传输的音频信号由以 IC₁ 为主要元件构成的音频放大电路放

大后经电容器 $C_4$ 耦合到 $BG_1$ 基极,对 LED 的工作电流进行调制,从而使 LED 发送出光强随音频信号变化的光信号,并经光导纤维把这一信号传至接收端。

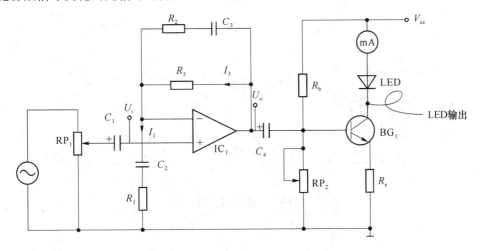

图 4.14.3　光信号发送器的原理图

根据运算放大电路理论,图 4.14.3 中音频放大电路的闭环增益为

$$G(j\omega) = 1 + \frac{Z_2}{Z_1}$$

式中,$Z_2$,$Z_1$ 分别为放大器反馈阻抗和反相输入端的接地阻抗,只要 $C_3$ 选得足够小,$C_2$ 选得足够大,在所要求带宽的中频范围内,$C_3$ 的阻抗很大,它所在支路可视为开路。而 $C_2$ 的阻抗很小,它可视为短路。在此情况下,放大电路的闭环增益为 $G(j\omega) = 1 + \dfrac{R_3}{R_1}$。$C_3$ 的大小决定了高频端的截止频率 $f_2$,而 $C_2$ 的值决定着低频端的截止频率 $f_1$,故该电路中的 $R_1$,$R_2$,$R_3$,$C_2$ 和 $C_3$ 是决定音频放大电路增益和带宽的几个重要参数。

**4. 光信号接收器**

硅光电二极管(SPD)可以把传输光纤出射端输出的光信号的光功率转变为与之成正比的光电流 $I_0$,表征 SPD 光电转换效率的物理量称为响应度。响应度是描述光电检测器光电转换能力的物理量,定义为:$R = \dfrac{\Delta I}{\Delta P}$,单位是 $\mu A/\mu W$。其中,$\Delta P$ 表示两个测量点对应的入照光功率的差值;$\Delta I$ 是对应的光电流的差值。

图 4.14.4 是光信号接收器的电路原理图,其中硅光电二极管是峰值响应波长与发送端光信号发送器 LED 光源发光中心波长很接近的 SPD(如图 4.14.5 所示),它对峰值波长的响应度为 $0.25 \sim 0.5 \ \mu A/\mu W$。SPD 的任务是把传输光纤出射端输出的光信号的光功率转变为与之成正比的光电流 $I_0$,然后经 $IC_2$ 组成的 $I/V$ 转换电路再把光电流转换成电压 $U_0$ 输出,$U_0$ 和 $I_0$ 之间有以下关系:$U_0 = R_f I_0$。

以 $IC_3$ 为主要元件构成的是一个集成音频功率放大电路,该电路的电阻元件(包括反馈电阻在内)均集成在芯片内,只要调节外接的电位器 $RP_{nf}$ 就可改变功率放大电路的电压增益,功率放大电路中电容 $C_{nf}$ 的大小决定着该电路的下限截止频率。

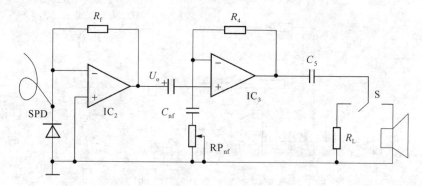

图 4.14.4　光信号接收器的原理

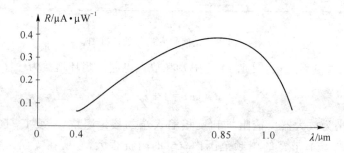

图 4.14.5　硅光电二极管的频率响应

[实验仪器]

音频信号光纤传输技术实验仪,光功率计,光纤一盘,信号发生器,双踪示波器,万用表,导线若干。

[实验内容]

**1. LED-传输光纤组件电光特性的测定**

利用光功率计测量 LED 驱动电路三极管的偏置电流与 LED 输出光功率之间的关系曲线。将图 4.14.3 中 LED 的输出接入光功率计,利用发送器上的电位器 $RP_2$ 可以调节驱动电路三极管的基极电位,进而改变偏置电流 $I_D$。

注意:实验开始前,需要检查 $RP_2$ 是否逆时针旋转到最小(对应基极电位为零的位置),然后再打开发送器和光功率计的电源开关。偏置电流 $I_D$ 每增加 4 mA 测量一次。

**2. 硅光电二极管(SPD)特性及响应度的测定**

这部分实验有以下两个内容。

（1）用数字万用表测量 $R_f$ 的值。注意：测量时发送器、接收器的电源应断开。

（2）用数字万用表测量 LED 的偏置电流与接收器上的输出电压 $U_o$ 之间的关系。要求偏置电流在 0～20 mA 范围内逐渐增加，每增加 4 mA 测量一次对应的接收器上的输出电压 $U_o$。作 SPD 的光电特性曲线（$I$-$P$ 曲线），并计算出被测光电二极管的响应度 $R$ 的值。（这里的功率为实验内容 1 中测出的光功率。）

### 3. LED 偏置电流与无截止畸变最大调制幅度关系的测量

利用双踪示波器测量发送器输入信号 $U_i$ 和 $R_e$ 两端的输出的信号。当输入信号大小改变时，$R_e$ 两端输出信号无畸变的最大幅值与三极管工作点的位置选择有关。实验要求信号源频率为 1 kHz，通过 $RP_1$ 改变输入信号的幅值，对不同偏置电流下 $R_e$ 两端输出信号无畸变的最大幅值进行观察，确定 LED 驱动电路中三极管的最佳工作点（即输出信号的幅值最大时对应的偏置电流）。

实验要求偏置电流的调节范围 0～20 mA，每隔 4 mA 进行一次测量。观察并记录 $R_e$ 两端输出无截止畸变的最大调制幅度。

### 4. 光信号发送器调制放大电路幅频特性的测定

本实验装置是为音频信号的传输而设计的，当信号频率超出音频范围时，输出信号的幅度将下降。通常将输出信号幅度下降到最大值的 70% 时对应的频率范围定义为通频带，实验要求在输入信号幅值不变，但频率改变时，测量输出信号的放大倍数，并确定带宽。

依次改变信号发生器输出频率分别为 100 Hz, 500 Hz, 1 kHz, 3 kHz, 5 kHz, 6 kHz, 7 kHz, 8 kHz, 9 kHz, 10 kHz, 12 kHz, 14 kHz, 16 kHz, 18 kHz, 20 kHz, 用示波器观测放大器相应的输入和输出端波形的峰-峰值并将结果记录下来。由观测结果绘出幅频特性曲线，利用实验结果确定带宽和增益，并与理论计算值进行比较（已知：$R_1 = 1\ \text{k}\Omega$, $R_2 = R_3 = 30\ \text{k}\Omega$, $C_2 = 4.7\ \mu\text{F}$, $C_3 = 2\ 000\ \text{pF}$）。

### 5. 光信号接收实验

在偏置电流为 15 mA，输入信号 $U_i$ 的峰-峰值为 10 mV，频率在 100 Hz 时，改变信号发生器的频率，观察示波器上与实验内容 4 中对应频率下发送器和接收器输出电压 $U_o$ 的峰-峰值。根据测量结果做出 $f$-$U_o$（发送器）和 $f$-$U_o$（接收器）的曲线。

### 6. 光信号的放大

保持 $U_i$ 在 10 mV 左右，偏置电流 $I_D = 15$ mA，分别观察接收端功放电路的电位器 $RP_{nf}$ 对信号输出的影响。

（1）令 $RP_{nf} = 0$，改变发送端信号源频率，用示波器观察接收端功放电路输出电压随信号频率的变化；

（2）$RP_{nf} =$ 最大，重复以上观察，将结果与电位器 $RP_{nf} = 0$ 时的情况进行比较，并对比较结果进行分析和讨论。

### 7. 语音信号的传送

将半导体收音机的信号接入发送器的输入端,在接收器功放输出端接上扬声器,试验整个音频信号光纤传输系统的音响效果。实验时可适当调节发送器 LED 的偏置电流、输入信号的幅度或接收器功放电路中的电位器 $RP_{nf}$ 的阻值,考察传输系统的听觉效果。

[思考题]

(1) 发送器电路包括哪几部分,其中 $IC_1$ 和 $BG_1$ 的作用是什么? 接收器电路包括哪几部分,其中 $R_f$ 的作用是什么?

(2) 在进行光信号的远距离传输时应如何设定偏置电流和调制幅度?

(3) 信号传输过程中如何判断调制信号幅度过大? 有几种判断方法?

(4) 在音频范围内整个系统的频带宽度取决于什么?

# 实验 4.15　超声波探测实验

　　声波是一种弹性波,超声波是频率在 $2 \times 10^4 \sim 10^{12}$ Hz 的声波。超声波具有方向性好、穿透力强、易于产生和接收、探头体积小等特点,并且能够在所有弹性介质中传播,因此超声波广泛应用在生产和人们生活中。

　　超声波有 3 大类应用:第一类是用做检测,用来探查和测量材料以及自然界的一些非声学量,例如,海洋中的探测、材料的无损检测、医学诊断、地质勘探等;第二类应用是用做大功率处理,就是用来改变材料的某些非声学性质,例如,超声手术、超声清洗、超声雾化、超声加工、超声焊接、超声金属成型等;第三类应用是制造表面波电子器件,例如,振荡器、延迟器、滤波器等。

## [实验目的]

　　(1) 了解超声波的产生方法及超声波定向探测的原理;

　　(2) 测量超声波声束扩散角,用直探头探测缺陷深度,斜探头探测缺陷深度和水平距离。

## [实验原理]

### 1. 超声波的产生

　　能将其他形式的能量转换成超声振动能量的方式都可以用来产生超声波。例如,压电效应、磁致伸缩效应、电磁声效应和机械声效应等。目前普遍使用的是利用压电效应来产生和接收超声波。

　　某些固体物质在压力(或拉力)的作用下产生变形,从而使物质本身极化,在物体相对的表面出现正、负束缚电荷,这一效应称为压电效应。其物理机理如图 4.15.1 所示。通常具有压电效应的物质同时也具有逆压电效应,即当对其施加电压后会发生形变。超声波探头利用逆压电效应产生超声波,而利用压电效应接收超声波。

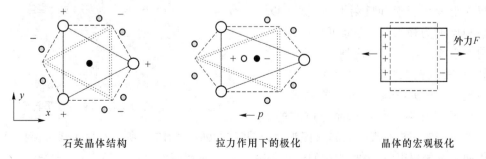

石英晶体结构　　　　　　　　拉力作用下的极化　　　　　　　晶体的宏观极化

图 4.15.1　石英晶体的压电效应

用于产生和接收超声波的材料一般被制成片状(晶片),并在其正反两面镀上导电层(如镀银层)作为正负电极。如果在电极两端施加一脉冲电压,则晶片发生弹性形变,随后发生自由振动,并在晶片厚度方向形成驻波,如图 4.15.2(a)所示。如果晶片的两侧存在其他弹性介质,则会向两侧发射弹性波,波的频率与晶片的材料和厚度有关。

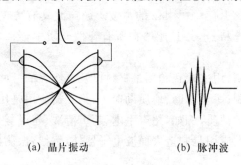

(a) 晶片振动　　(b) 脉冲波

图 4.15.2　脉冲超声波的产生

适当选择晶片的厚度,使其产生弹性波的频率在超声波频率范围内,该晶片即可产生超声波。在晶片的振动过程中,由于能量的减少,其振幅也逐渐减小,因此它发射出的是一个超声波波包,通常称为脉冲波,如图 4.15.2(b)所示。

如果晶片内部质点的振动方向垂直于晶片平面,那么晶片向外发射的就是超声纵波。超声波在介质中传播可以有不同的波形,它取决于介质可以承受何种作用力以及如何对介质激发超声波。超声波通常有以下 3 种波形。

纵波波形:当介质中质点振动方向与超声波的传播方向一致时,此超声波为纵波波形。

横波波形:当介质中质点的振动方向与超声波的传播方向相垂直时,此种超声波为横波波形。由于固体介质除了能承受体积变形外,还能承受切变变形,因此,当其有剪切力交替作用于固体介质时均能产生横波。横波只能在固体介质中传播。

表面波波形:表面波波形是沿着固体表面传播的具有纵波和横波的双重性质的波。表面波可以看成是由平行于表面的纵波和垂直于表面的横波合成,振动质点的轨迹为一椭圆,在距表面 1/4 波长深处振幅最强,随着深度的增加很快衰减,实际上离表面一个波长以上的地方,质点振动的振幅已经很微弱了。

波形转换:实际上,超声波在两种固体界面上发生折射和反射时,纵波可以折射和反射为横波,横波也可以折射和反射为纵波。超声波的这种现象称为波形转换,其图解如图 4.15.3 所示。

超声波探头:在超声波分析测试中,是利用超声波探头产生脉冲超声波的。

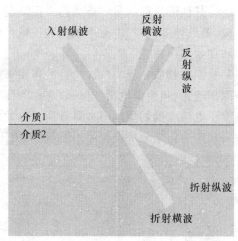

图 4.15.3　超声波的反射、折射和波形转换

常用的超声波探头有直探头和斜探头两种,其结构如图 4.15.4 所示。探头通过保护膜或斜楔向外发射超声波;吸收背衬的作用是吸收晶片向背面发射的声波,以减少杂波;匹配

电感的作用是调整脉冲波的波形。

实验中所使用的探头既可以用来发射超声波,又可以用来接收超声波。探头的工作方式有单探头和双探头两种。使用单探头时,探头既用来发射超声波,又用来接收超声波。这时必须使用连通器把实验仪的发射接口和接收接口连接起来。采用这种方式,发射脉冲也被接收,在示波器上可以看到其波形,称发射脉冲波形为始波。使用双探头方式时,一个探头用来发射超声波,而另一个探头用来接收超声波。采用这种方式一般看不到发射脉冲波形,但是由于发射电压很高,有时会有感应信号。本实验采用单探头形式。

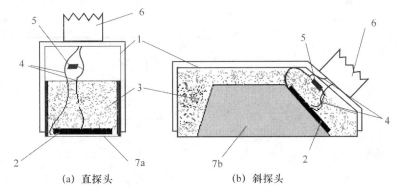

(a) 直探头　　　　　　　　　　(b) 斜探头

1—外壳 2—晶片 3—吸收背衬 4—电极接线 5—匹配电感 6—接插头 7a—保护膜 7b—斜楔

图 4.15.4　直探头和斜探头的基本结构

实验中检测出来的波有两种:一是直接从晶片发射的波,称为射频波,如图 4.15.5(a)所示,该波形类似于图 4.15.2,包含了高频波的成分;另一种波称为检波,它是把发射波的高频成分进行了滤波后得到的波包,如图 4.15.5(b)所示。实验中为了便于观察,我们选择检波输出。

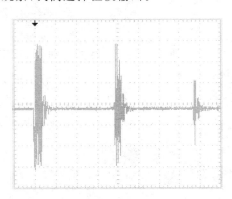

(a) 示波器观察的包含高频成分的射频波

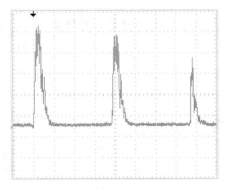

(b) 经过滤波后的检波图形

图 4.15.5　示波器观察到的接收信号

221

## 2. 定位原理

定位是超声探测的重要内容之一。定位主要是利用超声波探头发射能量集中的特性,同时还要求被测材质的声速均匀。如图 4.15.6 所示,超声波在传播过程中能量集中在一定的范围内。在同一深度位置,中心轴线上的能量最大,当偏离中线到位置 $X_1$,$X_2$ 时,能量减小到最大值的一半。其中 $\theta$ 角定义为探头的扩散角。$\theta$ 越小,探头方向性越好,定位精度越高。

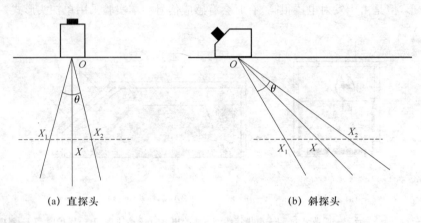

(a) 直探头　　　　　　　　　　　　　(b) 斜探头

图 4.15.6　超声波探头的指向性

在进行缺陷定位时,必须找到缺陷反射回波最大的位置,使得被测缺陷处于探头的中心轴线上,然后测量缺陷反射回波对应的时间,根据工件的声速可以计算出缺陷到探头入射点的垂直深度或水平距离。

[实验内容]

### 1. 直探头声束扩散角的测量

可以用 B 孔测量直探头声束扩散角,如图 4.15.7 所示,利用直探头分别找到 B 通孔对应的回波,移动探头使回波幅度最大,并记录该点的位置 $x_0$ 及对应回波的幅度,然后向左边移动探头使回波幅度减小到最大振幅的一半,并记录该点的位置 $x_1$;同样的方法记录下探头右移时回波幅度下降到最大振幅一半时对应点的位置 $x_2$;则直探头扩散角为

$$\theta = 2\arctan \frac{|x_2 - x_1|}{2H_B} \tag{4.15.1}$$

### 2. 用直探头探测缺陷 C 钻孔的深度

在超声波检测中,可以利用直探头来探测较厚工件内部缺陷的深度。在本实验中,用直探头探测 C 钻孔离探测面的深度。

方法一：绝对探测法

绝对探测法是通过直接测量反射回波时间，根据声速计算出缺陷的深度。

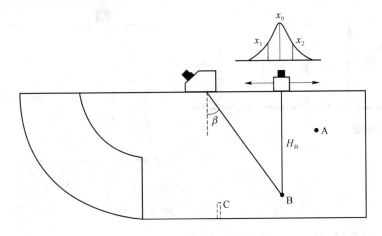

图 4.15.7　探头扩散角的测量

第一步：把直探头放在试块上，找到底面反射的回波如图 4.15.8(a)所示，$B_1$，$B_2$ 是底面一、二次回波。利用试块底面的二次回波测量直探头的延迟时间 $t_0$ 和纵波声速 $v$：

$$t_0 = 2t_1 - t_2 \tag{4.15.2}$$

$$v = \frac{2H}{t_2 - t_1} \tag{4.15.3}$$

式中，$H$ 为探测面到工件底面的距离，$t_1$ 和 $t_2$ 分别为第一、二次反射回波的传播时间，即图 4.15.8(a)中从始波到 $B_1$ 和 $B_2$ 的时间。

第二步：按图 4.15.8(b)找到 C 孔最大回波；利用示波器，测量缺陷 C 孔的回波时间 $t_C$。则 C 孔的深度 $H_C$ 为

$$H_C = \frac{v(t_C - t_0)}{2} \tag{4.15.4}$$

方法二：相对探测法

相对探测法是先利用已知深度的反射回波进行深度标定，然后直接从屏幕上读出被测缺陷回波的深度。

第一步：按图 4.15.8(b)找到 C 孔的最大回波。

第二步：利用试块底面的二次回波进行深度标定，即从示波器上直接读出 $B_2$，$B_1$ 回波的时间差 $t_2 - t_1$。

第三步：根据标定比例换算出 C 孔回波对应的深度 $H_C$：

$$\frac{t_2 - t_1}{t_1 - t_C} = \frac{H}{H - H_C} \tag{4.15.5}$$

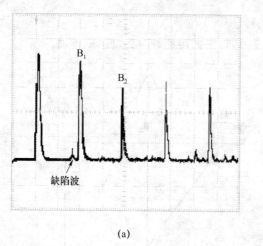

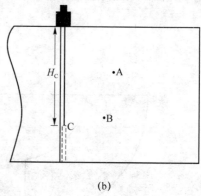

| (a) | (b) |

图 4.15.8　直探头探测钻孔深度

**3. 斜探头探测缺陷 C 的深度和水平距离**

用直探头可以探测出 C 孔的深度，C 孔的横向位置需采用斜探头确定。

由图 4.15.9 可见，C 孔的深度为 $H_C$，水平距离为

$$X_C = L_C + X_{CO} - L'$$

$\beta$ 是斜探头在被测试块中的折射角，只要知道 $L_C$，$X_{CO}$，$L'$，$\beta$ 的值就可计算出 $H_C$，$X_C$ 的值。

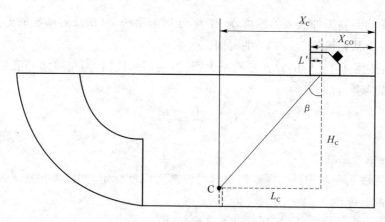

图 4.15.9　用斜探头测量缺陷 C

第一步：测探头的前沿与入射点的距离 $L'$。如图 4.15.10(a)，观察 $R_1$ 和 $R_2$ 的反射回波，前后移动探头，使 $R_1$ 与 $R_2$ 面的反射回波最大，用米尺测量探头前沿到工件端点的距离 $L$，进而得到探头的前沿与入射点的距离 $L'$：

$$L' = R_2 - L \tag{4.15.6}$$

224

第二步：利用 $R_1$ 和 $R_2$ 反射面测量斜探头的延迟时间 $t_0$ 和声速 $v$，如图 4.15.10(b)所示：

$$t_0 = 2t_1 - t_2 \tag{4.15.7}$$

$$v = \frac{2(R_2 - R_1)}{t_2 - t_1} \tag{4.15.8}$$

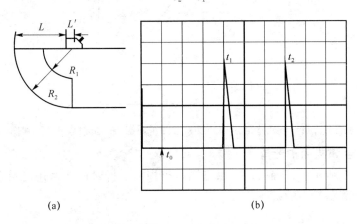

图 4.15.10　测量延迟时间和声速示意图

第三步：用试块中已知位置的横通孔 A 和 B 测量斜探头的折射角 $\beta$，如图 4.15.11 所示：

$$\tan\beta = \frac{S}{H_{AB}} \tag{4.15.9}$$

式中，A，B 为试块中的两个已知位置的横孔，让斜探头先后找到孔 A 和 B 的最大反射回波，分别测量出探头前沿到端面的水平距离为 $L_{AO}$，$L_{BO}$，已知它们的深度为 $H_A$，$H_B$，则有

$$S = L_{BO} - L_{AO} - L_{AB} \tag{4.15.10}$$

$$H_{AB} = H_B - H_A \tag{4.15.11}$$

折射角为

$$\beta = \arctan\left(\frac{S}{H_{AB}}\right) \tag{4.15.12}$$

第四步：用斜探头找出 C 孔的最大反射回波的位置，用示波器读出 $t_C$，根据已测出的 $v$，即可计算出 $H_C$，$X_C$。

我们也可以用底面棱边的反射波测量斜探头的折射角 $\beta$。如图 4.15.11 所示，让斜探头找到底面棱边的最大反射回波，测量出探头前沿到端面的水平距离 $L_{DO}$，则：

$$\tan\beta = \frac{L_{DO} + L'}{H} \tag{4.15.13}$$

225

折射角为
$$\beta = \arctan\left(\frac{L_{DO} + L'}{H}\right)$$

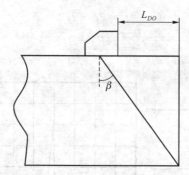

图 4.15.11 利用底面棱边的反射波测量斜探头的折射角 $\beta$ 的示意图

**4. 测斜探头声束的扩散角**

如图 4.15.7 所示,对于斜探头,由已测量出探头的折射角 $\beta$,利用测量直探头同样的方法,按下式计算斜探头的扩散角:

$$\theta \approx 2\arctan\left(\frac{x_2 - x_1}{2H_B}\cos^2\beta\right) \tag{4.15.14}$$

其中 $\beta$ 已在斜探头测缺陷深度中测出。

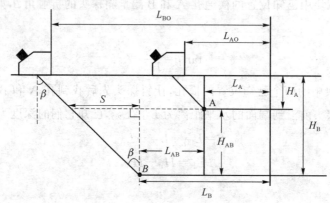

图 4.15.12 斜探头参数测量 $\beta$

**[注意事项]**

(1) 必须在试块上点滴耦合剂后,才能移动探头;

(2) 发射端应该与探头相接,不能直接连接到示波器。

**[附录] CSK-IB 铝试块尺寸图和材质参数**

CSK-IB 铝试块尺寸图和材质参数如图 4.5.13 和表 4.15.1 所示。

单位:mm。

尺寸:$R_1=30,R_2=60,H=60,L_A=20,H_A=20,L_B=50,H_B=50$。

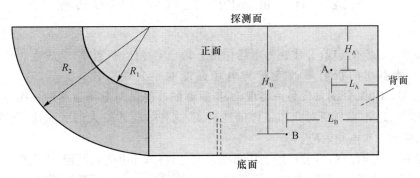

图 4.15.13　CSK-IB 铝试块尺寸图

表 4.15.1　材质参数表(仅供参考)

| 参数 | 数值 | 参数 | 数值 | 参数 | 数值 |
|---|---|---|---|---|---|
| 纵波声速 | 6.27 mm/$\mu$s | 横波声速 | 3.10 mm/$\mu$s | 表面波声速 | 2.90 mm/$\mu$s |
| 弹性模量 | $6.94 \times 10^{10}$ N/m² | 泊松系数 | 0.33 | 材质密度 | 2.7 g/cm³ |

# 实验 4.16  晶体的电光效应与信号传输

1875 年, J. 克尔发现, 介质在外电场作用下其光学特性(折射率)会发生相应改变, 并且证明, 由此引起的折射率改变量与电场强度的平方成正比。其后, W. C. 伦琴和 A. 孔脱于 1883年又分别发现另一类现象, 折射率的改变量与电场强度的一次方成正比。直到 1893 年, F. 泡克耳斯对此作了详细地论证, 这种效应才被人们所承认, 分别称为二次电光效应和一次电光效应。

根据电光效应原理, 目前已经制作出很多电光器件, 如电光调制器、电光偏转器、电光开关、双稳态器件等, 它们在激光通信、激光测距、激光显示和光学数据处理等方面有重要应用。

[实验目的]

(1) 掌握晶体电光效应的物理原理和电光调制的工作原理;
(2) 观察电光效应所引起的晶体光学性能的变化和会聚偏振光的干涉现象;
(3) 学会测量晶体的半波电压、电光常数;
(4) 了解光通信的基本原理。

[实验原理]

### 1. 会聚光(锥形光)干涉现象的观察

按照图 4.16.1 给出的光路, 当 $P_1$ 和 $P_2$ 相互垂直时, 可以在检测器后面的白屏上看到会聚光干涉的现象, 如图 4.16.2 所示。观察屏上各点的光强用公式可以表示为

$$I = \frac{A^2}{2}\sin^2 2\theta (1 - \cos \delta) \qquad (4.16.1)$$

式中, $A$ 为光强的幅度, $\theta$ 为观察屏上某点的光线与 $P_2$ 通光方向的夹角, $\delta$ 为 o 光和 e 光的位相差。

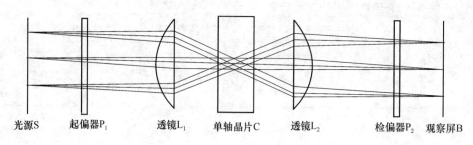

光源S　起偏器$P_1$　　透镜$L_1$　单轴晶片C　透镜$L_2$　　检偏器$P_2$　观察屏B

图 4.16.1  会聚光干涉装置简图

现以图 4.16.2(a)为例说明十字线的成因。在视场中心,由于晶片表面垂直于光轴,所以在会聚光中央的一条光线与光轴方向是一致的,光进入晶体后不产生双折射。在正交偏光器下,中心始终是消光点,即成一黑中心点,这点常称为单轴晶体的光轴出露点。对于不平行于光轴的其他光线,都与光轴有一定的夹角,进入晶片时都要产生双折射,由于 o 光振动方向应垂直于主截面(入射光与晶面法线形成的面,称为主截面),e 光振动方向应在主截面内,这样同一等色线上各点的光在通过晶片时,其振动方向应如图 4.16.3(a)所示。

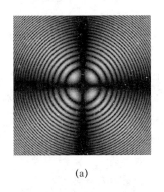 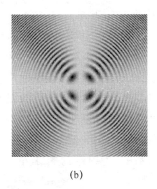

(a)　　　　　　　　　　　　　(b)

图 4.16.2　会聚光干涉光斑

该图表示垂直光轴的截面,$P_1$ 和 $P_2$ 分别表示起偏器和检偏器的透光轴方向,显然在 $F$ 点只有 e 光没有 o 光,在 $D$ 点只有 o 光,没有 e 光。又因为 $P_1 \perp P_2$,因此 $F, D$ 两点通过检偏器后是暗的。同理,沿 $P_1$ 和 $P_2$ 方向上其他各点也都是暗的,因此形成暗十字线。4.16.3(b)则绘出了不同方向的光在通过晶片时的振动方向。

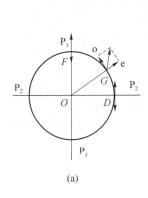 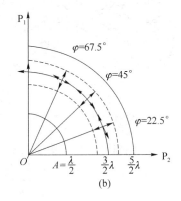

(a)　　　　　　　　　　　　　(b)

图 4.16.3　干涉暗十字线的成因

利用前面的干涉光强度公式(4.16.1),也可以得到相同的结论。同理也可以说明 $P_1 /\!/ P_2$ 时出现亮十字像,如图 4.16.2(b)所示。

### 2. 电光效应

由电场引起的晶体折射率的变化称为晶体的电光效应。晶体折射率随电场的变化可表示为

$$n = n_0 + aE_0 + bE_0^2 + \cdots \qquad (4.16.2)$$

式中，$a$，$b$ 为常数，$E_0$ 为电场强度，$n_0$ 是电场强度为零时晶体的折射率。由电场一次项引起的晶体折射率变化 $aE_0$ 的效应，称为一次电光效应或线性电光效应或泡克耳斯（Pockels）效应；由二次项引起的折射率变化 $bE_0^2$ 的效应，称为二次电光效应或克尔效应。

### 3. 折射率椭球分析方法

电光效应主要是由于电场引起了晶体的折射率分布的改变，因此需要用折射率椭球分析法来研究。

众所周知，光在各向异性的晶体中传播时，因为光的电矢量振动方向不同，晶体对光的折射率也不同。通常，将晶体介质的光学折射率分布用一折射率椭球来表示。这样外加电场的作用可以被看成是对该椭球的"扰动"。这种"扰动"进而引起椭球的"畸变"，于是电光互作用问题就转化为对"畸变"椭球的几何分析。

在主轴坐标系中，折射率的椭球方程为

$$\frac{x^2}{n_1^2} + \frac{y^2}{n_2^2} + \frac{z^2}{n_3^2} = 1 \qquad (4.16.3)$$

式中，$n_1$，$n_2$，$n_3$ 分别为椭球 3 个主轴方向上的折射率。

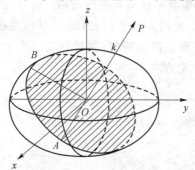

图 4.16.4　折射率椭球

如图 4.16.4 所示，从折射率椭球的坐标原点 $O$ 出发，向任意方向作一直线 $OP$，令其代表光波的传播方向 $k$。然后，通过 $O$ 垂直于 $OP$ 作椭球的中心截面，该截面是椭圆，其长、短半轴的长度 $OA$ 和 $OB$ 分别等于光波沿 $OP$ 传播、电位移矢量振动方向分别与 $OA$，$OB$ 平行的两个线偏振光的折射率 $n'$ 和 $n''$。显然 $k$，$OA$，$OB$ 三者互相垂直，如果光波的传播方向 $k$ 平行于 $x$ 轴，则两个线偏振光的折射率等于 $n_2$，$n_3$；同样，当 $k$ 平行于 $y(z)$ 轴时，相应的光波折射率亦可知。

铌酸锂晶体是单轴晶体，其折射率椭球的表达式为

$$\frac{x^2 + y^2}{n_o^2} + \frac{z^2}{n_e^2} = 1 \qquad (4.16.4)$$

式中，$n_o$ 和 $n_e$ 分别为晶体的寻常光和非常光的折射率。

本实验主要研究铌酸锂（LiNbO₃）晶体的一次电光效应，而且电场方向同 $x$ 轴方向，由计算知电场对 $z$ 轴的影响可以忽略不计，因此只考虑 $x$-$y$ 平面内的情况。

铌酸锂晶体折射率椭球在 $x$-$y$ 平面内的截面为圆，其方程为（$z=0$）

$$\frac{x^2+y^2}{n_o^2}=1 \tag{4.16.5}$$

当给晶体加上电场 $E_x$ 后,截面圆变为椭圆,方程为

$$\frac{1}{n_o^2}x^2+\frac{1}{n_o^2}y^2-2r_{22}E_xxy=1 \tag{4.16.6}$$

式中,$r_{22}$ 为晶体的电光系数。

进行主轴变换〔$x=\frac{\sqrt{2}}{2}(x'+y')$,$y=\frac{\sqrt{2}}{2}(x'-y')$,相当于绕 $z$ 轴旋转 45°〕后得

$$\left(\frac{1}{n_o^2}-r_{22}E_x\right)x'^2+\left(\frac{1}{n_o^2}+r_{22}E_x\right)y'^2=1 \tag{4.16.7}$$

从式(4.16.7)可以看出,加电场后晶体产生感应轴 $x'$ 和 $y'$,截面由圆变成椭圆。
考虑到 $n_o^2r_{22}E_x\ll1$,经过化简得到

$$n_{x'}=n_o\frac{1}{\sqrt{1-n_o^2r_{22}E_x}}\approx n_o+\frac{1}{2}n_o^3r_{22}E_x$$
$$n_{y'}=n_o\frac{1}{\sqrt{1+n_o^2r_{22}E_x}}\approx n_o-\frac{1}{2}n_o^3r_{22}E_x \tag{4.16.8}$$

### 4. 电光调制原理

利用电光效应对光束进行调制的过程称为电光调制。根据加在晶体上电场的方向与光束在晶体中传播方向的不同,可以分为纵向调制和横向调制。电场方向平行于光的传播方向,称为纵向电光调制,电场方向垂直于光的传播方向,称为横向电光调制。横向电光调制的优点是半波电压低,驱动功率小,应用较为广泛。

本实验利用铌酸锂晶体的横向电光效应,使输出的激光辐射强度按照调制信号的规律变化,实现幅度调制。

(1) 横向电光调制

如图 4.16.5 所示,起偏器的偏振化方向平行于晶体的 $x$ 轴,检偏器的偏振化方向平行于 $y$ 轴。入射光经过起偏器后变为振动方向平行于 $x$ 轴的线偏振光,它在晶体的感应轴($x'$,$y'$)上形成的电场的两个分量分别为

$$e_{x'}=A\cos\omega t$$
$$e_{y'}=A\cos\omega t \tag{4.16.9}$$

现用复振幅表示方法,把位于晶体表面($z=0$)的光场表示为

$$E_{x'}(0)=A$$
$$E_{y'}(0)=A \tag{4.16.10}$$

所以入射光的强度为

$$I_i=|E_{x'}(0)|^2+|E_{y'}(0)|^2=2A^2 \tag{4.16.11}$$

当光通过长为 $l$ 的晶体后,在 $x'$,$y'$ 轴上的两分量就产生位相差 $\delta$,有

$$E_{x'}(l) = A$$
$$E_{y'}(l) = Ae^{-i\delta}$$

(4.16.12)

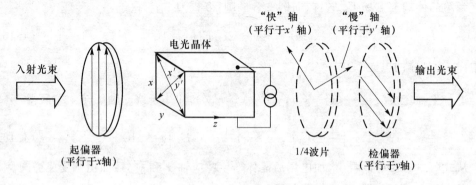

图 4.16.5　晶体横向电光调制器示意图

通过检偏器出射的光是该两分量在 $y$ 轴上的投影之和为

$$(E_y)_\text{o} = \frac{A}{\sqrt{2}}(e^{-i\delta} - 1)$$

(4.16.13)

对应的输出光强为

$$I_\text{t} = \frac{A^2}{2}\big[(e^{-i\delta} - 1)(e^{i\delta} - 1)\big] = 2A^2 \sin^2 \frac{\delta}{2}$$

(4.16.14)

由式(4.16.11)和式(4.16.14)，光强的透过率 $T$ 为

$$T = \frac{I_\text{t}}{I_\text{i}} = \sin^2 \frac{\delta}{2}$$

(4.16.15)

利用式(4.16.8)可得

$$\delta = \frac{2\pi}{\lambda}(n_{x'} - n_{y'})l = \frac{2\pi}{\lambda}n_\text{o}^3 r_{22} U \frac{l}{d}$$

(4.16.16)

式中，$d,l$ 分别为晶体的厚度和长度，$U$ 为加在晶体上的电压。

可见，当电压 $U$ 增加到某一值时，$x',y'$ 方向的偏振光经过晶体后产生 $\lambda/2$ 的光程差，位相差 $\delta = \pi$，$T = 100\%$，这一电压称做半波电压，用 $U_\pi$ 表示。半波电压是描述晶体电光效应的重要参数，在实验中此电压越小越好，$U_\pi$ 小，需要的调制信号电压也小。根据半波电压值可以估计电光效应控制透光强度所需电压。

由式(4.16.16)可得

$$U_\pi = \frac{\lambda}{2n_\text{o}^3 r_{22}} \frac{d}{l}$$

(4.16.17)

由此可见，横向电光调制的半波电压与晶片的几何尺寸有关。

若给晶体加的电压包含交流成分，即 $U = U_0 + U_\text{m} \sin \omega t$，由式(4.16.15)、式(4.16.16)得

$$\delta = \pi \frac{U}{U_\pi}$$

$$\tag{4.16.18}$$

$$T = \sin^2 \frac{\pi}{2U_\pi} U = \sin^2 \frac{\pi}{2U_\pi}(U_0 + U_m \sin \omega t)$$

式中,$U_0$ 是直流偏压,$U_m \sin \omega t$ 是交流调制信号,改变 $U_0$ 或 $U_m$,输出特性将发生相应的变化。

对于单色光,$\dfrac{\pi n_o^3 r_{22}}{\lambda}$ 为常数,因而 $T$ 仅随晶体上所加电压变化,如图 4.16.6 所示,$T$ 与 $U$ 的关系是非线性的。若工作点选择不合适,会使输出信号发生畸变。但在 $\dfrac{U_\pi}{2}$ 附近有一近似直线部分,称为线性工作区。当 $U = \dfrac{U_\pi}{2}$ 时,$\delta = \dfrac{\pi}{2}$,$T = 50\%$。

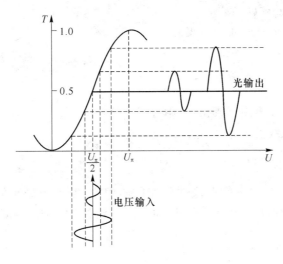

图 4.16.6　$T$ 与 $U$ 的关系曲线

（2）改变直流偏压对输出特性的影响

① 当 $U_0 = \dfrac{U_\pi}{2}$,$U_m \ll U_\pi$ 时

将工作点选择在线性工作区的中心处,可获得较高效率的线性调制,把 $U_0 = \dfrac{U_\pi}{2}$ 代入式(4.16.18)得

$$\begin{aligned}
T &= \sin^2\left(\frac{\pi}{4} + \frac{\pi}{2U_\pi}U_m \sin \omega t\right) \\
&= \frac{1}{2}\left[1 - \cos\left(\frac{\pi}{2} + \frac{\pi}{U_\pi}U_m \sin \omega t\right)\right] \\
&= \frac{1}{2}\left[1 + \sin\left(\frac{\pi}{U_\pi}U_m \sin \omega t\right)\right]
\end{aligned}$$

$$\tag{4.16.19}$$

当 $U_m \ll U_\pi$ 时,有

$$T \approx \frac{1}{2}\left[1+\left(\frac{\pi U_m}{U_\pi}\right)\sin \omega t\right] \tag{4.16.20}$$

这时调制器输出的波形和调制信号的波形的频率相同,即线性调制。

② 当 $U_0=0,U_m \ll U_\pi$ 时

将其代入式(4.16.18)得

$$T=\sin^2\left(\frac{\pi}{2U_\pi}U_m\sin \omega t\right) \approx \frac{1}{4}\left(\frac{\pi U_m}{U_\pi}\right)^2\sin^2 \omega t \approx \frac{1}{8}\left(\frac{\pi U_m}{U_\pi}\right)^2(1-\cos 2\omega t)$$

$$\tag{4.16.21}$$

从式(4.16.21)可以看出,输出光强度变化的频率是调制信号频率的两倍,即产生"倍频"失真。

③ 当 $U_0=U_\pi,U_m \ll U_\pi$ 时

代入式(4.16.18),同上推导可得

$$T \approx 1-\frac{1}{8}\left(\frac{\pi U_m}{U_\pi}\right)^2(1-\cos 2\omega t) \tag{4.16.22}$$

仍是"倍频"失真。

④ 直流偏压 $U_0$ 在零附近或在 $U_\pi$ 附近变化时

由于工作点不在线性工作区,输出波形失真。

⑤ 当 $U_0=\frac{U_\pi}{2},U_m>U_\pi$ 时

调制器的工作点虽然选择在线性工作区的中心,但不满足小信号调制的要求,式(4.16.19)不能写成式(4.16.20)的形式,此时的透射率函数式(4.16.19)应展开成贝塞尔函数:

$$T=\frac{1}{2}\left[1+\sin\left(\frac{\pi}{U_\pi}U_m\sin \omega t\right)\right]$$

$$=2\left[J_1\left(\frac{\pi U_m}{U_\pi}\right)\sin \omega t-J_3\left(\frac{\pi U_m}{U_\pi}\right)\sin 3\omega t+J_5\left(\frac{\pi U_m}{U_\pi}\right)\sin 5\omega t+\cdots\right] \tag{4.16.23}$$

由式(4.16.23)可以看出,输出的光束除包含交流的基波外,还含有奇次谐波。此时,调制信号的幅度极大,奇次谐波不能忽略。因此,虽然工作点选在线性区,输出波形仍失真。

[实验仪器]

晶体电光调制器,电光调制电源,接收放大器,氦氖激光器(或半导体激光器),双踪示波器,万用表。

[实验内容]

(1) 调节光路:调节起偏器与检偏器正交,且分别平行于 $x,y$ 轴。

按图 4.16.1 布置光路。

234

打开激光电源,调节晶体位置,使光通过晶体,在检偏器后面的白屏上可看到弱光点。这时在屏上可看到单轴晶体的锥光干涉图〔注意:如果实验装置中没有 $L_1$(与晶体组装在一起)和 $L_2$ 这两个透镜,则需要将一片毛玻璃紧靠晶体前放置,毛玻璃的作用与 $L_1$ 类似〕。暗十字中心对应着晶体的光轴方向,十字的方向对应于两个偏振片的偏振化方向。微调三维调节架上晶体的方位,使干涉图样中心与光点位置重合,尽可能使图样对称、完整,确保光束与晶体的光轴平行,且从晶体的中心穿过。

再调整起偏器和检偏器,使干涉图样出现清晰的暗十字,且十字的一条线水平,另一条竖直,如图 4.16.2(a)所示。

这一步很重要,会影响下一步的测量,因此要仔细调节。

(2) 观察晶体的会聚偏振光干涉图形和电光效应:

① 在上面的调节过程中,加到晶体上的偏压为零,我们看到的是单轴晶体的锥光干涉图形;

② 打开电光调制电源,给晶体加上偏压,观察图形是否变化,给出自己的解释;

③ 改变偏压的大小和极性,记录干涉图形的变化并解释。

(3) 测出透射光强度 $T$(相对值)与直流偏压 $U$ 的关系,作 $T\text{-}U$ 曲线,从曲线上求出半波电压,计算出电光系数 $r_{22}$。操作步骤如下:

① 取出毛玻璃,将交流偏压调到 0 V,增大直流偏压,透过检偏器的光强应逐渐变强,超过一定电压后又减小,且偏压为 0 V 时光强最小。如光强最小处偏压有几十伏,说明光路调节不准直,需要重新调节光路。

② 改变直流偏压,使透射光强最大。在起偏器前加减光片(偏振片),旋转减光片尽量减弱光强(但仍然能够看到光点)。

③ 用光电二极管将光强转变为电流,经放大器放大后输出为与光强成正比的电压 $U$,用万用表测量。打开放大器电源,将放大器的直流输出接到万用表电压挡,将二极管逐渐对准光点,注意万用表读数不可超过 2.5 V。

④ 按照给定的晶体半波电压,测量偏压与输出光强之间的关系(注意:在半波电压附近取点密一点)。列表记录数据以及晶体的尺寸(见仪器上的标签)、折射率($n_0 = 2.29$)和激光器的波长(实验室所用半导体激光器波长为 635 nm)。

⑤ 在坐标纸上作 $T\text{-}U$ 曲线,从曲线上求出半波电压。

(4) 用调制法测定铌酸锂晶体的半波电压。

给晶体加交流电压,信号幅度不要太大,否则会出现式(4.16.23)中的情况,不论偏压为多少,输出信号全部失真。当直流电压达到式(4.16.22)中的极大值和极小值时,将出现倍频失真。相邻倍频失真对应的直流电压之差就是半波电压。

具体做法是:将电源前面板上的调制信号"输出"接到示波器的 $CH_2$,接收放大器的交流输出信号接到 $CH_1$,比较两信号的周期,可测出半波电压。

将交流信号幅度调到最大,选择不同的工作点,观察现象并解释。将交流信号减小到适当幅度,在半波电压附近改变直流偏压,记录出现倍频的直流偏压。

(5) 用(4)中所测数据计算半波电压和晶体的电光系数 $r_{22}$。

(6) 用 1/4 波片改变工作点,观察输出特性。

把示波器接到放大器上,去掉晶体上所加的直流偏压,给晶体加上交流信号。把 1/4 波片放在晶体和检偏器之间,绕光轴缓慢旋转 1/4 波片时,可看到输出波形发生变化,当波片的快、慢轴平行于晶体的感应轴时,输出光线性调制;当波片的快、慢轴分别平行于晶体的 $x,y$ 轴时,输出出现"倍频"失真。因此波片旋转一周,出现 4 次线性调制和 4 次倍频失真。

注意:通过给晶体加直流偏压可以改变调制器的工作点,也可以用 1/4 波片选择工作点,其效果是一样的,但工作机理不同,可以参考其他相关文献,这里不作介绍。

(7) 光通信演示。按下电源面板上信号选择开关中的"音乐"键,输出的音乐信号通过放大器上的扬声器播放,改变直流偏压的值,所听到的音乐音质不同。通过通光和遮光,演示激光通信。

**[注意事项]**

(1) 光电管要尽量在弱光下使用,避免强光照射;

(2) 晶体易断裂,实验时严禁移动晶体(如有问题请老师解决)。

**[思考题]**

(1) 本实验没有会聚透镜,为什么能看到锥光干涉? 如何根据锥光干涉图调整光路?

(2) 测定工作曲线时,为什么光强不能太大? 如何调节光强?

(3) 当晶体上不加交流信号,只加直流电压 $\dfrac{U_\pi}{2}$ 或 $U_\pi$ 时,在检偏器前从晶体末端出射的光的偏振态如何? 怎样检测?

(4) 用此系统能否测量云母片的相位延迟量 $\Delta\varphi$? 请设计实验方案,简述实验步骤。有哪些因素影响测量误差? 能测量任意大小的位相差吗?

# 实验 4.17　法拉第旋光效应

　　1845 年法拉第(Faraday Michael,1791—1867,英国物理学家和化学家)发现,当一束线偏振光沿磁场方向通过玻璃时,其偏振面发生了旋转。这个实验是最早显示了光与磁之间的内在联系的实验。这个效应被称之为法拉第磁光效应。1865 年,麦克斯韦把法拉第的电磁近距作用思想和安培开创的电动力学规律结合在一起,总结出了著名的麦克斯韦方程组,预言了电磁波的存在,并预言光也是电磁波。法拉第旋光效应的重要特性是,无论光的传播方向与磁场方向是平行或是反平行,线偏振光的旋转方向都相同。当光第一次经过具有磁光效应的物质,会旋转一定的角度,被反射后,按原路再一次经过该物质时,将旋转同样的角度。显然,法拉第磁光效应的这一特点,可用于制作光隔离器,也可以制作光开关。

[实验目的]

　　(1) 了解旋光现象,以及普通旋光和磁致旋光之间的区别;
　　(2) 学习自搭特斯拉计及霍尔效应测量磁场的实际应用;
　　(3) 掌握磁致旋光效应各相关物理参数的基本测量方法。

[实验原理]

### 1. 旋光现象

　　当线偏振光通过某些透明物质(如石英、糖溶液、酒石酸溶液等)后,其振动面将以光的传播方向为轴旋转一定的角度,这种现象称为旋光现象。1811 年,阿拉果首先发现石英有旋光现象,以后毕奥(J. B. Biot)和其他人又发现许多有机液体和有机物溶液也具有旋光现象。凡能使线偏振光振动面发生旋转的物质称为旋光物质,或称该物质具有旋光性。

　　如图 4.17.1 所示,$P_1$ 和 $P_2$ 分别为起偏器和检偏器。显然,在没有旋光物质时,$P_2$ 后面的视场是暗的。当在 $P_1$ 和 $P_2$ 之间加入旋光物质后,$P_2$ 后的视场将变亮,将 $P_2$ 旋转某一角度后,视场又将变暗。这说明线偏振光透过旋光物质后仍然是线偏振光,只是其振动面旋转了一个角度。振动面旋转的角度称为旋光度,用 $\varphi$ 表示。

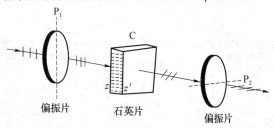

图 4.17.1　石英的旋光现象

线偏振光通过旋光晶体时,旋光度 $\varphi$ 和晶体厚度 $d$ 成正比,即

$$\varphi = \alpha d \qquad\qquad (4.17.1)$$

式中,$\alpha$ 是比例系数,与旋光晶体的性质、温度以及光的频率有关,称为该晶体的旋光率。

不同的旋光物质可以使线偏振光的振动面向不同的方向旋转。人们对旋光方向作下述约定:迎着光传播方向观察,若出射光振动面相对于入射光振动面沿顺时针方向旋转为右旋;沿逆时针方向旋转称为左旋。

在图 4.17.1 中,若用白光照射,由于旋光度随波长而改变,因此不同颜色的光不能同时消光,故 $P_2$ 后的视场是彩色的,旋转 $P_2$ 其色彩会发生变化,这种现象称做旋光色散。

**2. 旋光现象的菲涅耳解释**

菲涅耳提出了一种唯象理论来解释物质的旋光性质。线偏振光可以分解为左旋圆偏振光和右旋圆偏振光。左旋圆偏振光和右旋圆偏振光以相同的角速度沿相反方向旋转,它们的合成为在一直线上振动的线偏振光。在旋光物质中左旋圆偏振光和右旋圆偏振光传播的相速度不相同。

假定右旋圆偏振光在某旋光物质中传播速度比左旋圆偏振光的速度快(如图 4.17.2 所示),在旋光物质出射面处观察,由于右旋圆偏振光速度快,因此右旋圆偏振光振幅旋转过的角度较大,在出射面处,两圆偏光合成的线偏振光 $E_P$ 的振动方向比起原来(进入旋光物质前)的振动方向 $E_{P0}$ 来,顺时针方向转过角度 $\theta$,这就是右旋。当材料中左旋圆偏振光的相速度较大时,就是左旋光材料。

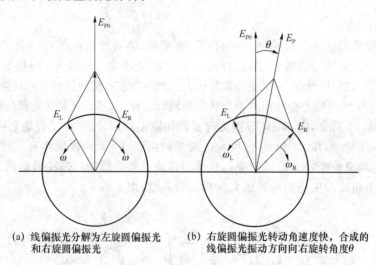

(a) 线偏振光分解为左旋圆偏振光　　　(b) 右旋圆偏振光转动角速度快,合成的
　　 和右旋圆偏振光　　　　　　　　　　　线偏振光振动方向向右旋转角度$\theta$

图 4.17.2　旋光现象的唯象解释

**3. 磁致旋光**

前面介绍的是物质的天然旋光性,实际上,有些物质本身不具有旋光性,但在磁场作

用下具有旋光性,称为磁致旋光效应。实验装置如图 4.17.3(a)所示。

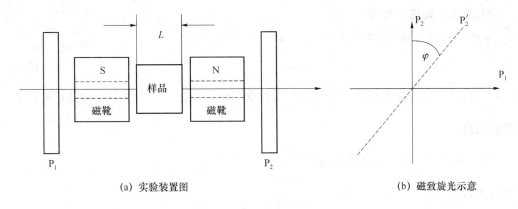

(a) 实验装置图　　　　　　　　　　(b) 磁致旋光示意

图 4.17.3　法拉第效应

磁致旋光中振动面的旋转角 $\varphi$〔见图 4.17.3(b)〕和样品长度 $L$ 及磁感应强度 $B$ 成正比,即

$$\varphi = VLB \tag{4.17.2}$$

式中,$V$ 是一个与物质的性质、光的频率有关的常数,称为费尔德(Verdet)常数。某些物质的费尔德常数值如表 4.17.1 所示。

**表 4.17.1　几种物质的费尔德常数值(在 $\lambda = 589.3$ nm 的线偏振光照射下)**

| 物　质 | 温度/℃ | $V$ /(弧分·高斯$^{-1}$·厘米$^{-1}$) | $V$ /(度·高斯$^{-1}$·厘米$^{-1}$) | $V$ /(弧度·特$^{-1}$·米$^{-1}$) | $V$ /(分·特$^{-1}$·米$^{-1}$) |
|---|---|---|---|---|---|
| 轻火石玻璃 | 18 | 0.031 7 | $5.28 \times 10^{-4}$ | 6.22 | $3.17 \times 10^4$ |
| 水晶(垂直光轴) | 20 | 0.016 6 | $2.77 \times 10^{-4}$ | 4.83 | $1.66 \times 10^4$ |
| 食　盐 | 16 | 0.035 9 | $5.98 \times 10^{-4}$ | 10.44 | $3.59 \times 10^4$ |
| 水 | 20 | 0.013 1 | $2.18 \times 10^{-4}$ | 3.18 | $1.31 \times 10^4$ |
| 二硫化碳 | 20 | 0.042 3 | $7.05 \times 10^{-4}$ | 12.30 | $4.23 \times 10^4$ |
| 空　气 * | 0 | $6.27 \times 10^{-8}$ | $1.04 \times 10^{-7}$ | 0.001 82 | 6.27 |

* $\lambda = 578.0$ nm 和 $p = 1.01 \times 10^5$ Pa。

磁致旋光也有左右之分。我们规定:当光的传播方向和磁场方向平行时,迎着光的方向观察,光的振动面向左旋转(逆时针),则费尔德常数为正。用右手螺旋法则很容易记住:如费尔德常数为正,则当右手拇指指向 $B$ 的方向,其余成拳的四个手指的方向就是光振动面旋转的方向。

值得注意的是,天然旋光的旋转方向与光的传播方向有关,而磁致旋光的旋转方向与光的传播方向无关,而决定于外加磁场的方向。若将出射光再反射回晶体,则通过天然旋光晶体的线偏光沿原路返回后振动面将回复原位,而通过磁致旋光晶体的线偏光将继续旋光,其振动面与原振动面夹角更大。

### 4. 法拉第效应旋光角的计算

费尔德常数与介质材料性质的关系可以用下式表示:

$$V(\lambda) = -\frac{e}{2mc} \cdot \lambda \cdot \frac{\mathrm{d}n}{\mathrm{d}\lambda} \tag{4.17.3}$$

式中,$e$ 为电子电荷,$m$ 为电子质量。显然,测出费尔德常数,也可以计算电子的荷质比 $e/m$。

[实验仪器]

半导体激光器,发光二极管,偏振片,磁致旋光材料。

[实验内容]

(1) 用集成霍尔元件自组特斯拉计测量磁场;

(2) 测量磁铁中心励磁电流 $I$ 与磁场 $B$ 之间的对应关系;

(3) 分别测量在不同入射波长时,磁场强度与偏转角度 $\theta$ 的关系。

注意:测量时要改变磁场方向,同一方向磁场测量 2～3 个数据即可。

[数据处理]

已知磁光材料的色散特性为

$$\frac{\mathrm{d}n}{\mathrm{d}\lambda} = \frac{1.8 \times 10^{-14} m^2}{\lambda^3} \tag{4.17.4}$$

(1) 作 $B$-$I$ 曲线图;

(2) 根据测量数据作不同波长下磁场强度与旋光度的曲线图,即 $\varphi$-$B$ 图;

(3) 计算不同波长的费尔德常数 $V$;

(4) 用测量的费尔德常数计算电子的荷质比 $e/m$ 并与理论值(1.758 804 7×10¹¹ C/kg)比较;

(5) 根据上述结果,对实验结果进行分析,并给出结论。

[注意事项]

(1) 组装特斯拉计时,输入电压不要超过 5 V,以免损坏霍尔元件;

(2) 激光器输出光强较大,不要用眼睛直视光斑,应借助白屏从侧面观察。

[附录]

用 UGN3503 型集成霍尔元件组装特斯拉计电路如图 4.17.4 所示,其中虚线框内为 UGN3503 型集成霍尔元件,当在电路中输入 5 V 电压后,由于霍尔效应,处于磁场中的霍尔片会在与电流方向和磁场方向垂直的方向产生霍尔电压,霍尔电压经差分放大器放大后输出,在输出端和 5 V 电压端及接地端之间接有 IN4004 型整流二极管。在外加磁场为零时,从 OUT 端输出电压值为 2.500 V。当有外加磁场时,输出电压 $U$ 和外加磁场强度 $B$ 的关系为

$$B = \frac{U - 2.500}{K_\mathrm{H}}$$

式中,$K_\mathrm{H}$ 为霍尔元件灵敏度。只要测得输出电压 $U$,根据上式就可以得到磁场强度 $B$。

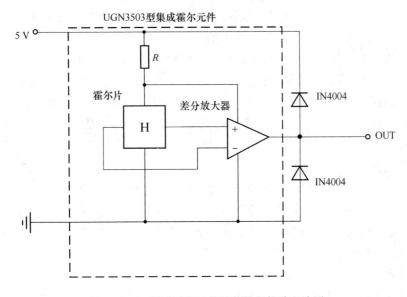

图 4.17.4 集成霍尔元件组装特斯拉计电路图

# 实验 4.18　液晶电光特性及应用

自 1888 年奥地利植物学家莱尼茨尔(F. Reinitzer)发现液晶以来,经过科学家们长期辛勤的研究,特别是 1968 年美国无线电公司的海麦尔(G. H. Heilmeier)发现向列相液晶的透明薄层通电时会出现混浊现象(电光效应)以后,人们对液晶结构、特性和应用的认识得到了飞跃性的发展。现在,液晶已经被广泛地应用到许多新技术领域,成为物理学家、化学家、生物学家、电子学家们新的用武之地。

通常说物质有三态,即气态、固态、液态。普通的无机物或有机物晶体分子在晶格结点上作有规则排列,即构成所谓的晶格点阵,是三维有序的。这种结构使晶体具有各向异性,如光学各向异性,介电、介磁各向异性等。当晶体受热后,在晶格上排列的分子动能增加,振动加剧,在一定压力下,达到固态和液态平衡时的温度,就是该物质的熔点。在熔点以下这种物质呈固态,熔点以上呈液态。在液态时,晶体所具有的各种特性均消失,变为各向同性的液体。

某些有机物晶体熔化时,并不是从固态直接变为各向同性的液体,而是经过一系列的"中介相"。如胆甾醇苯甲酸晶体加热时,出现两个温度突变点,前一个是其熔点(mp)为 145.5 ℃。高于此温度,晶体熔融为混浊的液体。只有到达 178.5 ℃时,才转变为清澈的液体,这个温度被称为清亮点(cp)。熔点与清亮点之间的相态是一种中介相。处于中介相状态的物质,原有分子排列位置的有序在熔化后丧失或大大减少,但是还保留分子平行。某种情况下,分子能自由平动,但是它们的转动总是受限制的;分子长轴取向的长程关联在中介相中还是可以得到。因此一方面具有像流体一样的流动性和连续性,另一方面它又具有像晶体一样的各向异性,这样的有序流体就是液晶。在熔点和清亮点之间为液晶相区间,这个区间可能存在着一系列相变化。当物质从各向同性的状态中冷却时,类似晶体的特征又恢复。这种中介相热力学上是可逆的。

构成液晶的分子为有机分子,大多为棒状,即它的长度尺寸为直径尺寸的 5 倍以上。由于分子结构的这种对称性,使得分子集合体在没有外界干扰的情况下相互平行排列,以使系统自由能最小。但是,各个分子之间并不严格平行,我们用序参数 $S$ 来描述液晶排列的有序程度。

$$S = 1/2 \langle (3\cos^2\theta - 1) \rangle \tag{4.18.1}$$

式中,$\theta$ 是分子长轴与参考方向之间的夹角,"$\langle \rangle$"表示平均值。$S$ 值随温度变化,一般可以近似表示为

$$S = K[(T_c - T)/T_c] \tag{4.18.2}$$

式中,$T_c$ 为向列相液晶清亮点,$T$ 为向列相液晶的温度,$K$ 为比例常数。随温度增加,$S$

值下降,达到清亮点(即各向同性)时,$S$ 值降到零,成为普通液体,如图 4.18.1 所示。

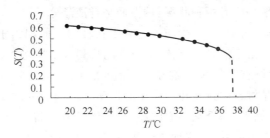

图 4.18.1　典型的液晶序参数 $S(T)$ 值随温度变化的曲线

但是,液晶具有液体的流动性,不可能脱离固体容器的盛载,但固体容器表面往往给液晶带来干扰,破坏液晶整体一致的排列性,而变成 1 μm 至数十微米取向不同的小畴。实验证明,对于薄的液晶盒,基片表面状态和液晶分子之间的相互作用将决定液晶在盒内的排列和排列的稳定性。所以在制作液晶器件时,一定要在基板上进行相应的处理,以保持液晶整体的排列。

# 实验 4.18.1　液晶的物理特性

[实验原理]

## 1. 液晶的物理特性

由液晶的命名可知,液晶态是一种介于液体和晶体之间的中间态,它既具有液体的流动性、黏度、形变等机械性质,又具有晶体的力、热、光、电、磁等物理性质。与液晶的光学和电学性质相关的物理参量如下。

(1) 介电各向异性 $\Delta\varepsilon$

由于液晶分子的长棒状结构,介电常数 $\varepsilon$ 包含两个分量 $\varepsilon_{/\!/}$ 和 $\varepsilon_{\perp}$,如图 4.18.2 所示,$\Delta\varepsilon=\varepsilon_{/\!/}-\varepsilon_{\perp}$。$\Delta\varepsilon>0$ 称为正性液晶,$\Delta\varepsilon<0$ 称为负性液晶。$\Delta\varepsilon$ 的极性将决定在外加电场中液晶分子的排列方向是平行于电场(正性)还是垂直于电场(负性)。

(2) 光学各向异性 $\Delta n$

光在液晶中传播时,会发生双折射现象,产生寻常光(o 光)和非寻常光(e 光),$\Delta n=n_e-n_o=n_{/\!/}-n_{\perp}$,相当于单轴晶体。$\Delta n>0$ 的液晶称为光学正性液晶。由于折射率与光速成反比,因此光学正性的液晶平行于长轴方向的光速小于垂直方向。长棒状液晶几乎全部都是光学正性的液晶。若 $\Delta n<0$,则称之为光学负性液晶。实际上,折射率与介电常数满足如下关系:

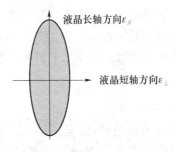

图 4.18.2　液晶的介电各向异性

$$n=\sqrt{\frac{\mu\varepsilon}{\mu_0\varepsilon_0}}$$

243

式中，$\mu_0$ 和 $\varepsilon_0$ 是真空中的导磁率和介电常数。因此，光学正性的液晶就是正性液晶。

偏振光入射正性液晶时有两种状况：偏振面平行液晶分子取向，折射率大，光速小；偏振面垂直液晶分子取向，折射率小，光速大。分子长轴的方向相当于液晶的光轴，与普通晶体材料的光轴类似。由于液晶是液体，其分子的排列方向易受外界条件的影响，即液晶的光轴可以随外界条件改变，使得液晶与一般晶体相比，具有更多的电光特性。

实验中使用的液晶材料被封装在两片涂有透明导电薄膜的玻璃中，玻璃的表面是经过特殊处理的（如将玻璃表面，沿某一方向擦一下，液晶分子将沿此方向很规则地排列），液晶分子的排列将受表面的影响，这种装置称为液晶盒。图 4.18.3 显示了液晶沿经过特殊处理的表面，按照一定规律排列的典型情况。

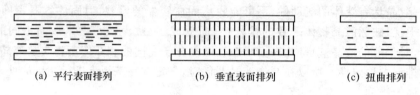

(a) 平行表面排列　　　　　(b) 垂直表面排列　　　　　(c) 扭曲排列

图 4.18.3　液晶的排列

## 2. 扭曲排列液晶的电光特性

在扭曲向列液晶(TN)中，从一个表面到另一个表面，液晶分子的排列方向刚好旋转了 90°。实际上，也有两表面方向旋转角度大于 90° 的液晶，称为超扭曲向列液晶(Super Twisted Nematic，STN)。

TN 和 STN 液晶都具有很强的旋光特性。一般而言，线偏振光通过旋光物质后，其振动面的旋转角度 $\theta$ 与旋光物质的厚度 $d$ 成正比，即

$$\theta = \alpha(\lambda)d \tag{4.18.3}$$

式中，$\alpha(\lambda)$ 为旋光本领(Optical Rotatory Power)，又称旋光率，与入射光的波长有关。以线偏振白光垂直入射液晶，透过液晶后，不同波长的光的偏振方向旋转的角度不同，从而使得某个波长的光无法透过检偏器，因此光屏上将看到这种颜色的补色。这种色散现象称为旋光色散。一般 TN 型液晶色散现象不明显，旋光率在可见光范围内几乎不变，因此所有光通过 TN 型液晶后都旋转 90°，因此 TN 型液晶具有较好的对比度。本实验所采用的液晶盒是旋转角度为 120° 的 STN，其旋光本领在可见光范围内变化较大，可以看到明显的旋光色散。其旋光本领可由下式给出：

$$\alpha = -\frac{2\pi}{p_0}\frac{\Delta\varepsilon^2}{8\left(\dfrac{\lambda^2}{p_0^2}\right)\left(1-\dfrac{\lambda^2}{p_0^2\varepsilon_0}\right)} \tag{4.18.4}$$

式中，$\alpha$ 为旋光率，$\Delta\varepsilon$ 是长轴方向和短轴方向的介电常数之差，$p_0$ 是液晶的螺距，$\lambda$ 是光在真空中的波长，$\varepsilon_0$ 是液晶的平均介电常数。在可见光范围内，$1-\lambda^2/(p_0^2\varepsilon_0)$ 的变化很小，因此可以认为液晶的旋光度正比于 $\lambda^{-2}$。

### 3. 液晶光栅

当以氦氖激光器为光源时,重复光开关实验,可以发现,当缓慢增加电压至 $U_B$($U_B <$ $U_C$)左右时,液晶将形成液晶光栅(如图 4.18.4 所示),产生光栅衍射。若迅速增加电压,可发现液晶会首先形成二维衍射图案,但这种图案并不稳定,经过一段时间以后(几分钟),液晶最终会形成稳定的衍射图案,如图 4.18.5 所示。由于液晶本身杂质和缺陷,液晶光栅的排列并不是绝对规则的,另外由于外界条件不稳定的影响,液晶的生长不能绝对沿某一方向,而在一定范围内都可以形成,相当于有多个沿不同方向排列的光栅,因此形成如图 4.18.5 所示的衍射图案。液晶生长条件控制得越好,其方向性越好,衍射图案越接近光栅衍射。

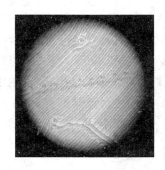

图 4.18.4　显微镜下看到的液晶光栅

图 4.18.5　液晶光栅衍射图案

[实验仪器]

白炽灯,偏振片(两个),液晶盒及电源,白屏,半导体激光器(650 nm)及不同波长的发光二极管光源。

实验所用的光源为实验室自制的发光二极管及激光器(红色),共 7 个光源,依次如下表所示。

| 光源 | 白光 | 蓝光 | 绿光 1 | 绿光 2 | 绿光 3 | 黄光 | 红光激光器 |
| --- | --- | --- | --- | --- | --- | --- | --- |
| 波长/nm | - | 467 | 507 | 522 | 543 | 587 | 650 |

[实验内容]

(1) 观察液晶的旋光色散现象并解释;

(2) 测量不同波长的偏振光的旋转角度;

(3) 测量形成液晶光栅所需要的最小电压和最大电压;

(4) 测量液晶光栅的光栅常数;

(5) 观察液晶的二维衍射图案。

(1) 激光器功率为 3 mW 以上,不可直视!

(2) 液晶盒电源的"连续/间歇"按钮选择"连续"。

(3) 测量液晶光栅的最小电压和最大电压时,3 V 以上每加 0.2 V 需等液晶稳定 1 min。

# 实验 4.18.2  液晶的电光特性及应用

[实验原理]

从液晶显示的手表的出现开始,液晶就作为电子时代的重要角色分外引人注目。之后又相继出现了带有液晶显示的电子手册、便携式电话、情报工具、游戏机、翻译辞典、文字处理机、笔记本式计算机、PC 显示器,乃至摄像机、数码相机、多功能电话、可视电话、液晶电视等。如今,液晶已是家喻户晓、人人皆知的名角了。目前,液晶最广泛的应用是在显示方面,由于具有驱动电压低(一般为几伏),功耗极小,体积小,寿命长,环保无辐射等优点,在当今各种显示器件的竞争中有独领风骚之势。其中 TN 型液晶显示器件显示原理较简单,是其他显示方式的基础。

液晶显示的原理主要是基于光开关(如图 4.18.6 所示),若在加电压前两个偏振片刚好处于消光位置,当电压超过阈值电压 $U_{th}$ 时,整个装置将由消光变为通光。同样,也可以先使检偏器处于通光位置,高电压时变为通光。通过电压可以控制液晶是透光还是不透光,如通过控制 7 段数码管上的电压,可以分别显示 0～9 十个数字。当然,显示方式也有两种:白底黑字和黑底白字,如图 4.18.7 所示。

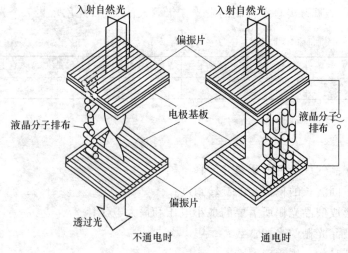

图 4.18.6  液晶光开关工作原理

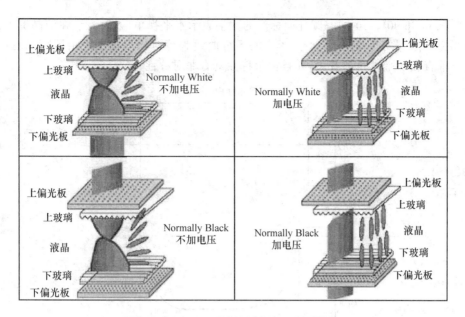

图 4.18.7　TN 型液晶的常白和常黑模式

液晶光开关是由外加电压来控制的。液晶在电场作用下透光强度将发生变化,透光强度与外加电压的关系曲线称为电光曲线。以常白模式为例,当电压小于一定数值时,透过率基本不变,加到某一电压时,透光强度开始变化,随着电压的增加,透光强度减弱,当电压升到一定值后透光强度不再随外加电压变化了。图 4.18.8 给出了常白模式液晶的电光特性曲线。一般,将透光强度变化 10％时的外加电压称为阈值电压

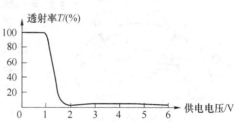

图 4.18.8　液晶光开关的电光特性曲线

$U_{th}$,透光强度变化 90％时的外加电压称为饱和电压 $U_s$。

液晶的透过率受电压的控制,但是,当电压改变时,液晶并不能立即改变其排列方式,而是有一个转变过程,这个过程需要的时间就称为响应时间。如图 4.18.9 所示,简单地说,也就是液晶由暗转亮(上升时间 $\Delta t_1$)或者是由亮转暗(下降时间 $\Delta t_2$)的反应时间,一般所指的 16 ms,8 ms,4 ms 就是这两个时间之和。液晶的响应时间较长时,播放动画就会有严重的拖尾现象。

液晶透光强度的最大值与最小值之比 $T_{max}/T_{min}$,称为对比度。对比度越高,显示效果越好。但是,视角不同,对比度也随之变化。一般情况下,对比度大于 5 时,可以获得满意的图像,对比度小于 2 时,图像就模糊不清了。

如图 4.18.10 所示为某种液晶视角特性的理论计算结果。图中用与原点的距离表示垂直视角(入射光线方向与液晶屏法线方向的夹角)的大小,每个同心圆分别表示垂直视

角为 30°、60° 和 90°。90° 同心圆外面标注的数字表示水平视角(入射光线在液晶屏上的投影与 0° 方向之间的夹角)的大小。图中的闭合曲线为等对比度曲线。由图可以看出,对比度与垂直和水平视角都有关,并且视角特性具有非对称性。

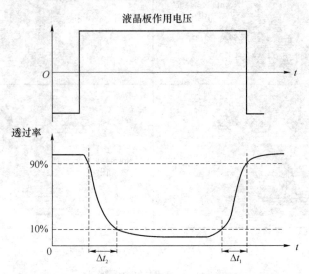

图 4.18.9  液晶的响应时间曲线

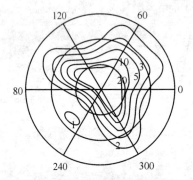

图 4.18.10  液晶的视角特性

矩阵显示方式,是把如图 4.18.11(a)所示的横条形状的透明电极做在一块玻璃片上,称做行驱动电极,简称行电极(常用 Xi 表示),而把竖条形状的电极制在另一块玻璃片上,称做列驱动电极,简称列电极(常用 Si 表示)。把这两块玻璃片面对面组合起来,把液晶灌注在这两片玻璃之间构成液晶盒。为了画面简洁,通常将横条形状和竖条形状的 ITO 电极抽象为横线和竖线,分别代表扫描电极和信号电极,如图 4.18.11(b)所示。

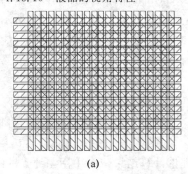

(a)

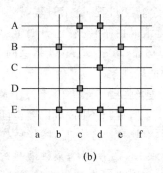

(b)

图 4.18.11  液晶光开关组成的矩阵式图形显示器

248

矩阵型显示器的工作方式为扫描方式。显示原理可依以下的简化说明作一介绍。

欲显示图 4.18.11(b)的那些有方块的像素,首先在 A 行加上高电平,其余行加上低电平,同时在列电极的对应电极 c,d 上加低电平,于是 A 行的那些带有方块的像素就被显示出来了。然后 B 行加上高电平,其余行加上低电平,同时在列电极的对应电极 b,e 上加低电平,因而 B 行的那些带有方块的像素被显示出来了。然后是 C 行、D 行 ⋯⋯ 依此类推,最后显示出一整场的图像。这种工作方式称为扫描方式。

这种分时间扫描每一行的方式是平板显示器的共同的寻址方式,依这种方式,可以让每一个液晶光开关按照其上的电压的幅值让外界光关断或通过,从而显示出任意文字、图形和图像。

[实验仪器]

液晶光开关电光特性综合实验仪。

[实验内容]

**1. 液晶光开关电光特性测量**

(1) 阈值电压和关断电压的测量

自拟表格采用多次测量的方法,测量电压 0～6 V 变化时液晶板的透射率数值,并根据测量曲线得到阈值电压和关断电压。

(2) 时间响应的测量

用数字存储示波器在液晶静态闪烁状态下观察此光开关时间响应特性曲线,可以根据此曲线得到液晶的上升时间 $\Delta t_1$ 和下降时间 $\Delta t_2$。

**2. 液晶光开关视角特性的测量**

(1) 水平方向视角特性的测量

自拟表格测量在供电电压为 0 V 时,液晶板的角度调节液晶屏与入射激光光强之间的关系。注意:首先将透过率显示调 0 和调 100,然后再进行实验。

(2) 垂直方向视角特性的测量

自拟表格测量液晶板垂直方向视角的特性。注意:在改变液晶板角度时,应将电源关断。

**3. 液晶显示器图形显示**

自己设计一个图像,并利用液晶板实现。注意:实验时,应将模式转换开关置于图像显示模式。

# 第5章 设计性与研究性实验

## 实验 5.1 LabVIEW 入门和简单测量

### 1. LabVIEW 简介

随着计算机技术和数字信号处理技术的进步，"虚拟仪器"、"虚拟实验室"等虚拟现实技术的应用变得越来越普及，尤其是在工程学和物理学等学科领域。在物理实验教学中，虚拟仪器通过与其他仪器和电路的相互配合来完成实际实验过程已经非常普遍。虚拟仪器的开发主要是软件的编写。LabVIEW(Laboratory Virtual Instrument Engineering Workbench)是美国国家仪器公司开发的实验室虚拟仪器集成环境的简称，是目前虚拟仪器开发的一个标准工具。它采用全图形化编程，在计算机屏幕上利用其内含的功能库和工具库产生软件面板，为测试系统提供输入值并接收其输出值。它的内部还集成了大量生成图形界面的模板，如各种开关、表头、刻度杆、指标灯等，几乎包含了组成一个仪器所需的所有主要部件，而且用户也可以方便地设计库中没有的仪器。除了具备其他语言所提供的常规函数功能和生成图形界面的大量模板外，LabVIEW 内部还包括有许多特殊的功能函数库和工具库，以及多种硬件设备驱动功能。基于 LabVIEW 开发的虚拟仪器系统可用于测试、过程处理和控制，应用范围极其广泛。利用 LabVIEW 不仅能够轻松方便地完成与各种软硬件的连接，更能完成多种后续数据处理任务，这些强大的功能将我们过去所认识的普通测试仪器与计算机软硬件的数据处理功能集为一体，为我们带来了新一代的数字技术革命。将 LabVIEW 与数据采集卡相连接，可以完成力、热、电、光等物理量的测量，还可以对许多物理量进行并行分析和处理。我们可以根据实验测量的要求来构建不同的测量仪器，使得整个实验过程具有很好的可见性和良好的适应性。本实验为虚拟仪器图形化开发平台 LabVIEW 的入门章节，通过初步学习就可以实现一些简单的测量。

基于 LabVIEW 虚拟仪器的概念实际上是一种编程思想，如图 5.1.1 所示。基于 LabVIEW 的虚拟仪器是从模拟技术向数字技术过渡，从完全由硬件实现其功能向软硬件结合方向过渡,从简单的功能组合向以个人计算机为核心的通用虚拟仪器平台过渡。

LabVIEW 开发平台的核心是图形化编程语言(G 语言,Graphical programming language)。与常规编程语言(C 语言和 BASIC 语言)的最大不同之处是:G 语言不是用语句来表述,而是用图形来表述的。由于用户可以清楚地看见数据如何在程序中"流过",这使得程序的调试更加方便快捷。用 G 语言编写的 LabVIEW 程序操作方式与示波器、万用表等实际仪器类似,这些程序都被称为虚拟仪器(VI)。

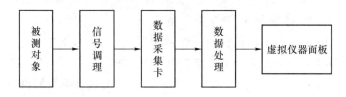

图 5.1.1  虚拟仪器编程思想

**2. 虚拟设计入门**

LabVIEW 具有多个图形化的操作选板,包括工具(Tools)选板、控件(Controls)选板和函数(Functions)选板,分别如图 5.1.2(a),(b)和(c)所示。这些操作选板用于创建和运行程序,可以随意在屏幕上移动,并可以放置在屏幕的任意位置。

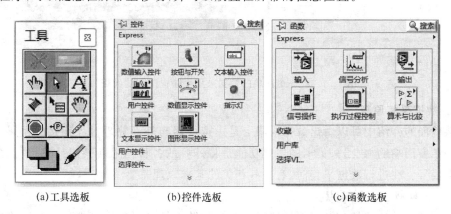

(a)工具选板          (b)控件选板          (c)函数选板

图 5.1.2  LabVIEW 的操作选板

一个基本的 VI 由 3 部分组成:前面板、框图程序和图标连接端口。前面板相当于真实物理仪器的操作面板;程序框图就相当于仪器的电路结构;图标连接端口则负责前面板窗口和框图窗口之间的数据传输和交换。采用 LabVIEW 开发平台创建一个 VI,就是设计一台仪器,包括以下几个步骤:

(1) 新建一个 VI,会弹出两个窗口:前面板和程序框图。

(2) 设计前面板。前面板上一般放置开关、控制旋钮、波形图、电压表等,和一般仪器的面板类似。根据虚拟仪器的功能,可自行选择需要的部件,设计其大小和位置,就完成了前面板的设计。

(3) 完成程序框图的设计。程序框图相当于仪器的内部结构,前面板上的元件分别能实现什么功能,由程序框图来决定。在前面板上放置一个元件,在程序框图中也会对应出现一个节点。如图 5.1.3 所示,在前面板上放置一个波形图显示控件,在程序框图中就会对应出现相应的"data"节点。在"data"节点的左侧有一个数据连接接口,要在波形图上显示的数据就从这里输入。直接将"DAQ 助手"的数据输出接口(右侧)和"data"节点的数据输入接口连接,将数据采集卡采集的数据即可在波形图上直接显示出来,如图 5.1.3(a)所示,该虚拟程序就相当于一个示波器,直接将采集到的信号显示出来。如果想要实现其他功能,在函数选板中就选择其他相应的节点,就可以实现相应的其他功能。如"信号分析"中的"频谱测量",将采集到的信号经过频谱测量后再显示出来。

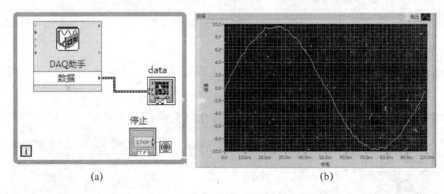

(a)                    (b)

图 5.1.3　一个简单的数据采集程序框图和前面板

**3. 数据采集原理**

从前面的介绍中可以看出数据采集卡是虚拟仪器与外部物理世界连接的桥梁,其重要性是不言而喻的,数据采集卡的主要功能是将外界的各种信号转换成计算机能够识别的数字信号。在进行数据采集时,有一些相关的基本原理需要注意。

(1) 采样频率和采样点

模拟信号是连续的,数字信号是离散的,模数转换就是对一个模拟信号 $x(t)$ 每隔 $\Delta t$ 时间采样一次。时间间隔 $\Delta t$ 被称为采样间隔或者采样周期。它的倒数 $1/\Delta t$ 被称为采样频率。

图 5.1.4 显示了一个模拟信号和它采样后的采样值。从图中可以看出,在模拟信号频率不变的情况下,采样频率越高,采样间隔 $\Delta t$ 就越小,图中的采样点就密集;采样频率越低,图中的采样点就稀疏。如果模拟信号一个周期之内只有少数的几个采样点或不足一个采样点,则无法显示原信号的波形、频率等信息,为了能够采集到完整的正弦波,一般采样频率应 10 倍于信号的频率。

数字信号除了时间上是离散的外,电压值的大小也是离散的。在给定的电压范围内(如$-10\sim10$ V),将电压分成 $n$ 份(如 $2^8=256,2^{12}=4\,096,2^{14}=16\,384$),$n$ 越大,采集卡能够区分的电压就越小,采集卡的测量精度就越高。在相同精度下,电压范围越小,精度越高。因此,在采集信号之前,先确定电压范围,在配置采集卡时确定采集信号的电压最大值和最小值(图 5.14),可以提高采集的精度。

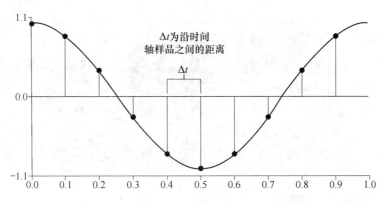

图 5.1.4　模拟信号和采样显示

（2）数据采集卡的简单配置

数据采集卡一般具有多个模拟通道(AI0,…,AI15,差分测量时为 AI0,…,AI7),可以同时采集多路信号,但多个通道是分时复用一个模数转换器。在 LabVIEW 软件中,可以通过数据采集助手(DAQ Assistant)来完成这些配置,如采样通道、采样频率、采样点数等。实验中使用的数据采集卡的型号为 6009,具有 8 个通道,它所能测量的最大电压峰-峰值为 20 V,最大采样率为 48 kHz(单通道使用),如果 8 个通道同时使用,则每个通道的采样率只有 6 kHz。

在使用数据采集卡时,需要选择采样频率和采样点数,它们的大小不能超过仪器的最高采样率,同时还要注意采样率和采样点的匹配。首先,根据模拟信号的频率确定采样频率(一般尽量保证采样频率是模拟信号频率的 10 倍或更高),然后确定信号采集的时间,最后得出需要的采样点数。

## 实验 5.1.1　LED 伏安特性曲线的自动测量

**[实验要求]**

（1）利用 LabVIEW 设计一个简单的低频信号(1 kHz 以下)测量仪,要求该仪器能自动测量并显示信号的频率和幅度(峰-峰值,20 V 以下);

（2）设计利用伏安法测量的虚拟实验仪器;

（3）利用设计好的仪器,测量 LED 的伏安特性,并利用所测量的 LED 工作电压求出

LED 的中心波长。

提示:数据采集卡 DAQ 只能采集电压信号,因此电流的测量实际上也是通过串联电阻上的电压来实现的。图 5.1.5 是一个设计好的虚拟仪器,它具有电压和电流的显示功能,同时还具有自动测量和显示伏安特性曲线的功能。不过要完成这个设计光靠课堂上的几个小时是无法实现的,可以将它作为一个参考,在课下尝试完成一些简单的设计。

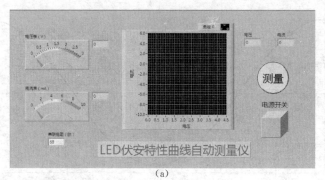

(a)

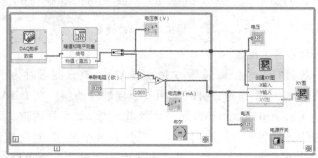

(b)

图 5.1.5 伏安特性曲线自动测量仪前面板和程序框图

[原理提示]

伏安法测电阻是电阻测量的基本方法之一。当一个元件两端加上电压,元件内有电流通过时,电压和电流之间存在着一定的关系。通过元件的电流随外加电压的变化曲线,称为伏安特性曲线。从伏安特性曲线所遵循的规律,可以得知该元件的导电特性。

LED 发光实际上是基于器件在正向偏置情况下,半导体材料中的导电电子在有源层与空穴复合,当电子释放出的能量满足以下关系式时,LED 就可以发光:

$$h\nu = E_g$$

式中,$h$ 是普朗克常量,$\nu$ 是光波的频率,$E_g$ 为带隙的能量宽度。发光二极管的伏安特性和普通二极管大体一致。不同材料的 LED,阈值电压(LED 开始发光时的电压)也不同,例如,GaAs 的阈值电压是 1.0 V,而 GaP(红光)的阈值大约是 1.8 V,GaP(绿光)大约是

2.0 V。光谱的中心波长与工作电压之间的关系则由下式给出：

$$h\nu = eU$$

式中，$e$ 为电子电量，而工作电压 $U$ 为在稳定工作状态下 LED 两端的电压。利用伏安特性曲线可以求出 LED 工作电压 $U$，就可以估算出该 LED 的发光波长。

# 实验 5.1.2  指脉的测量

[实验要求]

设计一个虚拟仪器，完成对指脉信号（手指上的脉搏信号）的测量并实现自动计数功能。

[原理提示]

测量指脉通常使用压阻或压电晶体传感器，将脉搏信号转换为电信号。将传感器绑在大拇指上，脉搏的涌动会对传感器产生压力，使得传感器的输出量发生变化。压阻传感器的改变量是电阻，它需要通过电路来实现测量，而压电晶体则是通过压电效应将压力信号转换成电信号，不需要外接电路。实验中我们使用的是压电晶体传感器。

图 5.1.6 是采集到的指脉信号。需要指出的是，由于指脉信号需要连续采集信号，在配置 DAQ 助手时，采集模式处应选择"连续采样"，如图 5.1.7 所示；在确定后弹出的对话框中选择"是"，让程序自动添加 while 循环，完成后的程序框图如图 5.1.8 所示。

要继续完成程序框图，还需要用到移位寄存器（在循环边框上单击右键，选择"添加移位寄存器"，就会出现一对移位寄存器），循环框左侧的移位寄存器输出的就是前一个循环中保存的数据，本次循环结束时将要保存的数据传递给右侧的寄存器。用"拼接信号"将前一个循环采集的信号（左寄存器）和本次循环采集到的信号拼接在一起送到右寄存器中，就可以连续不断地采集和显示信号。如果想要自动测量这段时间内脉搏的跳动个数、周期、频率和提前估算出脉搏每分钟的跳动个数，需要自行设计程序框图（如使用寻峰函数就可以计算脉搏跳动的个数）和前面板，不断完善指脉测量仪的功能。

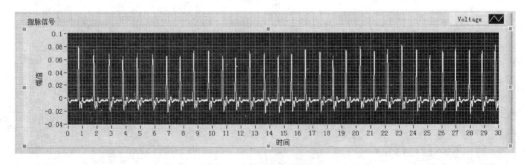

图 5.1.6  指脉信号

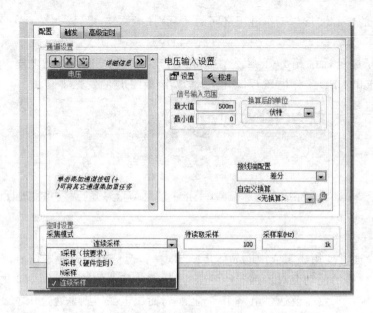

图 5.1.7　连续采集的设置

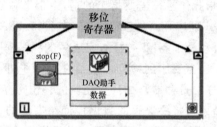

图 5.1.8　程序自动添加的 while 循环

# 实验 5.2　基于 LabVIEW 的设计性实验

在前面学习虚拟仪器的基本原理和设计的基础上,本实验将利用学到的知识完成两个完整的实验测量设计。

## 实验 5.2.1　磁滞回线的测量

[实验要求]

(1) 熟悉基于 LabVIEW 的磁滞回线测量仪的设计原理和使用方法;

(2) 设计测量磁滞回线和磁化曲线的虚拟仪器,并完成测量。

[设计要求]

(1) 在仪器的前面板上,可以同时显示磁滞回线仪的输入输出信号,以及拟合后的磁滞回线;

(2) 可以手动测量磁滞回线的顶点坐标值(磁化曲线),并同时在虚拟仪器的前面板上显示出来;

(3) 仪器具有自动存储测量数据的功能,便于实验后利用计算机的绘图软件对结果进行描绘并讨论。

[仪器用具]

磁滞回线测量仪,LabVIEW 软件,DAQ 数据采集卡。

[原理提示]

铁磁质按它的性能和使用可分为两大类,即软磁材料和硬磁材料。软磁材料的矫顽磁力很小,也就是说它的磁滞回线狭长,磁滞损耗小,适合于做变压器、电机中的铁心等在交变电流下使用的器件。硬磁材料的矫顽磁力很大,常称它为永磁体,电表、收音机、扬声器中都少不了它。除了这两大类以外,还有一种矩磁材料,它的磁滞回线接近于矩形,可以用作"记忆"元件。

### 1. 铁磁材料的特性

介质的磁化规律反映了磁场强度 $H$ 和磁感应强度 $B$ 之间的关系。为了测量介质的磁化规律,一般将待测的磁性材料做成环状样品,在样品上均匀地绕满漆包线作为初级线圈,然后,再绕上若干漆包线作为次级线圈,如图 5.2.1 所示。如果在初级线圈通过交变电流 $I$,则次级线圈会产生感应电动势 $\mathscr{E}$,只要测出感应电动势 $\mathscr{E}$,就可以算出 $B$。图5.2.2

中的曲线为起始磁化曲线。假定在未加电流时铁磁质处于未磁化状态,加上交变电流 $I$,则随着 $I$ 的增加,$H$ 也逐渐增加。当 $H$ 增加时,$B$ 先是缓慢增加,如图中的 $Oa$ 段,然后经过一段快速增加($ab$ 段)后,进入缓慢增加段($bc$ 段),最后趋于饱和。即随着磁场强度的增加,磁感应强度基本不发生变化。图中的 $B_s$ 称为饱和磁感应强度。利用公式 $B = \mu H$,可以从 $B$-$H$ 曲线直接得出 $\mu$-$H$ 曲线,如图 5.2.3 所示,图中的 $\mu_{max}$ 为最大磁导率。当 $B$ 达到饱和值 $B_s$ 之后,如减小 $H$ 使其逐渐回零,此时的 $B$ 并不随之减小到零,而是保留一定的值 $B_r$,称为剩余磁感应强度。为了使 $B$ 减小到零,必须加一反向磁场 $H_c$,通常称为矫顽磁力,当 $H$ 反向增加到最大值时,$B$ 同时达到负最大值,此时反向减小 $H$ 值至零,而 $B$ 为 $-B_r$,要消除 $-B_r$,需正向加 $H$ 至 $H_c$。继续增大 $H$ 至 $H_m$ 最终可以形成图 5.2.4 中的磁滞回线。严格来说,只有经过多次上述变化过程,才能形成稳定的磁滞回线,也只有稳定的磁滞回线才能代表该材料的磁性质。

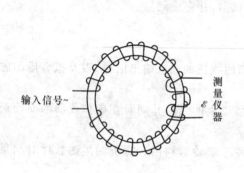

图 5.2.1 磁滞回线的测量

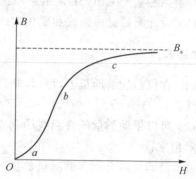

图 5.2.2 起始磁化曲线

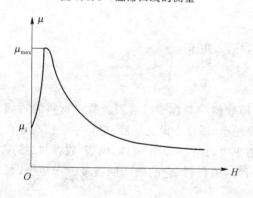

图 5.2.3 $\mu$-$H$ 曲线

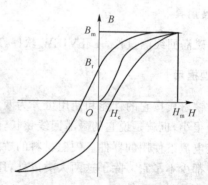

图 5.2.4 磁滞回线

在实际应用中通常关心的是铁磁材料的基本磁化曲线和磁滞回线。基本磁化曲线可以用下述方法得到:依次改变交变电流 $I$ 为 $I_1, I_2, \cdots, I_m (I_1 < I_2 < \cdots < I_m)$,则可以得到一系列的磁滞回线,原点和各磁滞回线顶点坐标 $a_1, a_2, \cdots, a_m$ 的连线就是基本磁化曲线,如图 5.2.5 所示。

258

**2. 虚拟示波器显示磁滞回线的原理和实验线路**

由于 $H \propto I$，$B \propto \mathscr{E}$，因此只要把 $I$ 转换成电压信号，并输入到数据采集卡 DAQ 的 a0 通道上，将 $\mathscr{E}$ 输入到 DAQ 的 a1 上，就可以在设计好的虚拟仪器屏幕上显示出磁滞回线的形状，并利用公式计算出相应的 $H$ 和 $B$ 值。具体的实验线路如图 5.2.6 所示。

从图中可以看出，流过左边线路的磁化电流 $I_1$ 可以通过 $R_1$ 上的压降 $U_x = I_1 R_1$ 得到（要求 $R_1$ 比线圈 $N_1$ 的阻抗小得多）。将 $U_x$ 加在 DAQ-a0 上，DAQ-a0 的信号与 $I_1$ 成正比，又由于 $H = \dfrac{I_1 N}{L}$，所以示波器水平方向的偏移实际上正比于磁场强度 $H$，即

$$U_x = \frac{LR_1}{N_1} H \tag{5.2.1}$$

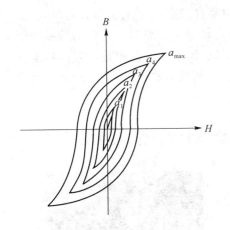

图 5.2.5　磁滞回线和基本磁化曲线图

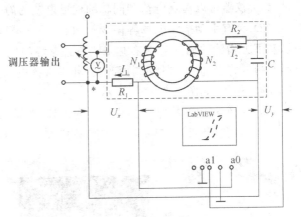

图 5.2.6　实验线路

式 (5.2.1) 表明了在交变磁场下，任一时刻 $t$ 输入到 DAQ-a0 通道的 $R_1$ 上的电压 $U_x$ 正比于磁场强度 $H$，式中的 $L$ 为平均磁路长度，$N_1$ 为初级线圈的匝数。

在同一时刻，由交变磁场 $H$ 产生了交变磁感应强度 $B$，并在次级产生感应电动势 $\mathscr{E}$，它的大小为

$$\mathscr{E} = \frac{\mathrm{d}\Psi}{\mathrm{d}t} = N_2 S \frac{\mathrm{d}B}{\mathrm{d}t} \tag{5.2.2}$$

注意：磁感应强度 $B$ 的正负总是与磁通量变化率的正负相反。式 (5.2.2) 中的 $N_2$ 为次级线圈的匝数，$S$ 为磁路的截面积。为了使示波器能够较真实地反映 $\mathscr{E}$，要求 $R_2 \gg \dfrac{1}{\omega C}$，此时电容两端的电压为

$$U_y = \frac{Q}{C} = \frac{1}{C} \int I_2 \, \mathrm{d}t = \frac{1}{CR_2} \int \mathscr{E} \, \mathrm{d}t \tag{5.2.3}$$

将式 (5.2.2) 代入式 (5.2.3)，有

$$U_y = \frac{N_2 S}{CR_2} \int \frac{\mathrm{d}B}{\mathrm{d}t} \mathrm{d}t = \frac{N_2 S}{CR_2} \int_0^B \mathrm{d}B = \frac{N_2 S}{CR_2} B \tag{5.2.4}$$

259

式(5.2.4)表明 DAQ-a1 通道的电压,即电容两端的电压 $U_y$ 是正比于磁感应强度 $B$ 的,因此可以在计算机虚拟仪器的面板上看到磁滞回线的形状。

# 实验 5.2.2　静电场描绘

[实验要求]

设计描绘静电场的虚拟仪器,实现对两个点电荷及同轴圆柱形电缆的静电场进行描绘。

[设计要求]

(1)仪器可以对点电荷和同轴圆柱形电缆的静电场进行描绘(两种测量自动切换)。

(2)具有手动描绘电场等位线的功能,并且可以自动显示。如图 5.2.7(a)所示的面板,左下方指针的显示对应右边 $xy$ 平面电势的电压值,如果在右侧测量区域内移动鼠标,则指针将会随电势的不同而改变,如果选择电压指示相同时的位置手动测量就可以得到电场等位线,如图 5.2.7(b)所示。

(3)一个实用的静电场测绘仪器的设计(选做)。

注:第 3 个题目具有一定的难度,难度在于如何确定电场等位线的位置。

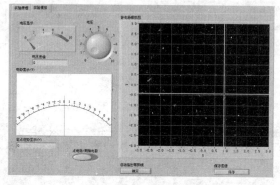
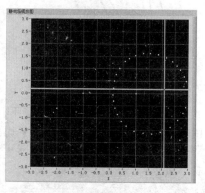

(a)　静电场测绘仪器面板参考　　　　　　　(b)　描绘出的等位线

图 5.2.7　静电场测绘仪面板参考图及等位线测绘示意图

[仪器用具]

静电测绘仪,LabVIEW 软件,DAQ 数据采集卡。

[原理提示]

**1. 稳恒电流场模拟静电场**

带电导体周围存在静电场,通常用空间各点的电场强度或各点电势来表示。为了形象地表示静电场,引入了电力线和等势面两个辅助概念。由于电力线与等势面(或等势线)处处正交,所以只要描绘出电力线和等势面中的一族,就可以画出另一族。

带电体周围的静电场,除少数规则带电体外,绝大部分不能用解析方法求出场强和电势,因而时常需要通过实验的方法测绘静电场。直接测量静电场的分布通常很困难。因为仪器及其探测头一般都是导体或电介质,放入静电场会使被测场的分布发生一定变化,因此,实验中采用模拟法测绘静电场。

模拟法是一种间接的测量方法,模拟法是指不直接研究某一物理现象或物理过程本身,而是用与该物理现象或物理过程相似的模型来进行研究的一种方法。采用模拟法的基本条件是模拟量与被模拟量必须有等效性或相似性。静电场与稳恒电流场是两种不同的场,然而描述这两种场有对应的物理量,且物理量满足的数学表达式基本相同。

静电场和稳恒电流场的对比如表 5.2.1 所示。

**表 5.2.1 静电场与稳恒电流场的对比**

| 静电场 | 稳恒电流场 |
| --- | --- |
| 电势 $U$ | 电势 $U$ |
| 电场强度 $E = -\dfrac{\partial U}{\partial n} n$ | 电场强度 $E = -\dfrac{\partial U}{\partial n} n$ |
| 电位移矢量 $D = \varepsilon E$ | 电流密度 $J = \sigma E$ |
| 高斯定理 $\oiint D \cdot \mathrm{d}s = 0$ (无源区域内) | 稳恒条件 $\oiint J \cdot \mathrm{d}s = 0$ |
| $\dfrac{\partial^2 U}{\partial x^2} + \dfrac{\partial^2 U}{\partial y^2} + \dfrac{\partial^2 U}{\partial z^2} = 0$ | $\dfrac{\partial^2 U}{\partial x^2} + \dfrac{\partial^2 U}{\partial y^2} + \dfrac{\partial^2 U}{\partial z^2} = 0$ |
| $\oiint E \cdot \mathrm{d}s = 0$ (无源区域内) | $\oiint E \cdot \mathrm{d}s = 0$ |
| $\oint E \cdot \mathrm{d}l = 0$ | $\oint E \cdot \mathrm{d}l = 0$ (电源以外区域) |

可见静电场与稳恒电流场所遵循的物理规律具有相同的数学形式,在相同的边界条件下,两者的解也有相同的数学形式,所以这两种场具有相似性。因此可以用对稳恒电流场的研究代替对静电场的研究。

要在实验中实现模拟,需两个条件:第一,静电场中的带电体与电流场中的电极形状必须相同或相似,而且在场中的位置一致。这样可以用直流电源保持电极间电压恒定来模拟静电场中带电体上的恒定电量。第二,根据导体的静电平衡条件,静电场中导体表面是等势面,导体表面附近的电力线与表面垂直。这就要求电流场中电极的导电率远远大于导电介质的导电率,这样,电极的表面就可以认为是一个等势面,电流线才会与电极表面垂直。因此在实验中,电极采用金属良导体材料制成,导电介质采用导电率比电极导电率小得多的导电纸,当两个电极之间加上稳定的直流电压时,就会有电流沿导电纸流过,在导电纸上形成稳恒电流场。

**2. 模拟法测绘静电场的实验电路及仪器构造**

用稳恒电流场模拟静电场,就是通过测量稳恒电流场的电势来求得所模拟静电场的电势分布。测量电路如图 5.2.8 所示。电压等分器是由 10 个等值电阻串联而成的分压器,$A$、$B$ 两端接电源,相邻两插头间的电压相等,均为 $\frac{1}{10}U_{AB}$。检流计 G 的一端插入分压器的一个孔中,另一端接到探针上,当探针尖与导电纸接触处的电势与分压器该插孔的电势相等时,检流计指针指零。让针尖在导电纸上轻轻滑动,寻找一系列电势相等的点,即可连成等势线。

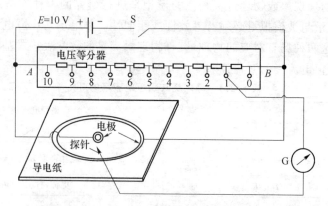

图 5.2.8　模拟法测静电场实验电路图

静电测绘仪的基本结构包括双层平台及探针,电压等分器,直流稳压电源,指针式检流计,导电纸及各种形状的电极。

如图 5.2.9 所示,实验报告纸置于双层平台的上层,下层放导电纸,导电面(黑色面)向上。在导电纸上安装电极,固定电极的螺钉要拧得适度,使得电极与导电纸接触良好。上、下两个探针固定在同一立柱上,平移立柱时,两针尖的轨迹形状相同。利用下探针在导电纸上测出等势点,通过轻按上探针在上层的纸上打出小孔,记录下探针所在点的相应位置。

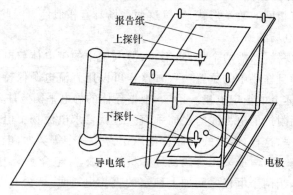

图 5.2.9　双层平台及探针结构示意图

## 实验 5.2.3　基于 LabVIEW 的 $RLC$ 电路频率特性实验

由电感、电容组成的电路通过交流电时,可以产生简谐形式的自由电振荡。由于回路中总存在一定的电阻,因此这种振荡会逐步衰减,形成阻尼振荡。若人为地给电路补充能量,使振荡能持续进行,则可观测电路的频率特性。

本实验研究 $RLC$ 振荡电路的频率特性,掌握利用 $RLC$ 振荡电路实现不同的滤波器功能的方法。

[实验要求]

（1）选择器件组成 $RLC$ 串联电路,实现基本的低通、高通、带阻、带通滤波电路。

（2）利用 LabVIEW 设计虚拟仪器,实现对电路频率特性的测量,在前面板上描绘各电路的频率特性曲线。

（3）对实验得到的频率特性曲线与理论曲线进行比较。

[原理提示]

交流电路中电压和电流可以分别表示为 $U = U_0 e^{i\omega t}$ 和 $I = I_0 e^{i\omega t}$ ,其中 $U_0$ 和 $I_0$ 为电压和电流的幅值,阻抗 $Z = U/I = (U_0/I_0) e^{i\varphi} = |Z| e^{i\varphi}$ 。如果电路由 $Z_1$ , $Z_2$ 串联构成,输入电压加在总的阻抗上,将 $Z_1$ 作为输出,由欧姆定律可知 $U_{in} = I(Z_1 + Z_2)$ , $U_{out} = IZ_1$ ,则传输函数 $H(\omega) = \dfrac{U_{out}}{U_{in}} = \dfrac{Z_1}{Z_1 + Z_2}$ 。电路的频率特性即由传输函数决定。

**1. $LC$ 串联电路**

在如图 5.2.10(a) 右上角所示的 $LC$ 串联电路中, $\varepsilon$ 为交流信号源, $R_i$ 为信号源内阻,从电容上取输出信号为 $U_C$ ,则 $Z_1 = 1/(i\omega C)$ , $Z_2 = R_i + (R_L + i\omega L)$ ,传输函数为

$$H(\omega) = \frac{\dfrac{1}{i\omega C}}{R_i + R_L + i\omega L + \dfrac{1}{i\omega C}} = \frac{1}{1 - \omega^2 LC + i\omega(R_i + R_L)C}$$

$$|H(\omega)| = \frac{1}{\sqrt{(1 - \omega^2 LC)^2 + \omega^2(R_i + R_L)^2 C^2}}$$

若令 $\alpha = (R_i + R_L)^2 C/L$ ,当 $\alpha \geqslant 2$ 时,电路的频率特性为低通滤波,频率范围 $0 < \omega \leqslant \omega_0$ 称为通频带,在实际应用中规定,输出电压量值 $U$ 下降到输入电压量值 $U_i$ 的 0.707 时的 $\omega$ 称做截止频率 $\omega_c$ ,此时有 $|U_{out}/U_{in}| = 1/\sqrt{2}$ 。当 $\alpha < 2$ 时,电路在频率 $\omega_{max} = \omega_0 \sqrt{1 - \alpha/2}$ 时增益达到最大,此时有 $|U_{out}/U_{in}|_{max} = 1/\sqrt{\alpha - \alpha^2/4}$ ,其中 $\omega_0 = 1/\sqrt{LC}$ 为电路的谐振频率,不同 $\alpha$ 取值的频率特性理论计算的结果如图 5.2.10(a) 所示。

若输出信号从电感上取,电路如图 5.2.10(b) 所示,则 $Z_1 = R_L + i\omega L$ , $Z_2 = R_i +$

$1/\mathrm{i}\omega C$，从而传输函数为

$$H(\omega)=\frac{-\omega^2LC+\mathrm{i}\omega R_LC}{1-\omega^2LC+\mathrm{i}\omega(R_\mathrm{i}+R_L)C}$$

$$|H(\omega)|=\frac{\sqrt{(\omega^2LC)^2+(\omega R_LC)^2}}{\sqrt{(1-\omega^2LC)^2+\omega^2(R_\mathrm{i}+R_L)^2C^2}}$$

若令 $\alpha=(R_\mathrm{i}+R_L)^2C/L$，$\beta=R_L^2/(R_\mathrm{i}+R_L)^2$，$\delta=R_\mathrm{i}(R_\mathrm{i}+2R_L)C/L$，当 $\delta\geqslant2$ 时，电路的频率特性为高通滤波，在截止频率时有 $|U_\mathrm{out}/U_\mathrm{in}|=1/\sqrt{2}$；当 $\delta<2$ 时，电路在频率 $(\omega_\mathrm{max}/\omega_0)^2=\dfrac{1+\sqrt{1+\alpha\beta(2+\alpha\beta-\alpha)}}{2+\alpha\beta-\alpha}$ 时增益达到最大。图 5.2.10(b)给出了理想状态下 $(R_L=0$ 时)，不同 $\delta$ 取值的频率特性理论计算结果。

若输出信号从信号源两端取，电路如图 5.2.10(c)所示，电感和电容串联作为输出，则 $Z_1=(R_L+\mathrm{i}\omega L)+1/(\mathrm{i}\omega C)$，$Z_2=R_\mathrm{i}$，传输函数为

$$H(\omega)=\frac{1-\omega^2LC+\mathrm{i}\omega R_LC}{1-\omega^2LC+\mathrm{i}\omega(R_\mathrm{i}+R_L)C}$$

$$|H(\omega)|=\frac{\sqrt{(1-\omega^2LC)^2+(\omega R_LC)^2}}{\sqrt{(1-\omega^2LC)^2+\omega^2(R_\mathrm{i}+R_L)^2C^2}}$$

电路增益在谐振频率点 $\omega_0$ 降到最低，$|U_\mathrm{out}/U_\mathrm{in}|_\mathrm{min}=R_L/(R_\mathrm{i}+R_L)$，电路的频率特性为带阻滤波，若 $|U_\mathrm{out}/U_\mathrm{in}|=1/\sqrt{2}$ 所对应的下限截止频率及上限截止频率分别为 $\omega_1$ 和 $\omega_2$，则阻带宽度 $\omega_\mathrm{BW}=\omega_2-\omega_1=(R_\mathrm{i}+R_L)/L$。

### 2. RLC 串联电路

如果在电路中再串联一个电阻，输出信号由外接电阻上取，电路如图 5.2.10(d)所示，则 $Z_1=R$，$Z_2=R_\mathrm{i}+R_L+\mathrm{i}\omega L+1/(\mathrm{i}\omega C)$，传输函数

$$H(\omega)=\frac{\mathrm{i}\omega RC}{1-\omega^2LC+\mathrm{i}\omega(R_\mathrm{i}+R_L+R)C}$$

$$|H(\omega)|=\frac{\omega RC}{\sqrt{(1-\omega^2LC)^2+\omega^2(R_\mathrm{i}+R_L+R)^2C^2}}$$

当信号频率为谐振频率 $\omega_0$ 时，电路增益达到最大 $|U_\mathrm{out}/U_\mathrm{in}|_\mathrm{max}=R/(R_L+R_\mathrm{i}+R)$，设电流为其最大值 $I_\mathrm{max}$ 的 $1/\sqrt{2}$ 时对应的频率为 $f_1$ 和 $f_2$，则 $\Delta f=f_2-f_1$ 称为通频带宽度，简称带宽。谐振电路的品质因数可以用 $Q=\dfrac{\omega_0}{\omega_\mathrm{BW}}$ 表示，它是由电路的固有特性决定的，是标志和衡量谐振电路性能优劣的重要参数。$Q$ 越大说明频率选择性越好，带宽也越窄。

实验中，利用信号发生器作为交流信号源，并忽略信号源内阻，利用 LabVIEW 设计虚拟仪器，对上述一系列 RLC 电路的幅频特性进行研究。为实现低通、高通、带通、带阻等不同的频率特性，在电感的损耗电阻已知的条件下，需使电路元件参数满足不同的条件。本实验利用 NI 采集卡和 LabVIEW 软件采集实验数据并进行分析，为了使频率特性

曲线适于观测,需要对采集卡设置合适的采样点和采样率。

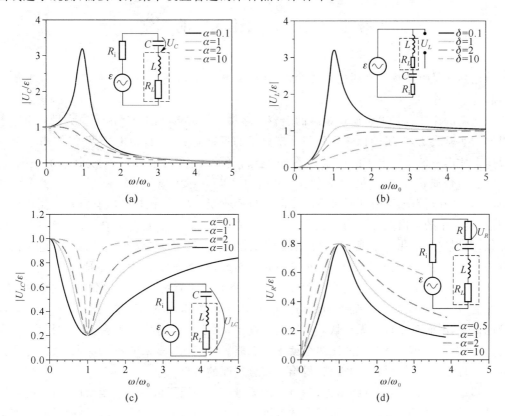

图 5.2.10 *RLC* 电路图及各电路对应的频率特性理论曲线

# 实验 5.3　金属比热容的测定

　　比热容是物质物理性质的重要参量,在研究物质结构、确定相变、鉴定物质纯度等方面起着重要作用。

　　金属的比热容是单位质量金属的热容。金属由构成点阵的金属离子及大量自由电子组成。实验表明,金属的比热容只与金属离子的振动有关,与自由电子无关,只有在极低温度下才需考虑自由电子的贡献。经典的金属电子论不能解释这点,因为按经典理论,自由电子与金属离子处于热平衡状态,自由电子与金属离子一样,每个自由度均分到 $1/(2kT)$ 的能量,温度改变时自由电子能量也要改变,因而对比热容应有贡献。而按量子理论,金属中的自由电子不同于经典气体。首先,电子能量不能连续取值,只能占据离散能级,根据泡利不相容原理,每个能级最多只能容纳自旋相反的两个电子;其次,电子按能量的分布不遵守经典的麦克斯韦-玻耳兹曼分布,而是遵守费米-狄拉克统计分布。$T \neq 0$ 时,在任何温度下只有靠近费米能级($E \approx E_F$)的电子才有可能热激发到较高的空能级。较低能级上的电子要激发到空能级需要很大的能量,在常温下不可能实现($E$ 远大于热运动能 $kT$),因而对比热容无贡献。在极低温度下,由于金属离子对比热容的贡献很小,因此,自由电子的热激发造成的比热容就不能忽略。1928 年,索末菲根据费米-狄拉克统计计算了自由电子对比热容的贡献,得出了符合实际的结果。

　　测定物质的比热容可归结为,测量一定质量的该物质降低一定温度后所放出的热量。测量热量通常使用的仪器有:利用水的温度升高来测量热量的水量热器和利用冰的溶解来测热量的冰量热器。一般来说,它们比较适用于测定固体物质(如金属)的比热容。

　　本实验采用混合法测量固体(金属)的比热容。在热学实验中,系统与外界的热交换是难免的。因此要努力创造一个热力学孤立体系,同时对实验过程中的其他吸热、散热做出校正,尽量使二者相抵消,以提高实验精度。

[实验要求]

　　(1) 自行设计数据记录表格;

　　(2) 自行拟定主要实验步骤;

　　(3) 合理选择实验参量测定金属比热容。

[仪器用具]

　　量热器,温度传感器,恒流源,万用表,普通天平一台,待测金属块若干,加热炉,水,冰块。

设一个热力学孤立体系中有 $n$ 种物质,其质量分别为 $m_i$,比热容为 $c_i(i=1,2,\cdots,n)$。开始时体系处于平衡态,温度为 $T_1$,与外界发生热量交换后又达到新的平衡态,温度为 $T_2$,若无化学反应或相变发生,则该体系获得的热量为

$$Q=(m_1c_1+m_2c_2+\cdots+m_nc_n)(T_2-T_1) \tag{5.3.1}$$

假设量热器和搅拌器的质量为 $m_1$,比热容为 $c_1$,温度计或温度传感器的质量为 $m_t$,比热容为 $c_t$,开始时量热器与其内质量为 $m$ 的水具有共同温度 $T_1$,把质量为 $m_x$ 的待测物加热到 $T'$ 后放入量热器内,最后这一系统达到热平衡,终温为 $T_2$。如果忽略实验过程中对外界的散热或吸热,则有

$$m_xc_x(T'-T_2)=(mc+m_1c_1+m_tc_t)(T_2-T_1) \tag{5.3.2}$$

式中,$c$ 为水的比热容。

测出 $T_1,T_2,T'$,就可以求出待测物体的比热容。但是,由于在实际操作过程中,无法避免系统与外界的热交换,实验结果总是存在系统误差,有时甚至很大,以致无法得到正确结果。$T'$ 一般为沸水的温度,大气压强不同,水的沸点也有所不同。实验时应测出当时的大气压强,并查表得出沸点的温度。

$T_1,T_2$ 的测量,尤其是 $T_2$ 应该在物体放进量热器后多长时间进行测量呢? 为了提高测量精度,在被测物体放入量热器前 5 分钟就开始测度量热器中水的温度,每隔 1 分钟测量一次。当被测物体放入后,温度迅速上升,此时应每隔 0.5 分钟测量一次。直到升温停止后,温度由最高温度均匀下降时,恢复每分钟记一次温度,直到第 15 分钟截止。由实验数据作出温度和时间的关系 $T$-$t$ 曲线如图 5.3.1 所示。

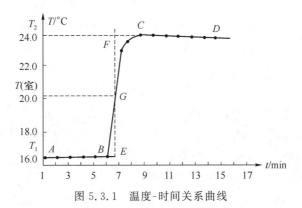

图 5.3.1 温度-时间关系曲线

[注意事项]

(1) 操作过程中必须注意以下几点:

① 尽可能使系统与外界温差小;

267

② 尽量使实验过程进行得迅速；

③ 量热器要远离锅炉；

④ 量热器不要放在日光下和空气流动快的地方；

⑤ 混合、搅拌时要避免水溅出。

（2）对待测金属样品质量、温度，水的质量、初温的选择，应以实验误差最小，操作方便为原则。

为了提高测量精度，可以增加待测金属样品的质量，提高待测金属样品的温度和减少水的质量。但同时需注意：

① 水必须浸没金属；

② 高温金属在投入过程中热量损失较大，因此投入时速度要快，否则热量损失过大会带来较大的系统误差。

（3）量热器只能使实验系统粗略地接近一个孤立系统。为了尽量减少系统与外界的热交换，实验操作时也要注意绝热问题。如尽量少用手触摸量热器的任何部分；应在远离热源（或空气流通太快）的地方做量热实验；应使系统与外界温度差尽可能小；应尽量迅速地完成实验等。

# 实验 5.4　电阻应变片压力传感器特性及应用

**[实验要求]**

利用实验室给定的条件设计出一个称重范围为 0～4.0 kg 的电子秤,并实现对重量的测量。

**[仪器用具]**

电阻应变片直流电桥,平衡指示仪,直流稳压电源,数字电压表,已知重量的砝码。

**[原理提示]**

本实验利用电阻应变片(压力传感器)形成了一个直流非平衡电桥,通过对应变所引起的桥路电压的变化进行检测,最终实现对待测物理量的测量。

**1. 电阻应变片直流电桥的检测原理**

电阻应变片直流电桥是利用应变电阻片的"应变效应"特性制成的。应变电阻片的结构如图 5.4.1 所示,由一根很细的康铜电阻丝弯成 A 所指的形状,然后用胶粘贴在衬底 B 上,康铜丝的直径在 0.012～0.050 mm 之间。当电阻丝受到外力作用时,应变片的电阻值会发生变化,拉长时电阻增大,压缩时电阻减小,这种现象称为"应变效应"。

将 4 片应变电阻片分别粘贴在弹性平行梁的上下两表面适当的位置上就构成了如图 5.4.2所示的非平衡电桥。当弹性梁受到压力作用后而弯曲时,梁的上表面受拉力,应变电阻片 $R_1$,$R_3$ 电阻增大;梁的下表面受压力作用,应变电阻片 $R_2$,$R_4$ 电阻减小,这样外力的作用通过梁的形变而使 4 个电阻片的电阻值发生变化,最终通过电桥输出电压的变化反映出来。通过对桥路输出微小电压的检测,就可以实现对压力的测量。

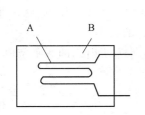

图 5.4.1　应变电阻片的结构

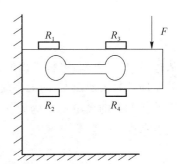

图 5.4.2　应变电阻片构成的非平衡电桥

**2. 电桥等效电路分析**

应变电阻片在压力作用下电阻的微小变化可以利用电桥等效电路图来进行分析。如图 5.4.3 所示，$C$，$D$ 两端接稳压电源，$A$，$B$ 两端为电压输出端。$A$，$B$ 两点的电势差 $U_o$ 可以表示为

$$U_o = E\left(\frac{R_1}{R_1 + R_2} - \frac{R_4}{R_3 + R_4}\right) \tag{5.4.1}$$

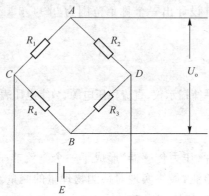

图 5.4.3 应变电阻片直流电桥原理

当压力传感器不受外力时电桥处于平衡状态，即 $U_o = 0$，有 $R_1 = R_3 = R_2 = R_4 = R$。当压力传感器受外力 $F$ 作用时，应变电阻片电阻值发生变化，电阻片 $R_1$，$R_3$ 受拉力阻值增大，变为 $R_1 + \Delta R_1$，$R_3 + \Delta R_3$；梁的下表面受压力作用，应变电阻片 $R_2$，$R_4$ 电阻减小为 $R_2 - \Delta R_2$，$R_4 - \Delta R_4$。由于此时电桥不再平衡，则 $U_o$ 不为零，有

$$U_o = E\left(\frac{R_1 + \Delta R_1}{R_1 + \Delta R_1 + R_2 - \Delta R_2} - \frac{R_4 - \Delta R_4}{R_3 + \Delta R_3 + R_4 - \Delta R_4}\right) \tag{5.4.2}$$

假设

$$\Delta R_1 = \Delta R_2 = \Delta R_3 = \Delta R_4 = \Delta R \tag{5.4.3}$$

可以得到

$$U_o = E\frac{\Delta R}{R} \tag{5.4.4}$$

从式(5.4.4)可知，电桥输出的电压 $U_o$ 与电阻的变化 $\Delta R$ 成正比，这就是非平衡电桥的工作原理。只要测出 $U_o$ 的大小就可以反映出外力 $F$ 的大小。

压力传感器的灵敏度 $S$ 为施加在传感器上的单位外力所引起的非平衡电压的变化，用公式表示为

$$S = \frac{\Delta U_o}{\Delta F} \tag{5.4.5}$$

**[实验内容]**

（1）给出设计思路，确定实验步骤，并列出原始数据表格；

（2）按照设计进行实验，并标定所有参数；

（3）对设计的产品进行检验，给出输出电压与重量之间的对应关系，并求出该电阻应变片直流电桥压力传感器的灵敏度 $S$。

提示：首先在桥路电源电压固定为 10.0 V 时，利用已知重量的砝码标定电桥输出电压 $U_o$ 与 $F$ 之间的关系。

**[附录]**

电阻应变片直流电桥的接线图如图 5.4.4 所示。图中 $R_0$ 是一个旋钮式电阻（即平衡指示仪），当压力传感器不受外力时，调节 $R_0$，使电桥处于初始平衡状态。实验中，用数字电压表测量非平衡电压。

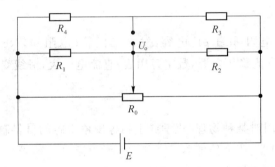

图 5.4.4　实验电路图

**[注意事项]**

调节平衡指示仪使电桥处于初始平衡状态时，需要轻轻调节，以免损坏仪器。

# 实验 5.5　光敏电阻的特性与光开关的设计

[实验要求]

(1) 自行设计测量光敏电阻伏安特性的实验电路和实验步骤,并完成测量;

(2) 自拟表格测量光敏电阻光照特性曲线,即光电流 $I_{ph}$ 与光照强度 $(1/r^2)$ 的关系曲线;

(3) 用数字万用表测量光敏电阻阻值随光强变化的曲线;

(4) 利用运放 NE555P 或 LM741 设计一个光开关电路,设计并组装光开关,并对该开关电路的基本特征进行检测和讨论。

[仪器用具]

光敏电阻,光源、电阻,0.1 $\mu$F 电容,发光二极管,电阻箱,NE555 时基集成电路,LM741 运算放大器,直流稳压电源,数字万用表,直流电流表,滑线变阻器。

[原理提示]

敏感元件通常采用对某种物理、化学或生物等现象敏感的材料制成。如热敏电阻器、光敏电阻器、气敏电阻器、压力传感器等。其中光敏电阻是一种受光照射时导电能力急剧增加的电子元件。光照下物体电导率改变的现象称为内光电现象(光导效应),光敏电阻是基于内光电效应制作的光电元件。当内光电效应发生时,半导体材料吸收的光子能量使部分价带上的电子迁移到导带,同时在价带中留下空穴。由于材料中载流子数目增加,材料的电导率增加,电导率的改变量为

$$\Delta\sigma = \Delta p e \mu_p + \Delta n e \mu_n \tag{5.5.1}$$

式中,$e$ 为电荷电量,$\Delta p$ 为空穴浓度的改变量,$\Delta n$ 为电子浓度的改变量,$\mu_p$ 为空穴的迁移率,$\mu_n$ 为电子的迁移率。当光敏电阻两端加上电压 $U$ 后,产生的光电流(即外电路中的电流)为

$$I_{ph} = \frac{A}{d}\Delta\sigma U \tag{5.5.2}$$

式中,$A$ 为与电流垂直的截面积,$d$ 为电极间的距离。由式(5.5.1)和式(5.5.2)可知,光照强度一定时,光敏电阻两端所加电压与光电流成线性关系,该直线经过零点,其斜率可以反映在该光照下的阻值状态。如图 5.5.1 所示为不同光照条件下光敏电阻的光电流随电压的变化曲线,即光敏电阻的伏安特性。光照越强,图中曲线的斜率越大。实验中以点

光源作为辐射光源,通过改变光敏电阻到光源的距离 $L$ 来改变入射光强。入射到光敏电阻上的光强与光敏电阻受光面到光源距离的平方成反比,即 $I_{光强} \propto 1/L^2$,$1/L^2$ 可作为相对光强进行测量。光敏电阻的光电流随入射光强的变化曲线如图 5.5.2 所示,坐标系中的不同曲线显示的是光敏电阻在不同外加电压($U_1 < U_2 < U_3 < U_4 < U_5$)下的光照特性。从图 5.5.2 可以看出,在外加电压一定时,光电流随光照的增加而增加,但不成线性变化。

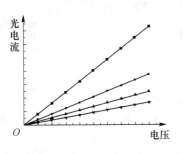

图 5.5.1　光敏电阻的伏安特性

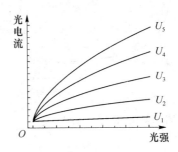

图 5.5.2　光敏电阻的光照特性曲线

图 5.5.3 给出了光敏电阻的阻值随光强的连续变化关系。根据不同的光强所对应的电阻值,可以方便地设计不同光照条件下的光开关。

光敏电阻器对光的敏感性(即光谱特性)与人眼对可见光的响应很接近,只要人眼可感受的光,都会引起它的阻值变化。光敏电阻具有灵敏度高、光谱特性好、使用寿命长、稳定性高、体积小等特点,被广泛用于自动化技术中。本实验要求在了解光敏电阻特性的基础上,设计一个光敏开关电路。

## [附录]光开关参考电路

利用光敏元件实现控制的基本原理是将光敏元件输出的反映光强变化的电压信号与参考电压进行比较,从而实现对输出端负载的控制。实现上述目的的电路很多,这里仅介绍常用的两种简单电路。

### 1. 利用单限比较器构成的光开关电路

如图 5.5.4 所示,该电路主要由运算放大器和由光敏电阻构成的非平衡电桥组成。运算放大器(LM741)在电路中作为比较器。它将输入信号 $U_i$(非平衡电桥的输出信号)与参考电压 $U_r$ 进行比较。从而实现对输出端负载(发光二极管)的控制。比较器的工作原理如图 5.5.5 所示,当 $U_i > U_r$ 时,输出为低电位,用 $U_{ol}$ 表示,发光二极管关闭;当 $U_i < U_r$ 时,输出为高电位,用 $U_{oh}$ 表示,发光二极管开启。参考电压 $U_r$ 又称门限电压,上述只有一个门限电压的比较器又称为单限比较器。利用将平衡电桥电路中的待测电阻换成一个光敏电阻,就形成了一个非平衡电桥。

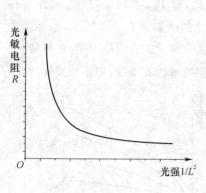

图 5.5.3 $R$-$1/L^2$ 曲线

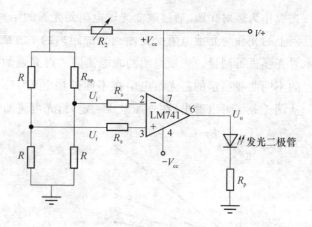

图 5.5.4 基于 LM741 的光敏电阻开关电路

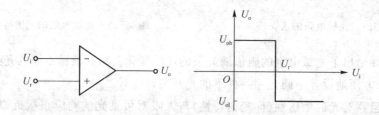

图 5.5.5 单限比较器的电路和传输特性

当外界光强变化时,电桥的输出将发生变化。把电桥的输出信号作为运算放大器的输入信号 $U_i$ 就形成了一个光开关电路。如令 $U_r = \frac{1}{2}V_{cc}$,在光比较弱的时候,光敏电阻 $R_{op}$ 比较大,此时 $R_{op} > R$,$U_i < \frac{1}{2}V_{cc}$,则 $U_o = U_{oh}$,发光二极管亮。当有光照射到光敏电阻时,$R_{op}$ 变小,此时 $R_{op} < R$,则 $U_i > \frac{1}{2}V_{cc}$,则 $U_o = U_{ol}$,发光二极管灭。

电路中运算放大器的工作电源 $V_{cc}$ 在 5~18 V 之间。电路中的光源可以使用发光二极管,与发光二极管串联的电阻 $R_p$ 起保护 LED 的作用,实验中取值为几 kΩ。$R_s$ 是输入保护电阻,实验中可以取十几 kΩ。

**2. 利用双稳电路实现的光控开关**

如图 5.5.6 所示,该电路采用的 NE555P 时基集成电路芯片构成的双稳态工作电路。芯片中,包括两个运算放大器,以及触发器、三极管等元件。电路中管脚 2 处的参考电压为 $V_{ref1} = \frac{1}{3}V_{cc}$,称为触发电压,管脚 6 处的参考电压为 $V_{ref2} = \frac{2}{3}V_{cc}$,称为阈值电压。从图中可以看出,$V_6$ 的电压等于 $V_{cc}$ 在电阻 $R_1 + R_2$ 上的分压,而 $V_2$ 则等于 $V_{cc}$ 在电阻 $R_2$ 上的分压。当外界光强变化引起阻值变化时,$V_2$ 和 $V_6$ 将会发生相应的变化。当 $R_1 \neq R_2$

274

时，NE555P 芯片的工作状态如图 5.5.7 所示。当 $V_6 \geqslant V_{ref2}$ 时，芯片的输出 $U_o$ 为低电平，当 $V_2 \leqslant V_{ref1}$ 时，输出 $U_o$ 为高电平。而输入端的电平在 $V_6 < V_{ref2}$ 和 $V_2 > V_{ref1}$ 时的输出状态则取决于前一时刻输出端的状态。

电路的基本工作原理如下：当外界的光比较强时（白天），$R_{op}$ 较小，此时 $V_6 \geqslant \frac{2}{3} V_{cc}$，电路为导通状态，输出为低电平 $U_{ol}$，发光二极管关闭。当外界的光强逐渐变暗时，$R_{op}$ 增加，$V_6$ 下降至 $V_6 < V_{ref2}$，且 $V_2 > V_{ref1}$，此时输出依然为低电平，发光二极管保持关闭状态，直到光强很暗，$V_2 \leqslant V_{ref1}$ 时，输出才会转变为高电平 $U_{oh}$，发光二极管亮。当天亮时，$R_{op}$ 逐渐减小，当 $V_6$ 上升至 $V_6 > V_{ref2}$ 时，发光二极管才会关闭。由此可见该电路的输入和输出关系具有两个稳定状态，因此称为双稳电路。图 5.5.6 中的 $R_p$ 为限流电阻，实验中取阻值为几 $k\Omega$。5 脚的电容 $C$ 为电源噪声和干扰的滤波电容，这两个元件已经封装在模块中。

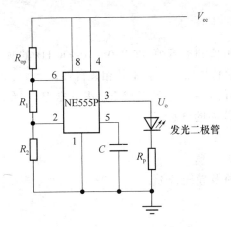

图 5.5.6　基于 NE555P 的光敏电阻开关电路

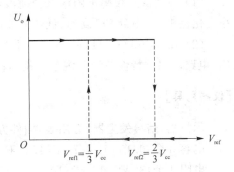

图 5.5.7　$R_1 \neq R_2$ 时 NE555P 的工作原理

# 实验 5.6　交流谐振电路和选频电路

电阻、电感、电容元件的不同组合,与其他电子元件一起构成了许多电子仪器设备及家用电器的基本电路模块,因此,研究 $RC,RL$ 串联电路的幅频特性和相频特性及 $RC$ 电路的充放电特性,以及 $RLC$ 串、并联电路的交流谐振现象,在物理学、工程技术上都很有意义。

## 实验 5.6.1　$RC,RL$ 电路幅频和相频特性

[实验要求]

（1）根据截止频率 1 kHz 选择滤波电路的电阻值和电容值,在 200～10 000 Hz 的频率变化范围内,测量 $RC$ 高通、低通滤波电路的幅频特性曲线并观察其相频特性;

（2）在 50～5 000 Hz 的频率变化范围内,选择适当的电阻组成 $RL$ 串联电路,测量 $RL$ 电路的幅频特性曲线并观察其相频特性,测量线圈的电感值。

[仪器用具]

示波器,信号发生器,万用表,插件方板,短接桥及导线若干。
电容 3 个:0.15 $\mu$F,4.7 $\mu$F,470 $\mu$F。
电阻 4 个:39 k$\Omega$,10 k$\Omega$,100 $\Omega$,1 k$\Omega$。
电感 1 个:1 000 匝线圈,电感值约为 0.02 H。

[原理提示]

$RC$ 低通滤波电路如图 5.6.1 所示。图中 $u_i(j\omega)$ 为输入电压,$u_o(j\omega)$ 为输出电压,两者之比 $u_o(j\omega)/u_i(j\omega)$ 称为电路的传输函数。$RC$ 低通滤波电路传输函数 $H_L(j\omega) =$

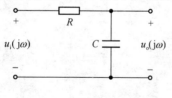

图 5.6.1　$RC$ 低通滤波电路

$\dfrac{1}{j\omega C}\left/\left(R+\dfrac{1}{j\omega C}\right)\right.$, 增益 $|H_L(j\omega)| = \dfrac{1}{\sqrt{1+\omega^2 R^2 C^2}}$。

在实际应用中规定,输出电压量值 $U_o$ 下降到输入电压量值 $U_i$ 的 0.707 时的 $\omega$ 称为截止频率 $\omega_0$,频率范围 $0 < \omega \leqslant \omega_0$ 称为通频带。当 $\omega < \omega_0$ 时,$|H_L(j\omega)|$ 变化不大,接近于 1;当 $\omega \geqslant \omega_0$ 时,$|H_L(j\omega)|$ 明显下降。此电路具有使低频信号较易通过而阻止较高频率信号的作用,因此被称为低通滤波电路,其幅频特性曲线如图 5.6.2 中的曲线(1)所示。

$RC$ 高通滤波电路如图 5.6.3 所示。电路的传输函数 $H_{\mathrm{H}}(\mathrm{j}\omega) = R \Big/ \Big( R + \dfrac{1}{\mathrm{j}\omega C} \Big)$，增益

$|H_{\mathrm{H}}(\mathrm{j}\omega)| = 1 \Big/ \sqrt{1 + \dfrac{1}{\omega^2 R^2 C^2}}$。其幅频特性曲线如图 5.6.2 中的曲线（2）所示。

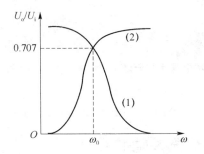

图 5.6.2　$RC$ 低通、高通滤波电路幅频特性

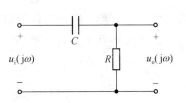

图 5.6.3　$RC$ 高通滤波电路

在 $RC$ 电路中，电容上的电压与电流不是同相位的。假设电容、电阻两端电压分别为 $u_C$，$u_R$，$i$ 为回路电流，$u_C$ 与 $u_{\mathrm{i}}(\mathrm{j}\omega)$ 之间的相位差 $\varphi_C = -\arctan(\omega RC)$，$i$（或 $u_R$）与 $u_{\mathrm{i}}(\mathrm{j}\omega)$ 之间的相位差 $\varphi_i = \dfrac{\pi}{2} + \varphi_C$。当 $\omega \to 0$ 时，$\varphi_C \to 0$，$\varphi_i \to \dfrac{\pi}{2}$；当 $\omega \to \infty$ 时，$\varphi_C \to -\dfrac{\pi}{2}$，$\varphi_i \to 0$。

当电流流过电感线圈时会受到线圈的抵抗，电感 $L$ 是线圈抵抗电流变化的一项参数。电感的感抗大小取决于电感 $L$ 和交流电流的频率 $f$，可用公式 $X_L = 2\pi f L$ 计算。

线圈的感抗可以通过 $RL$ 串联电路测量出来。用电压表测出 $R$ 两端的电压 $U_R$ 及 $L$ 两端的电压 $U_L$，把欧姆定律推广到交流电路中，电路中的电流 $I$ 可以表示为 $I = \dfrac{U_R}{R} = \dfrac{U_L}{X_L}$，则 $X_L = \dfrac{U_L}{U_R} R$。由于在交流电路中线圈除了有感抗外本身还有电阻，在上述测量过程中会带来误差，如果 $X_L \gg r_L$，则线圈本身的电阻 $r_L$ 可以忽略。

在 $RL$ 串联电路中，电感上的电压与电流不是同相位的，电压超前电流 $\dfrac{\pi}{2}$，因此不能把 $R$ 与 $X_L$ 直接相加，必须是矢量相加，总阻抗 $Z = \sqrt{R^2 + X_L^2}$。当频率增大时，电流 $I$ 和 $U_R$ 均减小，而 $U_L$ 则增大，幅频特性曲线示意图如图 5.6.4 所示。

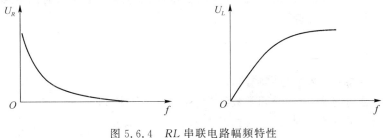

图 5.6.4　$RL$ 串联电路幅频特性

假设电感、电阻两端电压分别为 $u_L,u_R$（对应的电压有效值为 $U_L,U_R$）,$i$ 为回路电流，$i$（或 $u_R$）与 $u_i(t)$ 之间的相位差 $\varphi_i=-\arctan\left(\dfrac{\omega L}{R}\right)$，$u_L$ 与 $u_i(t)$ 之间的相位差 $\varphi_L=\varphi_i+\dfrac{\pi}{2}$。

当 $\omega\rightarrow0$ 时，$\varphi_i\rightarrow0$，$\varphi_L\rightarrow\dfrac{\pi}{2}$；当 $\omega\rightarrow\infty$ 时，$\varphi_i\rightarrow-\dfrac{\pi}{2}$，$\varphi_L\rightarrow0$。

## [注意事项]

（1）信号发生器的输出电压即滤波电路的输入电压 $U_i$ 会随频率的变化而改变；

（2）使用数字万用表时不要超量程；

（3）用双踪示波器同时观测两个信号时需注意选择同一个电位点作为公共接地端。

# 实验 5.6.2　RC 电路的充放电特性

## [实验要求]

（1）选择器件组成 $RC$ 串联电路，测量 $RC$ 电路充（放）电过程中电容上电压随时间的变化规律，绘制 $u_C$-$t$ 曲线，从图上得出时间常数；

（2）测量 $RC$ 电路充电过程中回路电流随时间的变化规律，绘制 $i$-$t$ 曲线；

（3）信号发生器输出方波，选择参数合适的电容，用示波器观察电容充（放）电波形。

## [仪器用具]

示波器，信号发生器，直流稳压电源，万用表，插件方板，秒表，单刀双掷开关，短接桥及导线若干。

电容 3 个：$0.15\ \mu F$，$4.7\ \mu F$，$470\ \mu F$。

电阻 3 个：$39\ k\Omega$，$10\ k\Omega$，$100\ \Omega$。

## [原理提示]

$RC$ 电路充电过程中，$t=0$ 时，$u_C=0$，结束时，$u_C=U_0$，电容两端电压随时间的变化为 $u_C=U_0(1-\mathrm{e}^{-\frac{t}{RC}})$；放电过程中，$t=0$ 时，$u_C=U_0$，结束时，$u_C=0$，电容两端电压随时间的变化为 $u_C=U_0\mathrm{e}^{-\frac{t}{RC}}$。时间常数 $\tau=RC$，反映了电路放电或充电所需时间的多少，是反映 $RC$ 电路特征的一个重要参数。

## [注意事项]

（1）连接电路时不要使电源短路；

（2）选择合适的器件，使时间常数约为 10 s，便于秒表计时；

（3）使用数字万用表时，注意换挡及选择合适的量程。

# 实验 5.6.3　RLC 串联和并联谐振电路

## [实验要求]

### 1. 观测 RLC 串联电路的谐振特性

(1) 选择 RLC 串联电路的电容和电阻,使串联谐振频率在 1 000～1 200 Hz 范围内、通频带宽小于 400 Hz,测绘谐振曲线,并从曲线上求出谐振频率及通频带宽度;

(2) 改变 RLC 串联电路中的电阻值,作谐振曲线,求通频带宽度;

(3) 对两条谐振曲线进行比较、分析。

### 2. 用 RLC 串联谐振电路选频

(1) 将正弦信号加在由电感线圈、可变电容箱和 100 Ω 电阻组成的 RLC 串联电路上,调节电容值为 0.9 $\mu$F,用示波器观测电阻上的电压信号,通过调节信号源频率,求谐振频率 $f_0$,并计算线圈的电感值 $L$;

(2) 设置信号源频率为 $nf_0$,通过调节可变电容箱进行选频,使电路的谐振频率为 $nf_0$,将实测得出的、与谐振频率 $nf_0$ 对应的电容值 $C_n$ 和计算值 $C/n^2$ 进行比较(其中 $n=1,3,5$)。

### 3. 观测 RLC 并联电路的谐振特性

(1) 选择 RL 与 C 并联电路的电容和电阻,使谐振频率的范围在 1 000～1 200 Hz 内;

(2) 测绘 RL 与 C 并联电路的幅频特性曲线,从曲线上求出谐振频率。

## [仪器用具]

示波器,信号发生器,可变电容箱,万用表,插件方板,短接桥及导线若干。

电容 3 个:0.15 $\mu$F、0.47 $\mu$F、10 $\mu$F。

电阻 4 个:10 Ω、100 Ω、510 Ω、1 kΩ。

电感 1 个:1 500 匝线圈,电感值约为 0.045 H。

## [原理提示]

在 RLC 串联电路中电路的总阻抗为

$$Z=\sqrt{R^2+(X_L-X_C)^2} \tag{5.6.1}$$

式中 $R=R_0+r_L$。电路中电流的有效值为

$$I=\frac{U}{Z}=\frac{U}{\sqrt{R^2+\left(2\pi fL-\dfrac{1}{2\pi fC}\right)^2}} \tag{5.6.2}$$

电流与电压的相位差为

$$\varphi=\arctan\left[\frac{1}{R}\left(2\pi fL-\frac{1}{2\pi fC}\right)\right] \tag{5.6.3}$$

可以看出,电路总阻抗 $Z$、电流 $I$、相位差 $\varphi$ 均随信号源频率 $f$ 的变化而变化。当容抗和感抗等值时,电路总阻抗最小,呈纯电阻性。若电源电压不变,则电路电流达到最大 $I_{max}=U/R$,这种状态称为串联谐振,谐振频率为 $f_0=\dfrac{1}{2\pi\sqrt{LC}}$。电路中

$$\frac{I}{I_{max}}=\frac{1}{\sqrt{1+\left[\dfrac{2\pi fL-1/(2\pi fC)}{R}\right]^2}}=\frac{1}{\sqrt{1+\left[Q\left(\dfrac{f}{f_0}-\dfrac{f_0}{f}\right)\right]^2}} \tag{5.6.4}$$

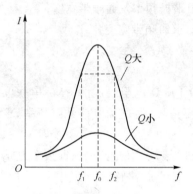

图 5.6.5 不同 $Q$ 值情况下 $RLC$ 串联谐振曲线示意图

式中,$Q=\dfrac{2\pi f_0}{R}L=\dfrac{1}{2\pi f_0 CR}$,称为谐振电路的品质因数,它是由电路的固有特性决定的,是标志和衡量谐振电路性能优劣的重要参数。不同 $Q$ 值的谐振曲线如图 5.6.5 所示。设电流为其最大值 $I_{max}$ 的 $1/\sqrt{2}$ 时对应的频率为 $f_1,f_2$,则 $\Delta f=f_2-f_1$ 称为通频带宽度,简称带宽。可以证明 $Q=\dfrac{f_0}{\Delta f}$,可见 $Q$ 越大说明频率选择性越好,带宽也越窄。

$RLC$ 并联谐振电路如图 5.6.6 所示。这种电路也具有谐振特性,但与 $RLC$ 串联电路有较大的区别。电路总阻抗为

$$Z=\sqrt{\frac{R^2+(\omega L)^2}{(1-\omega^2 LC)^2+(\omega CR)^2}} \tag{5.6.5}$$

回路总电流与电压之间的相位差为

$$\varphi=\arctan\frac{\omega C[R^2+(\omega L)^2]-\omega L}{R} \tag{5.6.6}$$

当频率为 $\omega_0=\sqrt{\dfrac{1}{LC}}$ 时,阻抗 $Z$ 达到最大值,回路电流 $I$ 达到最小值,这些特性与串联电路谐振时的情况相反。当 $\varphi=0$ 时,电路呈纯电阻性,电路达到谐振状态,此时并联谐振频率为

$$\omega_0'=\sqrt{\frac{1}{LC}-\left(\frac{R}{L}\right)^2}=\omega_0\sqrt{1-\frac{1}{Q^2}}$$

式中,$Q=\dfrac{\omega_0 L}{R}$,谐振曲线示意图如图 5.6.7 所示。可见,并联谐振频率 $f_0'$ 与 $f_0$ 稍有不同,当 $Q\gg1$ 时,有 $\omega_0'\approx\omega_0$,$f_0'\approx f_0$。并联电路的特性也可用品质因数 $Q$ 来描述,$Q$ 值越大,电路的选频性能越强。谐振时,总回路电流 $I$ 并不大,但 $I_C$ 和 $I_L$ 则可以很大,它们的相位差近似为 $\pi$,幅度大小近似相等,所以,并联电路在谐振时有一个很大的环行电流。

（1）信号发生器的输出电压（即 $RLC$ 电路的输入电压）会随频率的变化而改变；

（2）使用数字万用表时不要超量程；

（3）用双踪示波器同时观测两个信号时须注意选择同一个电位点作为公共接地端。

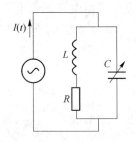

图 5.6.6　$RLC$ 并联谐振电路图

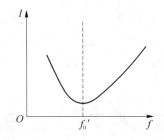

图 5.6.7　$RLC$ 并联电路谐振曲线图

# 实验 5.6.4　方波的傅里叶级数展开

[实验要求]

（1）利用电感线圈、可变电容箱、10 Ω 电阻组成的不同 $RLC$ 串联谐振支路组建电路，对 1 000 Hz 方波信号进行选频分析；

（2）观测基频信号和各阶次谐波信号的波形和振幅，并与计算值进行比较分析；

（3）观察基频信号与各阶次谐波信号的倍频关系及相位关系。

[仪器用具]

示波器，信号发生器，可变电容箱，10 Ω 电阻，电感值约为 0.045 H 的线圈，万用表，插件方板，短接桥及导线若干。

[原理提示]

任何周期信号都可以表示为无限多次谐波的叠加，设方波的函数表达式为

$$f(t)=\begin{cases} h & 0\leqslant t<\dfrac{T}{2} \\ -h & -\dfrac{T}{2}\leqslant t<0 \end{cases} \tag{5.6.7}$$

其傅里叶展开为

$$f(t) = \frac{4h}{\pi} \sum_{n=1}^{\infty} \left[ \frac{1}{2n-1} \sin(2n-1)\omega_0 t \right] = \frac{4h}{\pi} \left( \sin \omega_0 t + \frac{1}{3} \sin 3\omega_0 t + \frac{1}{5} \sin 5\omega_0 t + \cdots \right)$$

$$(5.6.8)$$

可以看出,谐波次数越高,振幅越小,对叠加波的贡献就越小,当小至一定程度时,高次的谐波就可以忽略而变成有限次数谐波的叠加。这对于设计仪器电路是很有意义的。频率越高,元器件的分布电容、分布电感、PN 结参数的影响就越大,甚至使某些元器件失去原有的特性。

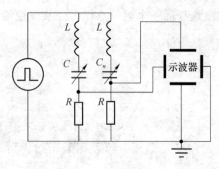

图 5.6.8 实验电路图

实验电路如图 5.6.8 所示。由于 $RLC$ 串联电路的谐振频率 $\omega_0 = \dfrac{1}{\sqrt{LC}}$,所以通过设置电容 $C_n = C/n^2$ ($C$ 为基频谐振时的电容值),可以得到 $n$ 次谐波信号,谐振频率为 $n\omega_0$。

[注意事项]

用双踪示波器同时观测两个信号时需注意选择同一个电位点作为公共接地端。

# 实验 5.7  交流电桥及其应用

交流电桥比直流电桥有更多的功能,因而使用更广泛。它不仅可用于测量电阻、电感、电容、磁性材料的磁导率、电容的介质损耗等,还可利用交流电桥平衡条件与频率的相关性来测量频率,是测量仪器中常用的基本电路之一。

## 实验 5.7.1  交流电桥测电感和电容

[实验要求]

用自搭交流电桥测量电容、电感及其损耗,并考虑不同桥臂比例和输入信号的频率对测量结果的影响。

[仪器用具]

信号发生器,交流数字电压表,电阻箱,可变电容箱,待测电容(标称值为 $1\ \mu F$),待测电感(标称值为 $33\ mH$)。

[原理提示]

交流电桥的原理图与惠斯通电桥很相似,如图 5.7.1 所示。只是桥臂不再都是电阻元件,交流电桥所用电源为交流电源,其桥臂为复阻抗,用交流数字电压表或示波器作为平衡指示仪。

由图 5.7.1 可知,当电桥平衡时 $U_{CD}=0$,由欧姆定律可得

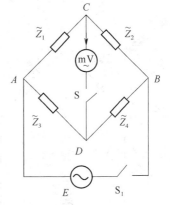

图 5.7.1  交流电桥

$$I_1\widetilde{Z}_1=I_3\widetilde{Z}_3 \qquad (5.7.1)$$

$$I_2\widetilde{Z}_2=I_4\widetilde{Z}_4 \qquad (5.7.2)$$

$$I_1=I_2,\quad I_3=I_4 \qquad (5.7.3)$$

式中,$I_1$,$I_2$,$I_3$,$I_4$ 分别是流过 $\widetilde{Z}_1$,$\widetilde{Z}_2$,$\widetilde{Z}_3$,$\widetilde{Z}_4$ 的电流。所以,交流电桥的平衡条件为:$\widetilde{Z}_1\widetilde{Z}_4=\widetilde{Z}_2\widetilde{Z}_3$。把复阻抗 $\widetilde{Z}_i=Z_i\exp(\varphi_i)$ 代入以上各式有

$$Z_1Z_4=Z_2Z_3 \qquad (5.7.4)$$

$$\varphi_1+\varphi_4=\varphi_2+\varphi_3 \qquad (5.7.5)$$

由此可见,交流电桥包括了两个平衡条件:一是复阻抗模的平衡;二是复阻抗角的平

衡,只有两个条件同时满足时,交流电桥才能达到平衡。由于上述原因,交流电桥的 4 个桥臂的阻抗必须按一定的方式配置,不能任意选择阻抗的性质。如果 $\tilde{Z}_1,\tilde{Z}_2$ 选择纯电阻元件,则 $\tilde{Z}_3,\tilde{Z}_4$ 必须同时为电容性元件或同为电感性元件,否则此交流电桥不会平衡。

**1. 交流电桥测量电容**

实际电容并不是理想电容,在电路中总要消耗一部分能量,因此它等效于一个理想电容和一个电阻相串联,如图 5.7.2 所示。图中 $C_x,R_x$ 分别为待测电容的电容值和它的损耗电阻值,$C_2,R_2$ 分别为标准可调电容和可调电阻,$R_3,R_4$ 为纯电阻元件。由交流电桥的平衡条件可得

$$\left(\frac{1}{\mathrm{j}\omega C_x}+R_x\right)R_4=\left(\frac{1}{\mathrm{j}\omega C_2}+R_2\right)R_3 \tag{5.7.6}$$

等式两边实部与实部相等,虚部与虚部相等,有

$$C_x=\frac{R_4}{R_3}C_2,\quad R_x=\frac{R_3}{R_4}R_2 \tag{5.7.7}$$

因此利用交流电桥可以测量未知电容值及其损耗。损耗电阻的存在,使得当交流电流通过电容时,电容两端的电压和流过的电流的相位差不是 $\frac{\pi}{2}$,而是 $\frac{\pi}{2}-\delta$,其中 $\delta$ 是待测电容的损耗角。损耗角的正切 $\tan\delta=\omega C_x R_x$ 称为损耗,电容的损耗越大,其质量越差。

**2. 交流电桥测电感**

通常使用的电感可以等效于一个理想电感 $L_x$ 和一个损耗电阻 $R_x$ 串联,图 5.7.3 为测量未知电感的电路。$C_4,R_4$ 分别为可调电容和可调电阻,$R_2,R_3$ 分别为纯电阻元件。由交流电桥平衡条件可得

$$L_x=R_2R_3C_4,\quad R_x=\frac{R_2R_3}{R_4} \tag{5.7.8}$$

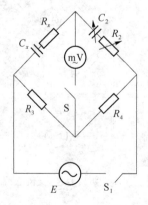

图 5.7.2　交流电桥测电容

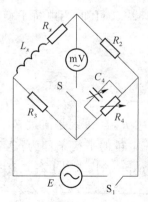

图 5.7.3　交流电桥测电感

284

由于损耗电阻的存在,常用品质因数 $Q$ 来描述电感线圈的质量,即 $Q=\dfrac{\omega L_x}{R_x}$,品质因数的倒数称为损耗。$R_x$ 越小,损耗越小,线圈的质量越好。

测量电容、电感的电桥很多,上面介绍的这两种电桥只适合于测量有一定损耗的电容及有一定损耗的不含铁心的电感。

**3. 交流电桥的调节**

由于交流电桥的平衡必须同时满足幅、相平衡两个条件,因此即使在最简单的桥路中,也至少有两个桥臂参数是可调的,只有这两个被调参数同时达到平衡值,指示器才能达到平衡位置。然而实际调节时总是先固定其中之一,调节另一个,在这样的调节过程中,每次只能找到一个趋于平衡的位置。设先固定第一个,调节第二个,得到一个趋于平衡的位置,然后固定第二个,调节第一个,同样可以找到一个比原先更接近平衡的位置,如此反复调节这两个参数,逐次逼近平衡。可见交流电桥平衡的调节,要比惠斯通电桥复杂得多,但只要按照以下几点去做,是能够顺利调到平衡的。

(1) 事先设法知道待测元件的大概数值,根据平衡公式选定调节参量的数值,使电桥从开始起就不至于远离平衡。

(2) 分步反复调节,在每一步中抓住主要矛盾。例如,测量电感 $L_x$ 时,从式(5.7.8)可知,调节 $C_4$ 时,使第一式满足,而不影响第二式;同理,通过调节 $R_4$ 可以满足第二式,也不影响第一式。这样反复调节 $C_4$ 和 $R_4$,可以使式(5.7.8)的两个方程均得到满足。测电容时的调节步骤原则上与此相同。

# 实验 5.7.2　交流电桥的应用——消侧音电路

[实验要求]

(1) 根据给出的消侧音原理,连接消侧音电路;

(2) 送话器用半导体收音机,受话器用耳机,要求侧音信号很小;

(3) 用两套消侧音电路分别作为电话的两端,实现电话通信。

[仪器用具]

示波器,耦合线圈,电阻箱,1.6 kΩ 定值电阻,半导体收音机,耳机。

[原理提示]

实现通话最简单、经济的电路是用一对导线将通话双方的送话器和受话器连接起来如图 5.7.4 所示。这种电路存在两大问题:一是直流电流通过双方受话器,会使受话器性能变坏;另一个问题是当自己对着送话器讲话时,能从受话器中听到自己的声音,这种现象称为侧音效应(Side-tone Effect),侧音的存在将引起听觉疲劳而听不清对方讲话,因此应尽量予以消除。

图 5.7.4　最简单的双向通话电路

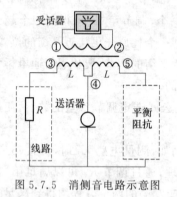

图 5.7.5　消侧音电路示意图

为了解决侧音问题,通话的一方可采用图 5.7.5 所示电路,其中,受话器接在耦合线圈的次级线圈,而送话器接在由初级线圈、线路和平衡阻抗构成的桥路中。调节平衡阻抗,可以使电桥平衡,使得受话器听不到送话器的声音,即讲话人听不到自己的声音,达到消侧音的目的。在实验中假设线路阻抗由电阻构成。本实验的任务就是选择平衡阻抗,给出消侧音效果最好时电路元件的参数。

# 实验 5.7.3　整流滤波电路

[实验要求]

(1) 设计半波整流电路,画出电路图,简述其原理,绘出整流后的波形。

(2) 设计全波整流电路,画出电路图,简述其原理,绘出整流后的波形。

(3) 在全波整流电路的基础上设计滤波电路,把输出的脉动直流变成恒定的直流电,观察不同的滤波电容对输出的影响。对整流滤波电路,在负载不变的情况下(1 kΩ),改变滤波电容进行比较;在滤波电容不变的情况下(470 μF),改变负载进行比较。

[仪器用具]

示波器,信号发生器,万用表,插件方板,电阻箱,短接桥及导线若干。

电容 2 个:10 μF,470 μF。

电阻 2 个:1 kΩ,10 kΩ。

二极管 4 只:IN4 007。

整流电路可以简单地用二极管实现。二极管整流是利用二极管的单向导电性把交流电转换为脉动直流电的过程(即在输入交流电的 1 个周期的半周内二极管导电,另半周内二极管不导电)。半波整流电路图及桥式全波整流电路图分别如图 5.7.6 和图 5.7.7 所示。

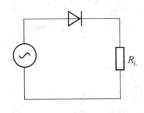

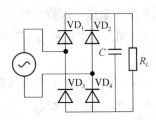

图 5.7.6  半波整流电路图    图 5.7.7  桥式全波整流及滤波电路图

交流电经过二极管整流之后,方向单一了,但是输出的不是幅度恒定的直流,而是脉动直流。要把脉动直流电变成电压恒定的直流电,可以通过滤波电路来实现。在图 5.7.7 中,用电容 $C$ 实现滤波的功能,而且电容越大时,滤波效果越好,加在负载 $R_L$ 上的电压越接近直流。

[注意事项]

实验过程中二极管的正负极性不要接反,连接好电路后要反复检查无误后再接通电源。

# 实验 5.8  利用超声光栅测液体中的声速

[实验要求]

利用实验室提供的仪器设计：

（1）通过超声光栅的喇曼-奈斯衍射，测量超声波在水中的速度 $v_s$，并求出水中声速的平均值；

（2）根据水温和温度系数等数据，计算水中声速 $v_t$ 及其平均值；

（3）将 $\bar{v}_s$ 和 $\bar{v}_t$ 进行比较。

[仪器用具]

声光衍射仪由主机、压电陶瓷换能器、玻璃液槽等组成；超声信号的频率通过声光衍射仪主机面板上的频率调节旋钮调节及四位数码管显示。

光源：钠灯，汞灯。

另有分光计，纯净水，温度计等。

[原理提示]

产生超声波的常用方法是利用具有逆压电效应的压电材料作为电声换能器。当外加交变电压的频率与在玻璃液槽内作为电声换能器的锆钛酸铅陶瓷（PZT）压电材料的固有频率相同时，压电陶瓷换能器产生的超声振动的振幅最大，其振动状态在玻璃槽内的液体中传播，就可以形成超声波。由于液体的切变弹性模量为零，因此，声波在液体介质中只能以纵波的形式传播。当作为电声换能器的压电陶瓷片振动面的线度远大于超声波波长时，可以把产生的超声波视为平面纵波，同时也可以忽略玻璃液槽器壁的干扰。

平面超声波在液体介质中传播时，形成液体超声场，其声压使液体密度产生疏密交替的变化，液体的折射率也相应地作周期性变化，当平面光波从垂直方向透过超声场时，会使出射光波的波阵面变为周期性变化的曲折的波阵面而产生衍射，相当于通过一个透射光栅并发生衍射。这种衍射称为声光衍射，存在着超声场的液体介质称为超声光栅。尤其当液体超声场存在反射而形成超声驻波时，液体的疏密度变化最强，且形成稳定的周期性疏密结构，导致折射率呈周期性分布，距离等于超声波波长的任意两点处，液体的密度相同，折射率也相等。因而，超声波的波长就是超声光栅的光栅常数。

在各向同性介质中，当超声波的波长 $\lambda_s$、光波的波长 $\lambda$ 及声光作用的长度 $l$ 之间的关

系满足 $l \leqslant \dfrac{\lambda_s^2}{2\lambda}$ 时，声光相互作用能产生多级衍射的声光衍射现象称为喇曼-奈斯 (Raman-Nath)衍射。超声波频率较低、入射角较小时才能产生喇曼-奈斯衍射。

一束平行光垂直入射到超声光栅上，出射光即为衍射光，如图 5.8.1 所示。图中 $m$ 为衍射级次数，$\theta_m$ 为第 $m$ 级衍射光的衍射角。可以证明，与常规的光栅方程相当的超声光栅的光栅方程为

$$\lambda_s \sin\theta_m = \pm m\lambda \qquad (m=0,1,2,\cdots) \tag{5.8.1}$$

平行光通过超声光栅产生的衍射光经透镜聚焦后，即可在焦平面上观察到衍射条纹。若使用激光，不用透镜，也可以直接从较远的观察屏上看到衍射光斑。

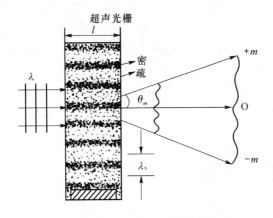

图 5.8.1　超声光栅的喇曼-奈斯衍射

如果光波波长 $\lambda$ 已知，测出超声光栅衍射的衍射角 $\theta_m$，由式(5.8.1)可得超声波的波长 $\lambda_s$，再测出超声波的频率 $f_s$，则可求出超声波在该液体中的传播速度：

$$v_s = \lambda_s f_s \tag{5.8.2}$$

液体中的声速一般与液体的成分、液体的温度有关。在水中，温度 $t_0 = 25\ ℃$ 时，声波的传播速度为 $v_0 = 1\,497\ \mathrm{m/s}$，而温度为 $t$ 的水中的声速则可按公式

$$v_t = v_0 + \alpha(t - t_0) \tag{5.8.3}$$

计算，式中的温度系数 $\alpha = 2.5\ \mathrm{m/(s \cdot K)}$。

**[注意事项]**

(1) 换能器极易被损坏，使用中必须注意：

① 换能器是仪器振荡电路的一部分，未接上换能器时仪器不能工作；

② 换能器未插入液体介质中时，不能打开主机电源；

③ 应使液槽内的换能器完全被淹没在液面以下约 5 mm；

④ 通电已起振的换能器不可从液体中拿出；

⑤ 不要用手触摸换能器的压电陶瓷片。

（2）不要长时间使仪器处于谐振状态，不测量时，可将频率调节旋钮顺时针旋到底，使其处于停振状态。

（3）刚开机时，频率会有少量漂移，这是正常现象，稍候即可进入正常状态。较长时间使用仪器后，液槽内的液体温度会有所升高。

（4）尽量减少液槽器壁上的气泡，以减小对测量产生的影响。

# 实验 5.9　超声换能器输出波形的研究

某些材料在机械应力作用下,引起材料内部正负电荷中心相对位移而发生极化,导致材料两端表面出现符号相反的束缚电荷的现象,称为压电效应。具有这种性能的陶瓷称为压电陶瓷,它的表面电荷密度与所受的机械应力成正比。压电陶瓷的应用十分广泛,如声速测量中的超声换能器是最常见的应用之一,其他还有:压电开关、压电微位移器、超声波清洗机等。本实验将对超声换能器的一些性能做进一步的研究。

[实验要求]

通过测量了压电陶瓷换能器对不同占空比和频率的方波电信号的转换,用傅里叶变换分析接收信号的幅度。

[仪器用具]

声速测量仪,示波器,信号发生器。

[原理提示]

傅里叶变换是信号与系统中对时变信号进行频谱分析的重要手段,不同的周期信号的某一固定的谐波成分也可以通过 $RLC$ 电路组成的带通滤波器进行测量。超声换能器可以将电信号转换为固有频率的简谐振动(超声波),通过同样的超声换能器接收并在示波器上显示此正弦波,这一"电信号—超声波—正弦波电信号"过程中,换能器可以看做一个带宽较窄的带通滤波器,将输入的电信号转换为频率与换能器固有频率相同的超声波并由接收器接收。

声速测量中,使用的是与换能器谐振频率一致的正弦波,如果将这一发射端接入不同频率和占空比的方波、锯齿波、三角波等信号,在接收端示波器上显示的依然是正弦波,发射器接入前后显示的波形也有明显不同,后者高低电平均出现波动,如图 5.9.1～5.9.4 所示为不同频率方波及占空比的发射与接收系统对不同电信号的响应情况。请设计一个实验系统,通过改变方波的频率和占空比及不同波形观察其变化规律,同时用傅里叶变换对观察到的现象进行解释。

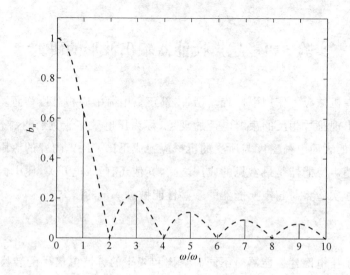

图 5.9.1　50％占空比方波傅里叶变换频谱图

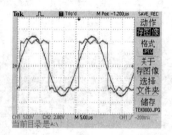

图 5.9.2　40 kHz 方波发射与接收端的信号

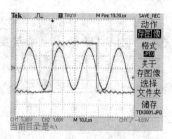

图 5.9.3　13.33 kHz 方波发射与接收端的信号

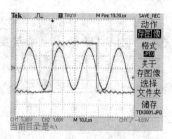

图 5.9.4　8 kHz 方波发射与接收端的信号

292

# 实验 5.10　用 LED 研究光的色度

20 世纪 50 年代,人们已经了解半导体材料可产生光线的基本知识,第一个商用发光二极管产生于 1960 年。LED 是英文 light emitting diode(发光二极管)的缩写,它的核心部分是一块电致发光的半导体材料。最初 LED 仅作为仪器仪表的指示光源,后来各种颜色的 LED 在交通信号灯和大面积显示屏中得到了广泛应用,产生了很好的经济效益和社会效益。经过 40 多年的发展,现在大家十分熟悉的 LED,已能发出红、橙、黄、绿、蓝等多种颜色的光。然而照明用的白色光 LED 仅在近年才发展起来。1998 年随着白光 LED 开发成功,LED 有了替代照明光源的可能。众所周知,可见光光谱的波长范围为 380～760 nm,是人眼可感受到的七色光——红、橙、黄、绿、青、蓝、紫,例如,LED 发的绿光的峰值波长为 565 nm。在可见光的光谱中是没有白色光的,因为白光不是单色光,而是由多种单色光合成的复合光,正如太阳光是由 7 种单色光合成的白色光,而彩色电视机中的白色光也是由三基色(黄、绿、蓝)合成。由此可见,要使 LED 发出白光,它的光谱特性应包括整个可见的光谱范围。但要制造这种性能的 LED,在目前的工艺条件下是不可能的。根据人们对可见光的研究,人眼睛所能看见的白光至少需两种光的混合,即二波长发光(蓝色光＋黄色光)或三波长发光(蓝色光＋绿色光＋红色光)的模式,目前国际上生产的白光 LED 均为基于蓝光的 LED,而掌握该种白光 LED 生产技术的厂商仅有少数几家。综上所述,LED 不管是作为显示器件还是照明器件,色度都是它的一个基本知识点。本实验将研究如何利用 LED 研究光的色度。

[实验要求]

(1) 掌握颜色三刺激值的计算、测量方法;

(2) 掌握三原色叠加原理以及色品坐标的计算;

(3) 作 CIE $xy$ 色品图,并计算 LED 发光二极管及其组合色的主波长和饱和度;

(4) 自拟步骤分别测量 3 种发光二极管的三刺激值和亮度与电流的关系;

(5) 验证两色混合的原理;

(6) 用三原色混合产生白光。

[仪器用具]

发光二极管及电源,万用表,色度计,电阻箱等。

[原理提示]

## 1. 色度学的基本知识

众所周知,可见光是对人眼能产生目视刺激而形成光亮感和色感的电磁波谱段,波长为 $380\sim760$ nm。对能量相同不同波长的光,人眼感觉到的亮度是不一样的。研究人眼辨认物体的明亮程度、颜色种类和颜色的纯洁度(明度、色调、饱和度)的学科称做色度学。它是一门以光学、光化学、视觉生理和视觉心理等学科为基础的综合性科学,解决对颜色的定量描述和测量问题。

明亮度是光作用于人眼时引起的明亮程度的感觉。一般来说,彩色光能量大则显得亮,反之则暗。色调反映颜色的类别,如红色、绿色、蓝色等。彩色物体的色调决定于在光照明下所反射光的光谱成分。例如,某物体在日光下呈现绿色是因为它反射的光中绿色成分占有优势,而其他成分被吸收掉了。对于透射光,其色调则由透射光的波长分布或光谱所决定。饱和度是指彩色光所呈现颜色的深浅或纯洁程度。对于同一色调的彩色光,其饱和度越高,颜色就越深,或越纯;而饱和度越小,颜色就越浅,或纯度越低。高饱和度的彩色光可因掺入白光而降低纯度或变浅,变成低饱和度的色光。因而饱和度是色光纯度的反映。100%饱和度的色光就代表完全没有混入白光的纯色光。色调与饱和度又合称为色度,它既说明彩色光的颜色类别,又说明颜色的深浅程度。

## 2. 三原色和三刺激值

每一种颜色都能用 3 个选定的原色按照适当的比例混合而成,这就是三基色原理。基于以上事实,国际照明委员会(简称 CIE)规定了一套标准色度系统,称为 CIE 标准色度系统。选择波长为 700 nm(R)、546.1 nm(G)、435.8 nm(B)的 3 种单色光作为三原色,由它们相加混合能产生任意颜色。某一颜色的光和由三原色合成的光刚好匹配时,可以用颜色方程表示为

$$C(C) \equiv R(R) + G(G) + B(B) \tag{5.10.1}$$

式中,(C)和(R),(G),(B)分别代表被匹配颜色和红、绿、蓝三原色的单位,$C,R,G,B$ 分别代表被匹配颜色和红、绿、蓝三原色的数量,可以取负值。$R,G,B$ 值就称为该种颜色的三刺激值。两种含有不同光谱成分的光,只要它们的三刺激值相同,那人们看到它们的颜色感觉就相同。因此,可以通过三刺激值定量的表示颜色感觉。

等能白光(含有所有可见光的波长成分,而且能量分布均匀的白光)也可以由三原色匹配,实验发现,当三原色单位的光亮度(人眼感觉的亮度)比率为 $1.000\,0 : 4.590\,7 : 0.060\,1$,辐亮度(实际的亮度)比率为 $72.096\,2 : 1.379\,1 : 1.000\,0$ 时,三原色合成的颜色与等能白光匹配。混合色的总亮度等于组成混合色的各种色光的亮度总和。

同样,对某一波长的单色光(光谱色)也可以得到一组三刺激值$(R,G,B)$,不同波长的单色光(能量相同)对应于不同的三刺激值,称为光谱三刺激值。如果有两个颜色光

$(R_1,G_1,B_1)$和$(R_2,G_2,B_2)$相加混合,混合色的三刺激值为$(R_1+R_2,G_1+G_2,B_1+B_2)$。由于任何颜色的光都可看成是不同单色光的混合,因此,只要知道光谱三刺激值和某颜色光的光谱分布,就可以计算它的三刺激值。如果是连续光谱,则将求和改为积分。

在实际应用中,很多时候都不关心色光的亮度,而只是关心它的颜色,而色光的颜色与三刺激值的绝对大小无关,只与它们在$R+G+B$中的相对比例有关,称为色品坐标,用$r,g,b$表示,即

$$r \equiv \frac{R}{R+G+B}, \quad g \equiv \frac{G}{R+G+B}, \quad b \equiv \frac{B}{R+G+B}, \quad r+g+b=1 \quad (5.10.2)$$

等能白光的三刺激值为$R=G=B=1$,故其色品坐标为$r=g=b=1/3$。

**3. CIE1931 标准色度系统**

实验发现,光谱三刺激值和色品坐标有很大一部分出现负值,在应用上很不方便。因此,CIE 改用 3 个假想的原色 $X,Y,Z$,建立了 CIE1931 标准色度系统,如图 5.10.1 所示。$XYZ$ 系统和 $RGB$ 系统之间相当于一个坐标变换:

$$X = 0.490R + 0.310G + 0.200B$$
$$Y = 0.177R + 0.812G + 0.011B$$
$$Z = 0.010G + 0.990B$$

$$x = \frac{X}{X+Y+Z}, y = \frac{Y}{X+Y+Z}, z = \frac{Z}{X+Y+Z} \quad (5.10.3)$$

色品坐标 $x,y,z$ 和 $r,g,b$ 之间的转换关系可自行推导。

图 5.10.1 是 CIE1931 标准色度观察三刺激值曲线图。将不同波长的光谱色的色品坐标在 $xy$ 坐标系统中绘出,并连成马蹄形曲线,称为 CIE $xy$ 色品图的光谱轨迹,如图 5.10.2所示。

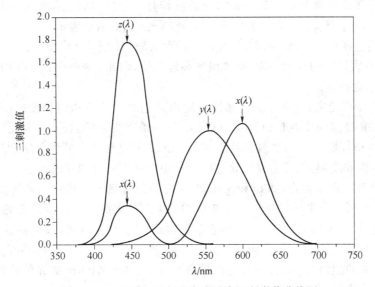

图 5.10.1 CIE1931 标准色度观察三刺激值曲线图

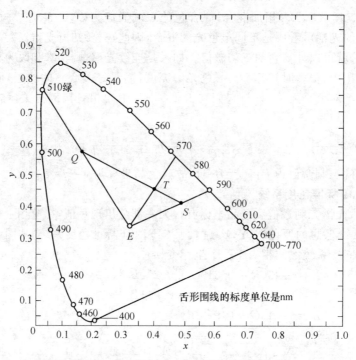

图 5.10.2　CIE1931 $xy$ 色品图的光谱轨迹

光谱轨迹具有如下颜色视觉特点：

（1）光谱轨迹曲线及连接两端点的直线所构成的马蹄形内包括了一切物理上能实现的颜色，曲线之外的颜色物理上都不能实现。

（2）靠近波长末端 700～770 nm 的光谱段具有一个恒定的色品值，$x=0.737\,4$，$y=0.265\,3$，$z=0$，故在图 5.10.2 中由位于 700～770 nm 光谱的点表示。

（3）连接色度点 400 nm 和 700 nm 的直线称为紫红轨迹，也称紫线。

（4）$y=0$ 直线上的点无亮度，短波段紧靠这条线，因此，380～ 420 nm 的光在视觉上引起的亮度感觉很低。

（5）若色坐标给定，可立即从色品图上定出该色的主波长和饱和度。$E$ 代表等能白光。例如，要求 $Q$ 点的主波长，只要从 $Q$ 向 $E$ 引一条直线，并延长 $EQ$ 与光谱轨迹相交，交点在 510.3 nm，则 $Q$ 点的主波长就是 510.3 nm。光谱轨迹上的颜色饱和度最高，越靠近 $E$ 点，颜色饱和度越低，接近光谱轨迹的远近程度标志着饱和度的大小。

（6）由两种颜色相混合，如 $Q$ 和 $S$ 相加，只能得到 $Q$ 到 $S$ 线段中的各种颜色。3 种颜色相加，只能得到 3 个坐标（如图 5.10.2 中 $Q$, $T$, $E$）形成的三角形内的颜色。蹄形光谱两侧的光谱色的连线如果经过 $E$ 点，则它们的混合能够产生白光，我们称这两种颜色互补。例如，将经过波长 590 的线由 $E$ 点延伸到光谱的另一侧 480～490 nm 区间的交点上，该波长对应的颜色与 590 nm 对应的颜色互补。494～570 nm 的光的补色在紫线上，因此只能与至少两种光混合才能产生白光。

296

## 表 5.10.1 CIE1931 标准光谱三刺激值

| 波长 | $X$ | $Y$ | $Z$ | $x$ | $y$ | $z$ |
|------|-----|-----|-----|-----|-----|-----|
| 380 | 0.001 37 | 0.000 04 | 0.006 45 | 0.174 30 | 0.005 09 | 0.820 61 |
| 390 | 0.004 24 | 0.000 12 | 0.020 50 | 0.170 56 | 0.004 83 | 0.824 62 |
| 400 | 0.014 31 | 0.000 40 | 0.067 85 | 0.173 33 | 0.004 84 | 0.821 83 |
| 410 | 0.043 51 | 0.001 21 | 0.207 40 | 0.172 58 | 0.004 80 | 0.822 62 |
| 420 | 0.134 38 | 0.004 00 | 0.645 60 | 0.171 41 | 0.005 10 | 0.823 49 |
| 430 | 0.283 90 | 0.011 60 | 1.385 60 | 0.168 88 | 0.006 90 | 0.824 22 |
| 440 | 0.348 28 | 0.023 00 | 1.747 06 | 0.164 41 | 0.010 86 | 0.824 73 |
| 450 | 0.336 20 | 0.038 00 | 1.772 11 | 0.156 64 | 0.017 70 | 0.825 65 |
| 460 | 0.290 30 | 0.060 00 | 1.669 20 | 0.143 75 | 0.029 71 | 0.826 54 |
| 470 | 0.195 36 | 0.090 98 | 1.287 64 | 0.124 12 | 0.057 80 | 0.818 08 |
| 480 | 0.095 64 | 0.139 02 | 0.812 95 | 0.091 29 | 0.132 70 | 0.776 00 |
| 490 | 0.032 01 | 0.208 02 | 0.465 18 | 0.045 39 | 0.294 98 | 0.659 63 |
| 500 | 0.004 90 | 0.323 00 | 0.272 00 | 0.008 17 | 0.538 42 | 0.453 41 |
| 510 | 0.009 30 | 0.503 00 | 0.158 20 | 0.013 87 | 0.750 19 | 0.235 94 |
| 520 | 0.063 27 | 0.710 00 | 0.078 25 | 0.074 30 | 0.833 80 | 0.091 89 |
| 530 | 0.165 50 | 0.862 00 | 0.042 16 | 0.154 72 | 0.805 86 | 0.039 41 |
| 540 | 0.290 40 | 0.954 00 | 0.020 30 | 0.229 62 | 0.754 33 | 0.016 05 |
| 550 | 0.433 45 | 0.994 95 | 0.008 75 | 0.301 60 | 0.692 31 | 0.006 09 |
| 560 | 0.594 50 | 0.995 00 | 0.003 90 | 0.373 10 | 0.624 45 | 0.002 45 |
| 570 | 0.762 10 | 0.952 00 | 0.002 10 | 0.444 06 | 0.554 71 | 0.001 22 |
| 580 | 0.916 30 | 0.870 00 | 0.001 65 | 0.512 49 | 0.486 59 | 0.000 92 |
| 590 | 1.026 30 | 0.757 00 | 0.001 10 | 0.575 15 | 0.424 23 | 0.000 62 |
| 600 | 1.062 20 | 0.631 00 | 0.000 80 | 0.627 04 | 0.372 49 | 0.000 47 |
| 610 | 1.002 60 | 0.503 00 | 0.000 34 | 0.665 76 | 0.334 01 | 0.000 23 |
| 620 | 0.854 45 | 0.381 00 | 0.000 19 | 0.691 50 | 0.308 34 | 0.000 15 |
| 630 | 0.642 40 | 0.265 00 | 0.000 05 | 0.707 92 | 0.292 03 | 0.000 06 |
| 640 | 0.447 90 | 0.175 00 | 0.000 02 | 0.719 03 | 0.280 93 | 0.000 03 |
| 650 | 0.283 50 | 0.107 00 | 0.000 00 | 0.725 99 | 0.274 01 | 0.000 00 |
| 660 | 0.164 90 | 0.061 00 | 0.000 00 | 0.729 97 | 0.270 03 | 0.000 00 |
| 670 | 0.087 40 | 0.032 00 | 0.000 00 | 0.731 99 | 0.268 01 | 0.000 00 |
| 680 | 0.046 77 | 0.017 00 | 0.000 00 | 0.733 42 | 0.266 58 | 0.000 00 |
| 690 | 0.022 70 | 0.008 21 | 0.000 00 | 0.734 39 | 0.265 61 | 0.000 00 |
| 700 | 0.011 36 | 0.004 10 | 0.000 00 | 0.734 80 | 0.265 20 | 0.000 00 |

[注意事项]

实验所用的 LED 允许的最大电流是 200 mA,实验过程中电流不要太大。

# 实验 5.11　LED 的物理特性和电光调制

在光纤通信系统中,光源是光发射机的核心,其功能是将电信号转化为光信号。目前广泛采用的光源有半导体发光二极管(LED)和半导体激光二极管(LD)。发光二极管是一种性能稳定、寿命长、输出光功率线性范围宽,而且制造工艺简单、价格低廉的光源,它在相对容量较小的短距离光纤通信系统中发挥着重要作用。

[实验要求]

(1) 了解发光二极管的发光机理;

(2) 设计测量发光二极管 $I$-$U$ 和 $I$-$P$ 曲线的实验步骤,并自拟原始数据表格;

(3) 自拟步骤测量 LED 的电光调制特性,并测量输入信号的上、下截止区间;

(4) 了解波分复用的基本原理和实现波分复用的主要途径,根据波分复用的原理,用几何光学的方法实现波分复用和偏振复用。

[仪器用具]

发光二极管,信号发生器,功率计等。

[原理提示]

发光二极管简称 LED,是利用半导体 PN 结或类似结构把电能转化成光能的器件。由于这种发光是由注入的电子和空穴复合而产生的,故也称做注入式电致发光。虽然半导体发光二极管和半导体激光器都是 PN 结注入式器件,但它们之间仍存在着许多区别。其中主要区别是 LED 靠载流子自发发射而发光,半导体激光器发光则是需要外界的诱发促使载流子复合的受激发射。因此,LED 发射的是非相干光,它具有制作简单、稳定性好、寿命长($10^7$ h)以及可以在低电压、低电流下工作等优点。

不同半导体材料有不同的能带结构。图 5.11.1 分别给出了 GaAs 和 GaP 能带结构示意图,图中只画出典型的导带底和价带顶,它的横坐标单位是波矢量,用符号 $k$ 表示,自由电子波矢量 $k$ 的值与能量 $E$ 的关系是:$E = \dfrac{h^2 k^2}{8\pi^2 m}$。式中,$m$ 是电子质量;$h$ 是普朗克常量($h = 6.626 \times 10^{-34}$ J·s)。

通过理论计算可以得到一些实际半导体的能量 $E$ 和波矢量 $k$ 的曲线。从图 5.11.1 中可看出,GaAs 晶体的价带顶和导带底处于同一 $k$ 值处,这种半导体称为直接跃迁半导体或直接带隙半导体；而 GaP 晶体的价带顶和导带底不在同一 $k$ 值处，这种半导体称为间接带隙半导体。用 $E_{gd}$ 表示直接带隙型半导体的带隙宽度，用 $E_{gi}$ 表示间接带隙型半导体的带隙宽度。当 LED 的 PN 结加上正向偏压，注入的少数载流子和多数载流子（即电子和空穴）复合而发光。这种自发发射的波串之间没有固定的相位关系，可以有不同的偏振方向和传播方向，其发射波长 $\lambda$ 可表示为：$\lambda = c/\nu = hc/E_g = 1.239\,8/E_g$。式中，$c$ 是光速，$\nu$ 是光的频率。

**1. 发光二极管的 $I\text{-}U$ 特性曲线**

发光二极管的电流-电压特性和普通二极管大体一致，如图 5.11.2 所示。对于不同材料的 LED，它的阈值电压不同，GaAs 是 1.0 V，GaP（红光）大约 1.8 V，GaP（绿光）大约 2.0 V。

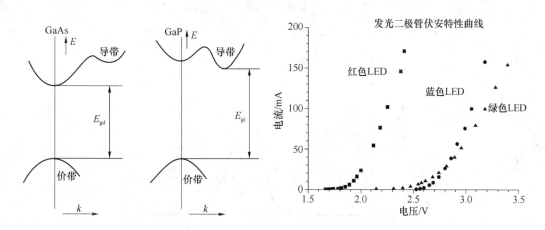

图 5.11.1  GaAs 和 GaP 晶体的能带结构示意图  　图 5.11.2  发光二极管的 $I\text{-}U$ 特性

**2. 发光二极管的 $P\text{-}I$ 特性曲线**

LED 的输出完全由自发辐射产生，$P\text{-}I$ 曲线如图 5.11.3 所示，当在发光二极管中注入正向电流时，注入的非平衡载流子在扩散过程中复合发光，线性范围较大。

**3. 发光二极管的光谱特性和电光调制**

由于 LED 没有谐振腔，其输出为自发辐射光，故输出光谱较宽，如图 5.11.4 所示。

光调制就是将一个携带信息的信号叠加到载波光波上，当 LED 作为信号传输的载波光波时，需要将信号加载到 LED 上，使得 LED 输出光（载波光波）的参数随外加信号变化而变化，这些参数包括光波的振幅、位相、频率、偏振、波长等。在目前的光调制方式中，使用最为广泛的调制方式是光"强度调制方式"。在强度调制方式下，已调制的光信号强度中的变化与输入的调制信号的变化相同。

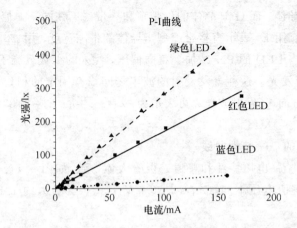

图 5.11.3 发光二极管的 *P-I* 特性曲线

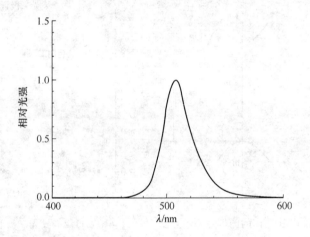

图 5.11.4 发光二极管的光谱特性

### 4. 基于 LED 的光波分复用

随着以 IP 为代表的数据业务的增长，以及 Internet 在全球范围内的迅速发展，人们对网络带宽的需求不断增加。提高通信系统的带宽已成为焦点问题，波分复用（Waveltngth Division Multiaccess，WDM）技术正是解决这一问题的关键技术。它将不同波长光信号耦合复用到一根光纤中从而更有效地提供带宽。

多路复用技术包括：时分复用（Time-Division Multiplexing，TDM）；频分复用（Frequency-Division Multiplexing，FDM）；码分复用（Code-Division Multiplexing，CDM）；波分复用。

（1）时分复用

将使用信道的时间分成一个个的时间片，即时隙，按一定规则将这些时间片分配给各路信号,每一路信号只能在自己的时间片内独占信道进行传输,所以信号之间不会互相干扰。

（2）频分复用

将信道分割成若干个子信道,每个子信道用来传输一路信号,或者说是将频率划分成不同的频率段,不同路的信号在不同的频段内传送。各个频段之间不会相互影响,所以不同路的信号可以同时传送。

（3）码分复用

用一组包含相互正交码字的码组携带多路信号,尽管使用同一个频率,但是相互之间也没有干扰。

（4）波分复用

它将不同波长光信号耦合复用到一根光纤中,从而增加光纤的传输能力。

波分复用是指在一根光纤上同时传输多波长光信号的一项技术。其基本原理如图5.11.5所示,在发送端将不同波长的光信号组合（复用）起来,并耦合到光纤线路上的同一根光纤中进行传输,在接收端又将组合波长的光信号分开（解复用）,并作进一步处理,恢复出原信号后送入不同的终端。从本质上讲,波分复用同频分复用的含义是相同的,只不过频分复用是在电域,而波分复用是在光域。由于在光的频域上信号频率差别比较大,所以一般采用波长来定义频率上的差别,因而这样的复用方法称为波分复用,以区别于电域上的频分复用。波分复用技术的突出优点是能在一根光纤上同时传输不同波长的几个甚至几百个光载波信号,不仅能充分利用光纤的带宽资源,增加系统的传输容量,而且还能提高系统的经济效益。

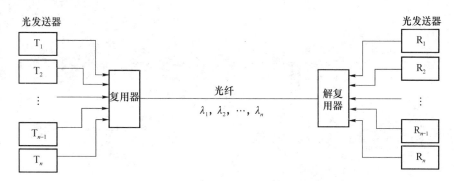

图 5.11.5　光纤波分复用通信系统

为了进一步提高传输速率,在 WDM 系统中又采用了偏振复用技术,使得系统传输容量增加一倍。偏振复用技术就是利用两个相互正交的光偏振态独立地传输两路数据信号,在接收端再利用解复用器件将两个偏振方向的信号分别鉴别出来。

本实验是利用 LED 和几何光学光路实现波分复用和偏振复用，基本光路如图5.11.6所示。

**[注意事项]**

（1）查看实验室给定发光二极管的工作电流，实验中不能超过其工作电流；

（2）调制信号频率不能超过发光二极管的调制带宽。

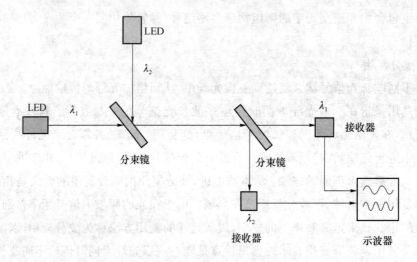

图 5.11.6　WDM 光路图

# 实验 5.12　扭摆振动现象的研究

　　混沌作为非线性科学中的主要研究对象之一,它最主要的特征是具有初值敏感性和长时间发展趋势的不可预见性。一个完全确定的系统,即使非常简单,由于系统内部的非线性作用,同样具有内在的随机性,可以产生随机性的非周期运动——混沌。本实验主要研究力学扭摆系统产生的各种实验现象(包括混沌现象)以及对实验数据的采集,其物理图像清晰,完美地体现了物理理论与实验的结合。

## [实验要求]

　　(1) 利用不同的方法对扭摆的振动幅度信息进行采集。

　　(2) 在摆轮上加上重物后,调整重物的位置,分别在强迫力频率增加和减小的方式下观察并测量系统的幅频特性及相频特性曲线。

　　(3) 观察混沌现象,在摆轮上调整重物的位置,通过改变强迫力的频率,观察摆轮的运动状态以及系统从倍周期分岔走向混沌的过程;利用非接触的采集方式进行数据采集,并绘出系统的时序图、相图和功率谱图。

## [仪器用具]

　　扭摆,计算机及其数据采集系统,其他所需要的实验元器件。

## [实验原理]

　　传统物理中主要研究的是振动系统中,系统所受到的回复力和阻尼力都是线性的,如实验 3.11 中研究的玻尔共振仪的受迫振动。在理想情况下,自由振动的频率与振幅无关,受迫振动的共振曲线相对于系统固有频率几乎是对称的。而在自然界,很多系统所受到的回复力或阻尼力是非线性的,由于这种非线性因素的存在,系统将出现丰富的物理现象。

　　本实验在实验 3.11 的基础上,在摆轮平衡位置的中心垂线上固定一重物 $m$,离摆轮中心距离为 $r$。此时摆轮系统的重心发生平移,摆轮转动时,除了要受到实验 3.11 提到的各种力矩外,还要受到因外加重物而导致的重力矩 $(M+m)gr_c\sin\theta$ 的作用,其中,$M$ 是摆轮的质量,$r_c=\dfrac{m}{M+m}r$。此重力矩受力分析如图 5.12.1 所示。此时,系统的转动惯量 $J$ 也发生了改变,即

$$J'=J+mr^2$$

　　根据转动定律,可列出此时摆轮的动力学方程为

$$J'\frac{\mathrm{d}^2\theta}{\mathrm{d}t^2}=-K\theta-b\frac{\mathrm{d}\theta}{\mathrm{d}t}+M_0\cos\omega t+mgr\sin\theta \tag{5.12.1}$$

将 $\sin\theta$ 展开,取前两项代入,且令 $\frac{b}{J'}=\varepsilon,-\frac{mgr-K}{J'}=\alpha,\frac{mrg}{6J'}=\beta,\frac{M_0}{J'}=F_\theta$,则方程变为

$$\frac{\mathrm{d}^2\theta}{\mathrm{d}T^2}=-\varepsilon\frac{\mathrm{d}\theta}{\mathrm{d}T}-\alpha\theta-\beta\theta^3+F_\theta\cos\omega t \tag{5.12.2}$$

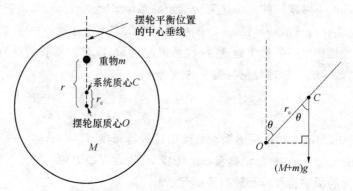

图 5.12.1　摆轮受附加外力分析图

当所加的非线性外力矩比较小且不受强迫力矩时,系统自由振动的频率 $\omega_0$ 将依赖于振幅 $A$,关系如方程(5.12.3)所示,即随着振幅的减小,系统的固有频率将随之减小。

$$\omega_0^2=\alpha+3\beta A^2/4 \tag{5.12.3}$$

加上强迫力矩后,经过一段时间的振动,系统将达到稳定振动,一个振幅 $A$ 对应两个可能的频率,经过近似处理,其幅频特性关系如方程(5.12.4)所示。

$$\omega_{1,2}^2=(\alpha+3\beta A^2/4-\varepsilon^2/2)\pm\sqrt{\varepsilon^4/4-\varepsilon^2(\alpha+3\beta A^2/4)+F_\theta^2/A^2} \tag{5.12.4}$$

相角对应的相频特性关系为

$$\tan\varphi=\frac{\varepsilon\omega}{\alpha-\omega^2+3\beta A^2/4} \tag{5.12.5}$$

此时,系统的幅频特性及相频特性曲线如图 5.12.2 所示。在图 5.12.2(a)中,虚线表示的是自由振动,在幅频及相频特性曲线中,分别有一段点线,这是由方程(5.12.4)及(5.12.5)决定的理论曲线,在实验中无法观察到。同时,在实验中,改变强迫力频率的方式不同,结果也将不同。若频率是不断增加的,得到的曲线将在 1 和 2 两点间发生跳变;若频率是不断减小的,曲线将在 3 和 4 两点间发生跳变。

当系统参数 $K<mgr$ 时,无外力矩驱动情况下,该系统有 3 个平衡位置,其中 $\theta=0$ 是一个不稳定的平衡位置,另外还有两个稳定平衡位置为 $\theta=\pm\sqrt{6-\dfrac{6K}{mgr}}$,即系统将从原来的单稳态变为双稳态。此时,比较容易观察到系统复杂的振动行为。将系统参数固定为某些特定的组合时,只改变强迫力的频率,系统可以出现倍周期分岔行为以及混沌运

动,如图 5.12.3 所示。其中,图(a),(b),(c)分别是周期 1、周期 2 以及混沌的时序图,图(d),(e),(f)分别是经过处理后对应的相图。

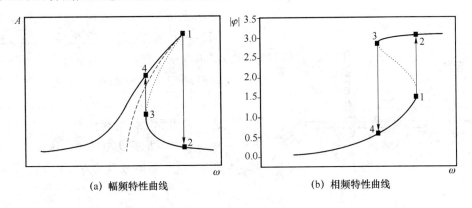

(a) 幅频特性曲线            (b) 相频特性曲线

图 5.12.2   扭摆系统的幅频特性及相频特性曲线

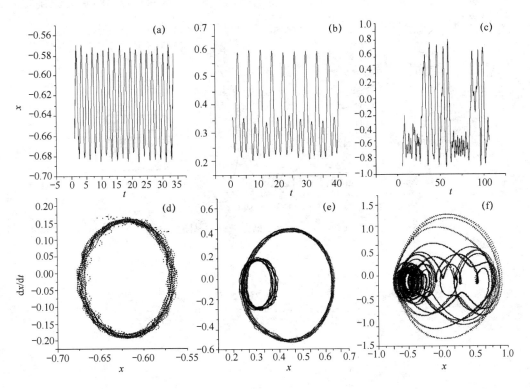

图 5.12.3   实验时序图及相图

实验中对于系统以上的各种振动行为,可分别利用霍尔元件和光电鼠标两种工具对数据进行非接触的采集。

霍尔元件采集方式顶视示意图如图 5.12.4 所示,在摆轮转盘的中心处放置一个磁钢。磁钢的南、北极分别位于上、下方。当摆轮处于运动状态时,磁钢与霍尔片之间的相对位置会发生变化,从而造成输出霍尔电压的变化。通过霍尔片将摆轮运动时磁场变化造成的电压变化信息提取出来,经过差分放大后再由 NI 数据采集卡进行采集和后续处理。

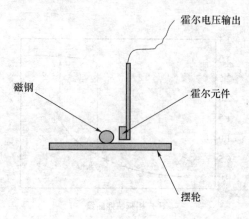

图 5.12.4　霍尔元件采集示意图

光电鼠标采集方式示意图如图5.12.5所示,使半导体激光器发出的光汇聚在摆轮表面,通过反射射入光电鼠标的光电门,光电鼠标距离摆轮很近,一般小于2 cm。对计算机的鼠标移动及时钟进行编程,使得当摆轮摆动时,鼠标在计算机屏幕上随之移动。通过编程,记录下鼠标移动的位置,即记录摆轮的运动轨迹。

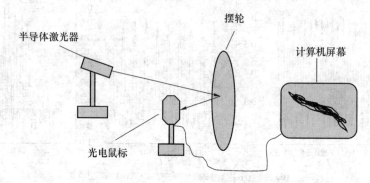

图 5.12.5　光电鼠标采集示意图

# 实验 5.13　对驱动耦合摆的研究

自然界中普遍存在着具有相互作用的耦合振动系统,相互作用的振动系统中呈现着丰富的动力学行为。在外来周期性力的持续作用下,振动系统会产生受迫振动,物体的受迫振动达到稳定状态时,其振动的频率与驱动力频率相同,而与物体的固有频率无关。本实验主要研究耦合强度对受迫振动系统的影响。

[实验要求]

(1) 建立耦合单摆的物理模型,用计算机模拟,将同步现象通过单摆模型真实地展现出来。在上述基础上利用实验室提供的耦合摆共振实验仪器,研究实现摆同步的过程及条件。

(2) 基于物理模型以及计算机模拟得到的结论,利用实验室提供的仪器将模拟的结果用实验展示出来。包括:

① 寻找耦合常数 $k$,实验是通过磁场的作用来实现耦合并对耦合强度的大小进行调节的。本实验将磁铁固定在单摆器件上,此磁场位置既能实现添加耦合,又能保证单摆之间的耦合强度相同。每个单摆的固定器件上放置相同数目的磁铁,磁铁数目增多,单摆之间的耦合强度增强,反之亦然。通过上述方式实现了对耦合强度的调节。

② 寻找实现同步、反向同步的最佳驱动;

③ 探讨实现同步的其他耦合方式。

[仪器用具]

耦合单摆,角度控制仪,磁铁等。

[原理提示]

对于一个电机驱动下的摆长不同的单摆,为了形象地得到耦合和驱动力对其同步的影响,采用非理想情况的(即考虑到驱动,耦合和振子质量)苍本(Kuramoto)模型模拟 $N$ 个单摆在近邻耦合情况下的同步过程:

$$ml_i^2\ddot{\theta}_i + \rho l_i\dot{\theta}_i + mgl_i\sin\theta_i - kl_i\sum_{i-j=\pm 1}(\theta_j - \theta_i) = A\sin\omega t$$

式中,$m$ 是小球的质量,$\theta_i$ 是第 $i$ 个小球的摆角,$l_i$ 是第 $i$ 个单摆的摆长,$\rho$ 是阻尼系数,$g$ 是重力加速度,$k$ 为相邻振子的耦合强度,$A\sin\omega t$ 是周期性驱动外力。图 5.13.1 和图 5.13.2 给出了根据上述方程模拟的幅频特性曲线和相频特性曲线。其中,$l_1 = 0.25$ m,$l_2 = 0.20$ m,$l_3 = 0.15$ m,$A = 0.00023$,$\rho = 0.002$,$m = 0.1$ kg。

从图中可以看出,耦合使得不同的单摆之间不再独立,其幅频特性和相频特性相互影响,而且单摆的排列顺序对实验结果也有明显的影响,这一点也可以从图 5.13.3 中的时序图中看出。

注意:我们将单摆按摆长排序,摆长最长的是单摆1,最短的是单摆3,排列132是指将最短的单摆放在中间的排列方式。由于对称性,排列132和231实际上是一样的。

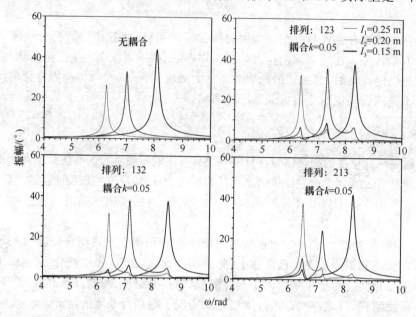

图 5.13.1　耦合摆的幅频特性

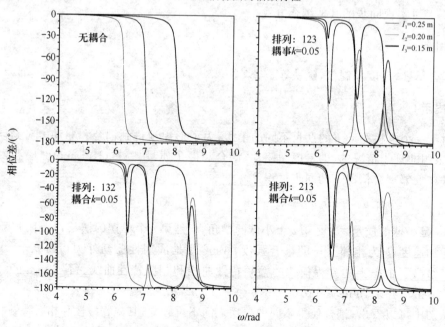

图 5.13.2　耦合摆的相频特性

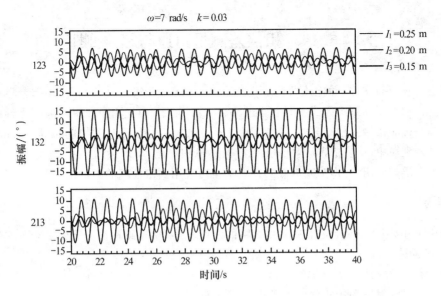

图 5.13.3 排列顺序对实验的影响

# 实验 5.14　相位差测量声速与超声测距

随着计算机技术、自动化技术和工业机器人的不断发展和广泛应用,测距问题显得越来越重要。目前常用的测距方式主要有雷达测距、红外测距、激光测距和超声测距 4 种。超声波测距是一种非接触式检测方式,在使用中不受光照度、电磁场、被测物色彩等因素的影响,加之信息处理简单,速度快,成本低,在机器人避障和定位、车辆自动导航、液位测量等方面已经有了广泛的应用。另外,超声波测距方法也可应用到微地貌的测量中。

[实验要求]

利用 LabVIEW 平台设计超声波测距的实验程序,实现超声波测距。

**1. 脉冲法测距**

(1) 实现发射波和接收波的显示;

(2) 实现发射波和接收波时间差的测量和显示。

**2. 拍频法测距**

(1) 实现发射波和接收波的显示;

(2) 实现发射波和接收波的滤波及滤波后波形的显示;

(3) 实现发射波和接收波相位差的测量和显示。

[仪器用具]

超声波发射和接收探头,反射板,数字信号发生器,稳压电源,光学导轨,插线板,隔离器及若干电学元件。

[原理提示]

用于测量距离的超声波是由压电陶瓷的压电效应产生,当所加信号频率等于压电陶瓷的固有频率时,压电陶瓷就会发生共振,从而产生超声波,超声波经反射屏反射折回,由同一传感器或相邻布置的另一传感器接收,通过测量不同信号的相位差($\Delta\varphi = \frac{2\pi}{\lambda}\Delta l$)进而求出发射器到反射屏的距离。

本实验模拟测量汽车倒车时的情况,汽车与后面障碍物的距离为 $\Delta l$。实验中所用的压电陶瓷的共振频率为 40 kHz 左右,由此产生的超声波波长为 8 mm 左右,下面介绍两种测量方法。

**1. 脉冲法**

测量装置如图 5.14.1 所示。在发射端加上一个低频方波脉冲信号 $f_0$,经反射屏反射,在接收端接收的信号如图5.14.2所示。测量出接收信号与方波脉冲信号的时间差

$\Delta t$，即可求出发射端到反射屏的距离

$$\Delta l = \frac{v}{2}\frac{\Delta \varphi}{2\pi f} = \frac{1}{2}v\Delta t \qquad (5.14.1)$$

式中，$v$ 为声速。由于 $\Delta\varphi$ 中可能包含了多个周期，不易判断，因此利用接收信号的时间延迟 $\Delta t$ 比较准确。方波脉冲的频率和占空比对接收到的信号影响很大，实验中应选择合适的方波频率，使反射波强度最大。

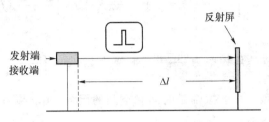

图 5.14.1　脉冲法测量实验装置示意图

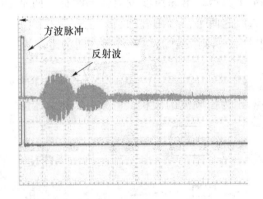

图 5.14.2　波形示意图

利用脉冲法测量有一定的缺陷。例如，当反射屏距离发射源较近时，存在一定的测量盲区，可能会影响到测量的准确性。如何提高脉冲法测量的准确性可以作为一个很好的研究小课题。

### 2. 拍频法

利用拍频形成的低频率、长波长的拍频波，同样可以解决脉冲法中提到的 $\Delta\varphi$ 不易判断的问题。根据振动叠加原理，两列速度相同、振面相同、频差很小且以相同方向传播的简谐波，它们彼此叠加就形成拍，如图 5.14.3 所示。

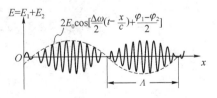

图 5.14.3　拍频示意图

设有振幅相同为 $E_0$、角频率分别为 $\omega_1$ 和 $\omega_2$（频率差 $\Delta\omega = |\omega_1 - \omega_2|$ 较小）的两列沿 $x$

轴方向传播的平面光波：

$$E_1 = E_0 \cos(\omega_1 t - \kappa_1 x + \varphi_1) \tag{5.14.2}$$

$$E_2 = E_0 \cos(\omega_2 t - \kappa_2 x + \varphi_2) \tag{5.14.3}$$

式中，$\kappa_1 = \dfrac{2\pi}{\lambda_1}$，$\kappa_2 = \dfrac{2\pi}{\lambda_2}$ 为波数，$\varphi_1$，$\varphi_2$ 为初相位。这两列波叠加后得

$$E = E_1 + E_2 = 2E_0 \cos\left[\frac{\omega_1 - \omega_2}{2}\left(t - \frac{x}{c}\right) + \frac{\varphi_1 - \varphi_2}{2}\right] \cos\left[\frac{\omega_1 + \omega_2}{2}\left(t - \frac{x}{c}\right) + \frac{\varphi_1 - \varphi_2}{2}\right]$$

$$\tag{5.14.4}$$

可以看到，合成波是角频率为 $\dfrac{\omega_1 + \omega_2}{2}$、振幅为 $2E_0 \cos\left[\dfrac{\omega_1 - \omega_2}{2}\left(t - \dfrac{x}{c}\right) + \dfrac{\varphi_1 - \varphi_2}{2}\right]$ 的带有低频调制的高频波。$E$ 的振幅是时间和空间的函数，并以频率 $\Delta f' = \dfrac{1}{2}\dfrac{\omega_1 - \omega_2}{2\pi}$ 周期性的变化。这种低频的行波称为拍频波，$\Delta f'$ 就是拍频。

实验设置如图 5.14.4 所示。给超声波发射器同时提供两个 40 kHz 左右的正弦波信号，它们之间的频差为 $\Delta f$，这两个信号的叠加会产生一个拍频波。而发射的拍频波与接收到的拍频波存在位相差 $\Delta \varphi'$，则发射端与障碍场之间的距离为

$$\Delta l = \frac{v}{\Delta f}\frac{\Delta \varphi'}{2\pi} = \Lambda \frac{\Delta \varphi'}{2\pi} \tag{5.14.5}$$

式中，$v$ 为空气中的声速，$\Lambda$ 为拍频波的波长。

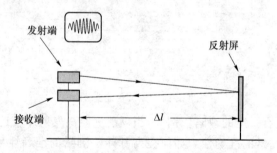

图 5.14.4　拍频法测量实验装置示意图

# 实验 5.15  毛细管的非定域干涉研究

当光垂直照射到一个毛细管上的时候,由于毛细管中心介质情况的不同,会发生不同的干涉现象。本实验将对内壁涂黑的毛细管产生的干涉条纹进行初步的研究,并由此扩展到对毛细管中心注有不同折射率液体时干涉现象的研究。

## [实验要求]

对内壁涂黑毛细管干涉条纹进行测量分析和数值模拟,根据双光束干涉模型,确定两组虚光源的位置;

测量不同内外径空毛细管和充满液体毛细管干涉条纹,探索毛细管干涉测量液体折射率的理论和方法。

## [仪器用具]

激光器,毛细管,调节架,直尺。

## [原理提示]

实验装置如图 5.15.1 所示,光源为 He-Ne 激光器和不同外直径和壁厚的毛细管。当激光沿毛细管轴向垂直方向入射时,干涉图像如图 5.15.2 所示。为了解释看到的干涉现象,设计了如图 5.15.3 所示的双棱镜干涉的双光束模型。两个虚光源到观察屏上一点 $P$ 的距离分别为

$$L_1 = \sqrt{D^2 + (x + d/2)^2} \tag{5.15.1}$$

$$L_2 = \sqrt{D^2 + (x - d/2)^2} \tag{5.15.2}$$

可以得到光程差为

$$L_1 - L_2 = \frac{2xd}{L_1 + L_2} = \frac{2xd}{\sqrt{D^2 + (x + d/2)^2} + \sqrt{D^2 + (x - d/2)^2}} \approx \frac{xd}{\sqrt{D^2 + x^2}} \tag{5.15.3}$$

两个虚点光源的间隔为

$$d = \frac{(D^2 + x_1^2)^{\frac{3}{2}}}{D^2 \Delta x_1} N\lambda \tag{5.15.4}$$

假设沿入射激光方向毛细管右侧定为 $x > 0$,测量范围为:屏上距条纹中心为 $x$ 的一定范围内,如 100～300 cm,测量干涉条纹分布,如每 5 级测量一次,读出坐标,画出条纹间距与距中心距离的关系曲线。对上述公式进行编程作干涉条纹间距与条纹距中心位置的关系曲线,将数值结果与实验结果进行比较,看两条曲线是否一致。

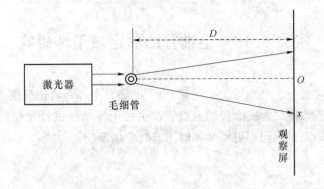

图 5.15.1　毛细管干涉的实验装置图

图 5.15.2　干涉图像

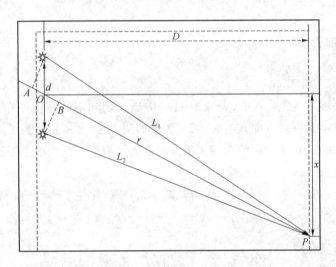

图 5.15.3　两个虚拟点光源的双光束干涉示意图

　　实际的内壁涂黑毛细管干涉条纹与建立的双棱镜干涉的双光束模型还是有一定差异的,这种差异可以从图 5.15.4 看出,即屏上 $x>0$ 一侧的干涉条纹是由毛细管左侧柱面的折射光和右侧柱面的反射光相遇而形成,它可以等效为 2 个近似的虚点光源,同理 $x<0$ 一侧(左侧)的干涉条纹相反。

　　通过干涉条纹分布的测量结果,可以确定虚光点的位置。同时由不同内外径内壁涂黑毛细管干涉条纹的变化,可以确定虚光点的位置与内外径的规律。

314

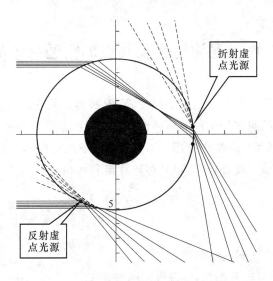

图 5.15.4　毛细管双光束干涉的等效模型

[提示]

（1）按照图 5.15.4 的模型推导出该模型的数学表达式,同时利用该数学表达式进行编程作干涉条纹间距与条纹距中心位置的关系曲线,将数值结果与实验结果进行比较,看两条曲线是否一致。

（2）通过编程计算屏上不同位置反射光与折射光的光程差,并与实验结果进行比较。

（3）观察空毛细管和充满不同液体毛细管的干涉条纹变化,并对此进行研究(虚光源的位置与毛细管参数和管内介质折射率有关)。

# 实验 5.16　混沌电路及其在加密通信中的应用

随着计算机的普及和信息网络技术的发展,数据通信的安全性问题引起了普遍的关注。混沌信号所具有的对初始条件的敏感性、非周期性、似随机性和连续的宽带能谱等特点,非常有利于在加密通信系统中应用。本实验利用蔡氏电路产生混沌信号,并利用混沌信号进行加密通信实验。此外,还可以利用计算机和网络进行基于一维时空混沌的语音加密通信实验。

[实验要求]

(1) 自搭蔡氏电路观察混沌现象;

(2) 自搭驱动-响应电路系统,实现混沌同步;

(3) 在蔡氏电路混沌同步的基础上,实现模拟信号加密通信实验;

(4) 在蔡氏电路混沌同步的基础上,实现数字信号加密通信实验;

(5) 基于时空混沌的语音加密通信实验(选做)。

[仪器用具]

面包板,非线性电阻,加法电路块,减法电路块,电位器,电容,电感线圈,数据采集卡,导线若干。

[原理提示]

### 1. 蔡氏电路与混沌同步

蔡氏电路虽然简单,但具有丰富而复杂的混沌动力学特性,而且它的理论分析、数值模拟和实验演示三者能很好地符合,因此受到人们广泛深入的研究。具体可参考教材实验 4.9"用非线性电路研究混沌现象"。

自从 1990 年 Pecora 和 Carroll 首次提出混沌同步的概念,研究混沌系统的完全同步以及广义同步、相同步、部分同步等问题成为混沌领域中非常活跃的课题,利用混沌同步进行加密通信也成为混沌理论研究的一个大有希望的应用方向。

我们可以对混沌同步进行如下描述:两个或多个混沌动力学系统,如果除了自身随时间的演化外,还有相互耦合作用,这种作用既可以是单向的,也可以是双向的,当满足一定条件时,在耦合的影响下,这些系统的状态输出就会逐渐趋于相近,进而完全相等,称之为混沌同步。实现混沌同步的方法很多,本实验介绍利用驱动-响应方法实现混沌同步。实验电路如图 5.16.1 所示。

电路由驱动系统、响应系统和单向耦合电路三部分组成。其中,驱动系统和响应系统是两个参数相同的蔡氏电路,单向耦合电路由运算放大器组成的隔离器和耦合电阻构成,实现单向耦合和对耦合强度的控制。当耦合电阻无穷大(即单向耦合电路断开)时,驱动系统和响应系统为独立的两个蔡氏电路,分别观察电容 $C_1$ 和电容 $C_2$ 上的电压信号组成的相图 $U_{C_1} - U_{C_2}$,调节电阻 $R$,使系统处于混沌态。调节耦合电阻 $R_C$,当混沌同步实现时,即 $U_{C_1^{(1)}} = U_{C_1^{(2)}}$,两者组成的相图为一条通过原点的 45°直线。

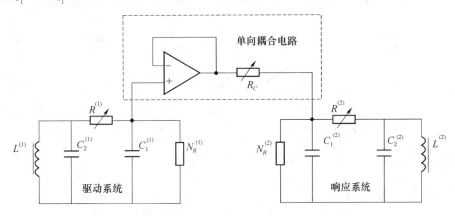

图 5.16.1　混沌同步实验电路

影响这两个混沌系统同步的主要因素是两个混沌电路中元件的选择和耦合电阻的大小。在实验中当两个系统的各元件参数基本相同时(相同标称值的元件也有 ±10% 的误差),同步态实现较容易。

**2. 基于混沌同步的加密通信实验**

在混沌同步的基础上,可以进行加密通信实验。由于混沌信号具有非周期性、类噪声、宽频带和长期不可预测等特点,所以适用于加密通信、扩频通信等领域。

(1) 利用混沌掩盖的方法进行模拟信号加密通信实验

混沌掩盖是较早提出的一种混沌加密通信方式,又称混沌遮掩或混沌隐藏。其基本思想是在发送端利用混沌信号作为载体来隐藏信号或遮掩所要传送的信息,使得消息信号难以从混合信号中提取出来,从而实现加密通信。在接收端则利用与发送端同步的混沌信号解密,恢复出发送端发送的信息。混沌信号和消息信号结合的主要方法有相乘、相加或加乘结合。这里仅介绍将消息信号和混沌信号直接相加的掩盖方法以供参考。实验电路如图 5.16.2 所示。

图中 $x(t)$ 是发送端产生的混沌信号,$s(t)$ 是要传送的消息信号,实验中消息信号利用采集卡的模拟信号输出功能产生,为方波或正弦信号。经过混沌掩盖后,传输信号为 $c(t) = x(t) + s(t)$。接收端产生的混沌信号为 $x'(t)$,当接收端和发送端同步时,有 $x'(t) = x(t)$,由 $c(t) - x'(t) = s(t)$,即可恢复出消息信号。观察传输信号,并比较要传送的消息信号和恢复的消息信号。实验中,信号的加法运算及减法运算可以通过运算放大器来实现。

需要指出的是,在实验中采用的是信号直接相加进行混沌掩盖,当消息信号幅度比较大,而混沌信号相对比较小时,消息信号不能被掩蔽在混沌信号中,传输信号中就能看出消息信号的波形,因此,实验中要求传送的消息信号幅值比较小。

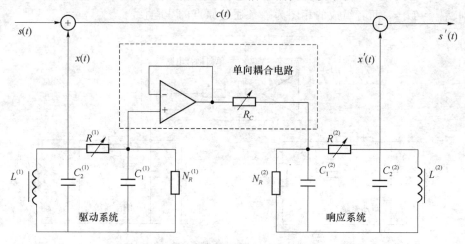

图 5.16.2  模拟信号加密通信实验电路

(2) 利用混沌键控的方法进行数字信号加密通信实验

混沌键控方法则属于混沌数字通信技术,是利用所发送的数字信号调制发送端混沌系统的参数,使其在两个值中切换,将信息编码在两个混沌吸引子中;接收端则由与发送端相同的混沌系统构成,通过检测发送与接收混沌系统的同步误差来判断所发送的消息。实验电路如图 5.16.3 所示。

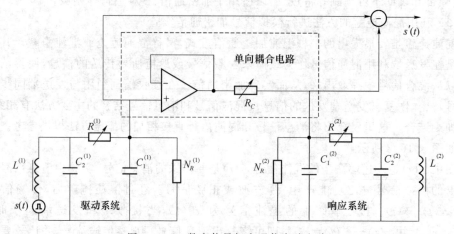

图 5.16.3  数字信号加密通信实验电路

图中 $s(t)$ 是要传送的由高低电平组成的数字信号,通过高低电平实现对加密系统的同步和去同步控制,从而实现加密通信。加数字信号之前,两个蔡氏电路处于同步状态。加数字信号后,调节耦合电阻值到 1 000 Ω 左右。当信号为低电平时,信号电压为零,两个蔡氏电路仍然处于同步状态,取单向耦合电路两端的信号经过减法电路,将得到零电平;当信号为高电平时,两混沌系统处于去同步状态,取单向耦合电路两端的信号经过减法电路,将得到非零电平。输出的信号再经过低通滤波电路即可恢复出原来的数字信号。

### 3. 基于时空混沌的语音加密通信实验

利用混沌信号的特点,可以实现自同步流密码,自同步流密码的系统框图如图 5.16.4 所示。

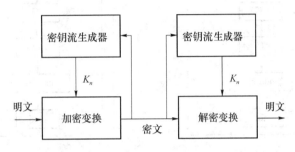

图 5.16.4　自同步流密码的系统框图

流密码系统也称序列密码,是对称密码的一种。本实验中密钥流生成器由时空混沌系统构成。所谓时空混沌系统是指动力学系统的行为不仅在时间方向上具有混沌行为,而且在系统长时间发展以后其空间方向上也具有混沌行为。密钥流生成器的作用是在确定的密钥下输出密钥流序列,加密变换器的作用则是由密钥流和明文产生密文。

同步流密码的密钥流只和密钥流生成器的初始状态有关,初始状态由密钥决定。在加密端和解密端有相同的密钥流生成器,若初值相同,密钥流就相同。自同步流密码的密钥流受密钥和前面固定数量的密文的影响。

实验中所用的一维时空混沌加密通信系统如图 5.16.5 所示。加密发送端是主动系统,其密钥流由密钥和反馈的密文所决定。解密端是个响应系统,密钥流由密钥和传输的密文所决定。一般需要迭代一定步数后,解密端和加密端才同步(这段时间称为同步时间),以后解密端可以正确恢复明文。由于明文和密钥流按比特进行异或运算生成密文,因此流密码的加密和解密速度通常比较快。

加密发送端的动力学模型可以用下式描述:

$$x_{n+1}(j)=(1-a_j)f[x_n(j)]+a_jf[x_n(j-1)], \quad j=1,\cdots,m$$
$$x_{n+1}(j)=(1-\varepsilon)f[x_n(j)]+\varepsilon f[x_n(j-1)], \quad j=m+1,\cdots,N$$
$$f(x)=4x(1-x), \quad x_n(0)=S_n/2^v$$
$$S_n=(K_n+I_n)\bmod 2^v, \quad K_n=[\text{int } x_n(N)\times 2^u]\bmod 2^v$$

式中，$N$ 为耦合格子的长度。前 $m$ 个耦合格子的耦合强度参数 $a$ 作为系统的加密密钥。解密接收端有一个结构相同的时空混沌系统作为密钥流生成器，生成解密密钥。接收端具有相同的动力学模型。如果接收端已知发送端密钥，将混沌系统中前 $m$ 个耦合格子的耦合强度参数设为与发送端相同，接收端在密文 $S$ 的驱动下将与发送端的混沌系统完全同步，则接收端可以正确地解出明文。

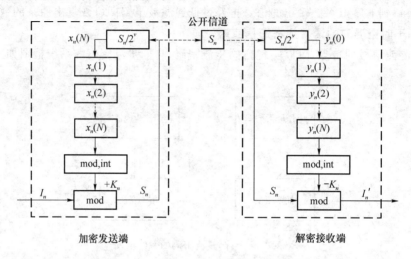

图 5.16.5　一维时空混沌保密通信系统框图

本实验基于上述的时空混沌加密通信系统，以计算机网络作为传送消息的信道，软件实现语音加密通信。

[实验内容]

### 1. 熟悉实验中所使用的仪器和芯片

（1）数据采集卡 NI PCI-6221 及接口盒

实验中利用数据采集卡采集信号，实验室提供的采集卡型号为 NI PCI-6221，并配有接口盒，同时提供了 +15 V 和 −15 V 电源电压，给非线性电阻及运算放大器芯片供电。

（2）TL082 说明

TL082 是双运放芯片，内部结构包含了两个运算放大器，每个运算放大器都有正输入端（＋IN）、负输入端（−IN）和输出端（OUT），管脚 8 和管脚 4 为正负电源输入。芯片管脚说明及运算放大器的结构如图 5.16.6 所示。

当把运算放大器用做隔离器时，将负输入端（−IN）与输出端（OUT）连接起来，信号从正输入端（＋IN）输入，从输出端（OUT）输出，可以实现单向耦合。

**2. 根据图 5.16.1 所示的驱动系统或响应系统电路自搭蔡氏电路**

通过改变电路参数,即调节电路中的可变电阻,观察从倍周期分叉到混沌吸引子的过程。如图 5.16.7 所示为在示波器中观察到的相图,横轴对应蔡氏电路中 10 nF 电容上的电压信号 $U_{C_1}$,纵轴对应蔡氏电路中 100 nF 电容上的电压信号 $U_{C_2}$。

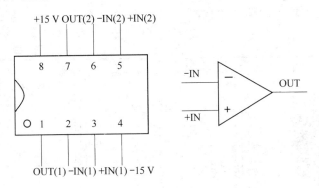

图 5.16.6 芯片管脚说明及运算放大器的结构

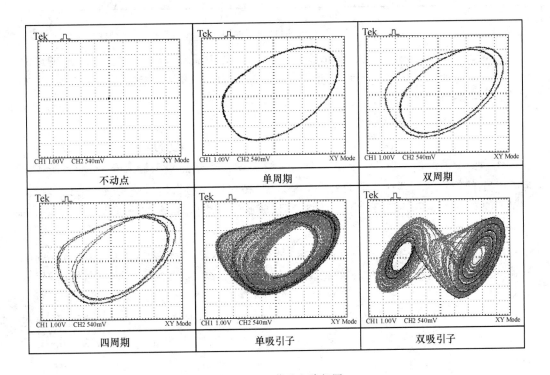

图 5.16.7 蔡氏电路相图

调节电阻,依次描绘系统处于不同状态时的相图,并记录各状态所对应的电阻参数值。

**3. 理解混沌同步概念,利用耦合蔡氏电路研究混沌同步**

两组学生合作,根据如图 5.16.1 所示的混沌同步电路,将其中一个蔡氏电路作为驱动系统,另外一个蔡氏电路作为响应系统。先分别调节电路参数,使两个蔡氏电路处于大致相同的混沌状态,例如,都处于双吸引子状态。然后采用单向耦合电路将两个蔡氏电路连接起来,观察同步现象。调节单向耦合电路中的可变电阻,观察耦合强度对同步的影响。

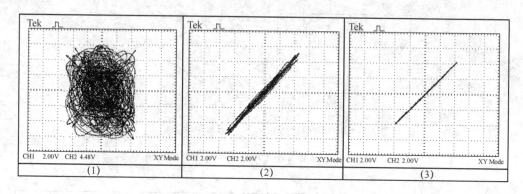

图 5.16.8　不同情况下的同步结果

图 5.16.8(1)～(3)描述了在示波器上观察到的由驱动系统和响应系统上的电容 $C_2^{(1)}$ 和 $C_2^{(2)}$ 上的电压信号组成的相图,图(1)是两个蔡氏电路完全不同步的情况;图(2)和图(3)则分别对应了同步情况较差和同步情况较好时的相图。

**4. 完成模拟信号加密通信实验**

使用数据采集卡的信号输出功能,输出频率为200 Hz、幅度为 100 mV 的方波或者正弦波作为要传输的消息信号。将此消息信号输入到加法器的一个输入端,驱动系统中电容 $C_2^{(1)}$ 上的信号输入到加法器的另一个输入端,相加后的输出信号就是被混沌信号掩盖了的消息信号。观察并记录原始的消息信号、原始的混沌信号、混沌掩盖后传输的信号和解密后恢复的信号。

信号解密时,将传输信号输入到减法器的一个输入端,响应系统上的 $C_2^{(2)}$ 输入到减法器的另一个输入端,观察并记录解密后的信号波形。图 5.16.9 是各种信号的比较以及实验结果。

图 5.16.9 中,(a)为原始的消息信号(小幅度的正弦波或方波),(b)为原始的混沌信号,(c)为经混沌信号掩盖后传输的信号,(d)为利用同步的混沌信号恢复出的消息信号。

从上面的结果可以看出,用混沌掩盖的加密方法传输小信号时,能够很好地达到掩盖的效果,利用响应系统同步的混沌信号可以较好地从传输信号中解出原始的消息信号。

322

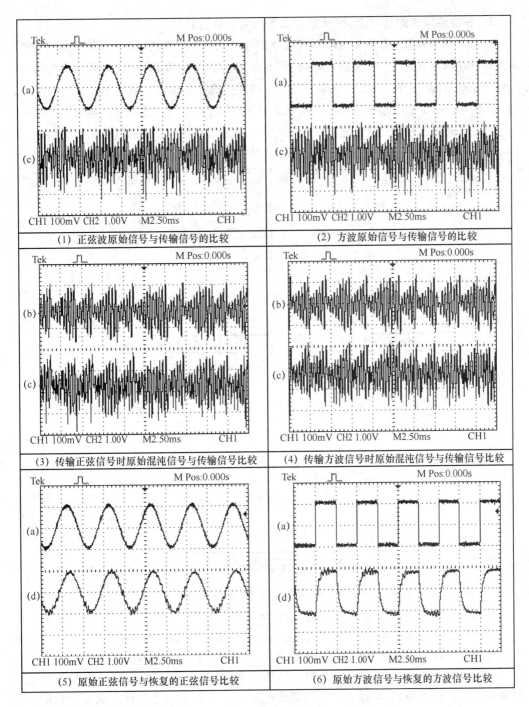

(1) 正弦波原始信号与传输信号的比较

(2) 方波原始信号与传输信号的比较

(3) 传输正弦信号时原始混沌信号与传输信号比较

(4) 传输方波信号时原始混沌信号与传输信号比较

(5) 原始正弦信号与恢复的正弦信号比较

(6) 原始方波信号与恢复的方波信号比较

图 5.16.9　正弦和方波的混沌掩盖加密结果

**5. 在混沌同步的基础上,完成数字信号加密通信实验**

实验中利用采集卡产生的方波作为数字信号加到驱动系统的电感上,观察方波信号的加入对混沌同步的影响。调节耦合电阻至 $1\,000\,\Omega$ 左右,将驱动系统中电容 $C_1^{(1)}$ 上的信号输入到减法电路的一个输入端,响应系统中电容 $C_1^{(2)}$ 上的信号输入到减法电路的另一个输入端。减法电路的输出波形经过低通滤波电路,输出到示波器后,以便观察。将得到的输出信号与原来传送的方波信号进行比较。图 5.16.10 给出了数字信号加密通信的实验结果。

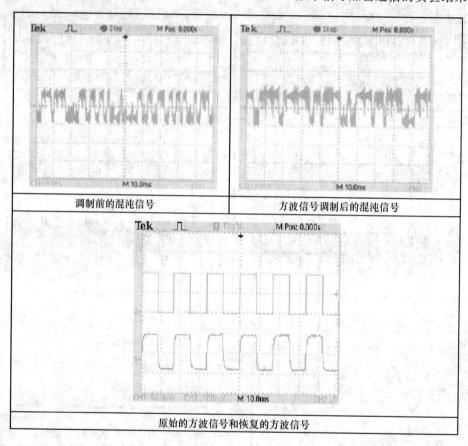

图 5.16.10　数字信号加密通信实验结果

**6. 基于时空混沌的语音加密通信实验**

运行程序包括两个部分,服务器程序 server. exe 和客户端程序 client. exe。在有网络连接上的两台计算机上运行程序,一个作为服务器,运行 server. exe,同时也作为客户端之一,运行 client. exe;另外一台计算机作为客户端,运行 client. exe,通过 IP 地址登录到服务器上。连接成功后,就可以实现两个客户端之间的语音加密通信。如果两边的时空混沌系统参数不同,使两边的系统不同步,解密端就不能正确解出密文,接收到的语音数据将是噪声。理解时空混沌加密通信的原理,完成并记录实验过程。

# 第6章　计算机处理实验数据方法简介

随着现代教育技术的快速发展,实验教学的方式方法发生了较大的变化。尤其是计算机技术的发展,为实验数据的采集以及处理带来极大的方便。对实验数据进行处理时,特别是在较复杂的数据处理过程中,引入计算机数据处理软件这一现代化的手段,可以省去大量繁杂的人工计算工作,减少中间环节的计算错误,提高效率,节约宝贵的时间。本章主要介绍如何应用中文版 Excel 及 Matlab 软件对实验数据进行处理。

## 6.1　用 Excel 处理实验数据和作图

Excel 中有大量定义好的函数可供选择。实验中进行数据处理的很多计算,都可以方便地使用 Excel 提供的函数。如 AVERAGE:平均值;STDEV:测量列的标准差;DEVSQ:偏差的平方和;SLOPE:直线的斜率;INTERCEPT:直线的截距;CORREL:相关系数等。

**例1**　以速度、加速度测定实验为例,简单介绍应用 Excel 函数处理实验数据(仅供参考)。具体步骤如下:

(1) 打开一空白工作表,将项目和实验测得的数据输入后,选择单元格 H2 为活动单元格,如图 6.1.1 所示;

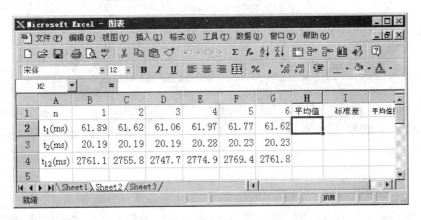

图 6.1.1　输入实验数据框图

（2）单击[插入]菜单上[$f_x$ 函数]命令,在[常用函数]中选择[AVERAGE]函数,单击[确定];

（3）输入求平均值的数据所在的单元格区域 B2:G2,如图 6.1.2 所示;

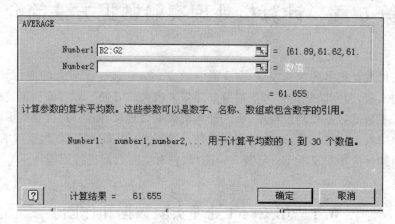

图 6.1.2　求所选区域数据平均值的框图

（4）单击[确定],即在单元格 H2 中显示出由 $\overline{t_1} = \frac{1}{6} \sum_{i=1}^{6} t_{1i}$ 计算得出的 $t_1$ 的平均值,如图 6.1.3 所示;

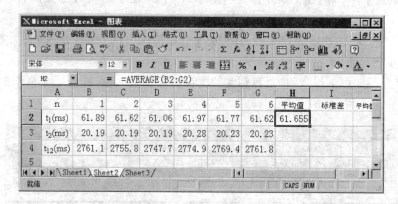

图 6.1.3　输出测量列的平均值框图

（5）选择单元格 H2 为活动单元格,单击工具栏中[复制]按钮,再选择单元格 H3,H4 为活动单元格,单击工具栏中[粘贴]按钮,即可在单元格 H3,H4 中显示出平均值 $\overline{t_2}, \overline{t_{12}}$,如图 6.1.4 所示;

（6）求测量列的标准差:选择单元格 I2 为活动单元格,单击[插入]菜单上[$f_x$ 函数]命令,在[常用函数]中选择[STDEV]函数,仿照前面求平均值的操作步骤,即可方便地求

326

出测量列的标准差 $s(t_1)$，$s(t_2)$ 和 $s(t_{12})$ 的值（其中标准差 $s$ 的定义为 $s(t)=$

$$\sqrt{\frac{\sum_{i=1}^{n}(t_i-\bar{t})^2}{n-1}}$$），并在单元格 I2，I3 和 I4 中显示出来，如图 6.1.5 所示；

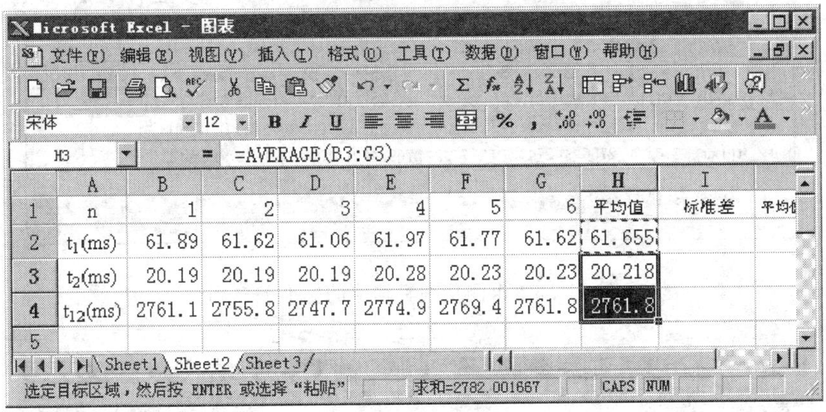

图 6.1.4　通过"复制"求其他测量列的平均值框图

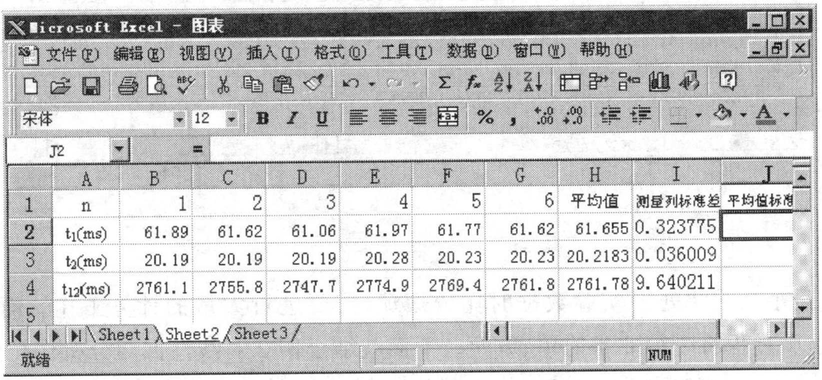

图 6.1.5　求测量列的标准差框图

（7）求平均值的标准差：选择单元格 J2 为活动单元格，输入［＝I2/SQRT(6)］后按回车键，即可在单元格 J2 中显示出由 $s(\overline{t_1})=\dfrac{s(t_1)}{\sqrt{6}}$ 计算得出的 $t_1$ 的平均值的标准差的值，如图 6.1.6 所示；

（8）仿照前面的方法进行［复制］、［粘贴］，即可方便地求出平均值的标准差 $s(\overline{t_2})$ 和 $s(\overline{t_{12}})$ 的值，并在单元格 J3 和 J4 中显示出来；

（9）利用［单元格格式］，对工作表的有效数字等内容进行编辑处理，即可得到符合列表法要求的数据表格,如图 6.1.7 所示。

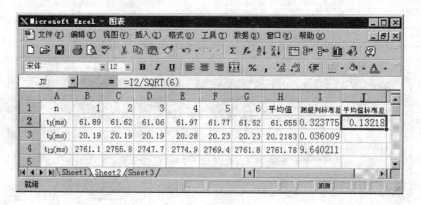

图 6.1.6 求测量列平均值的标准差框图

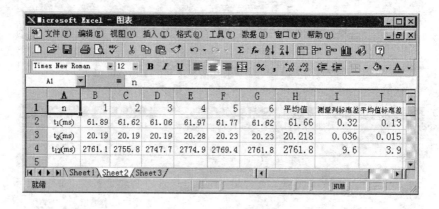

图 6.1.7 调整有效数字框图

在用最小二乘法处理实验数据时比较烦琐,需要进行大量的计算工作。而用 Excel 来处理,这个过程将变得非常简单、方便。下面就结合例 2 对线性回归分析作简要介绍。

**例 2** 在测量某线圈电阻随温度变化实验中,得到数据如表 6.1.1。试按公式 $R_t = R_0(1+\alpha t)$,求在 0 ℃时线圈电阻 $R_0$ 及其温度系数 $\alpha$。

表 6.1.1 实验数据表

| $t/℃$ | 22.0 | 55.0 | 60.0 | 65.0 | 70.0 | 75.0 | 80.0 | 85.0 | 90.0 | 95.0 |
|---|---|---|---|---|---|---|---|---|---|---|
| $R_t/\Omega$ | 0.497 6 | 0.555 1 | 0.566 5 | 0.575 3 | 0.585 1 | 0.592 5 | 0.605 4 | 0.614 4 | 0.627 2 | 0.634 8 |

(1) 将实验得出的数据输入后,单击 [工具] 菜单上 [数据分析] 命令,在弹出的 [数据分析] 窗口的 [分析工具] 列表框中,选择 [回归],单击 [确定] 按钮,如图 6.1.8 所示。

328

（2）在弹出的[回归]对话框的[输入]域中分别输入 $Y$ 值和 $X$ 值的数据所在的单元格区域；在[输出选项]域中选择[输出区域]单选按钮并输入要显示结果的单元格（若需要作线性拟合图，还可在[残差]域中选择复选按钮[线性拟合图]）。单击[确定]按钮，如图 6.1.9 所示。线性回归分析的很多计算数值都可显示出来，其中有实验数据处理要求的线性回归方程的常数、相关系数等，如图 6.1.10 所示，[Multiple]行中显示的是相关系数 $r=0.998\,723$；[Coefficient]列中 B30 及 B31 单元格中显示的是线性回归方程的参数截距 $R_0=a=0.453\,021$，斜率 $b=\alpha R_0=0.001\,899$；[标准误差]行中显示的是测量值 $y_i$ 的标准偏差 $s(y)=0.002\,156$；[标准误差]列中最后两个单元格显示的是 $a$ 和 $b$ 的标准偏差 $s(a)$ 和 $s(b)$ 等。

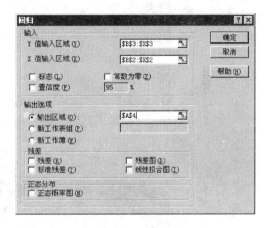

图 6.1.8　数据分析窗口　　　　　图 6.1.9　回归分析对话框

用 Excel 作图来处理实验数据，既可以保持作图法简明直观的特点，又可以减少作图时人为主观因素的影响。下面通过例 3 讲解用 Excel 作图。

**例 3**　在电阻电容串联电路的放电实验中，得到时间和电压对应测量值，已知放电电压按指数规律 $U=U_0\mathrm{e}^{-\frac{t}{\tau}}$ 衰减，试描绘放电特性曲线图并求时间常数 $\tau$ 和 $t=0$ 时的电压值 $U_0$。

**1. 建立坐标系，标注实验数据点和图名**

在工作表中输入实验数据后，单击[插入]菜单中的[图表]命令，在弹出的[图表向导…步骤之 1-图表类型]对话框的[标准类型]标签下的[图表类型]窗口列表中选择[XY 散点图]，在[子图表类型]中选择散点图（作校准曲线时，应选折线散点图），单击[下一步]按钮；在弹出的[图表向导…步骤之 2- 图表源数据]对话框中，单击[系列]标签，在[系列]列表框中，删除原有内容后，单击[添加]按钮，在[X 值]和[Y 值]编辑框中，输入 X 值和 Y值的数据所在的单元格区域，单击[下一步]按钮；在弹出的[图表向导…步骤之 3- 图表选项]对话框的[标题]标签中，键入图表标题、X 轴和 Y 轴代表的物理量及单位，单击[完成]按钮后,即可显示如图 6.1.11 所示的散点图。

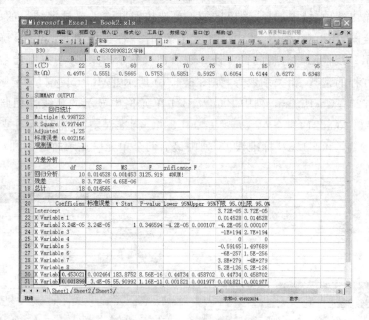

图 6.1.10　回归分析结果

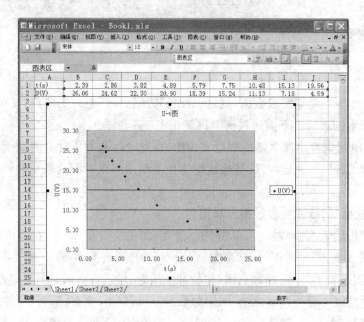

图 6.1.11　利用[图表]命令完成基本作图

## 2. 连线,求经验公式

单击[图表]菜单中的[添加趋势线]命令,在弹出的[添加趋势线]对话框中,单击[类型]标签后,根据实验数据所体现的关系或规律,从[线性]、[乘幂]、[对数]、[指数]、[多项式]等类型中,选择一适当的拟合图线。单击[选项]标签,在[趋势预测]域中通过前推和倒推的数字增减框可将图线按需要延长,以便能应用外推法;选中[显示公式]复选按钮,可得出图线的经验公式,省去了求常数的过程;选中[显示 R 平方值]复选按钮,可得出相关系数的平方值,以判别拟合图线是否合理。单击[确定]按钮后,即可显示如图 6.1.12 所示的图线。

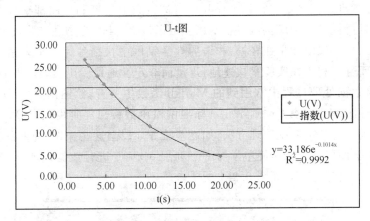

图 6.1.12　求图形的经验公式

这时的图线并不符合实验作图的要求,还可以通过[图表选项]、[坐标轴格式]、[数据系列格式]、[绘图区格式]等对话框,对标度、有效数字等方面进行编辑处理,即可得出符合作图法要求的图线。如图 6.1.13 所示,其中时间常数 $\tau = 9.862$,$U_0 = 33.186$。

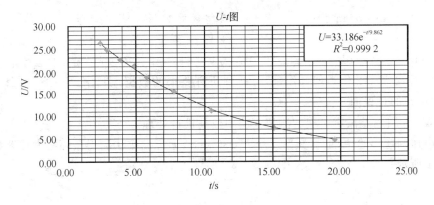

图 6.1.13　电容放电特性曲线

## 6.2　Matlab 处理实验数据应用

Matlab 是 MathWorks 公司于 1984 年推出的一种科学计算软件,现已成为国际公认的最优秀的科技应用软件。Matlab 软件是集数值计算、符号运算及出色的图形处理、程序语言设计等强大功能于一体的科学计算语言。用 Matlab 处理实验数据仅需编写十几行几乎像通常笔算式的简练程序,运行后就可得到所需的结果。Matlab 语言是理工科工作者必备的计算机语言之一,利用 Matlab 语言进行数值运算和作图都很方便,编写程序也不复杂,并且提供了多种库函数以备调用。可以说 Matlab 为物理实验教学提供了一个良好的工作平台,不仅使学生在轻松、和谐的教学氛围中快捷地完成本来枯燥无味、复杂的数据处理,而且有利于在实验室快速地、定量而非定性地检验出实验数据的优劣程度。

物理实验数据处理过程中常用到的 Matlab 函数主要有:绘图函数(plot,polar 等)、均值函数(mean)、极值函数(max,min)、标准偏差函数(std)、曲线拟合等。还可以通过简单编程,实现一些基本数据处理方法,如逐差法等。以上这些操作,均可在 Matlab 命令窗口中实现。下面以几个例子简单学习一下利用 Matlab 进行数据处理。以本章 6.1 节中例 1 为例,首先输入数据,如图 6.2.1 所示。

图 6.2.1　数据输入

之后分别输入以下命令:

$>>$t1_mean = mean (t1);　　　　　% 将数据 t1 的平均值赋给 t1_mean

$>>$t1_std = std (t1);　　　　　　% 将 t1 测量列的标准偏差赋给 t1_std

$>>$t1_lstd = t1_std/sqrt(length(t1));　% 将求得的 t1 行平均值的标准偏差赋给 t1_lstd

对数据 t2 及 t12 作类似操作,即可得到所有要求的数据。其中,'$>>$'是命令提示符,'%'后跟的是说明性文字。

**例 4**　采用逐差法对声速的测定实验中数据进行处理。

在声速测定实验中,谐振频率 $f=40.939\ \text{kHz}$,通过振幅法测得振幅极大位置数据如表 6.2.1 所示。

表 6.2.1　声速测定实验数据

| $i$ | 1 | 2 | 3 | 4 | 5 | 6 |
|---|---|---|---|---|---|---|
| $x_i/\text{mm}$ | 35.29 | 39.56 | 43.82 | 48.07 | 52.44 | 56.73 |
| $x_{i+6}/\text{mm}$ | 61.08 | 65.36 | 69.71 | 74.02 | 78.35 | 82.73 |

采用逐差法处理数据。从 Matlab 主菜单 File 中新建(New)一个 M 文件(M-file),在 M 编辑器中输入要在命令窗口执行的命令。

```
f = 40 939;                                      % 谐振频率
x1 = [35.29 39.56 43.82 48.07 52.44 56.73]*0.001;  % 前 6 个数据,单位为米
x2 = [61.08 65.36 69.71 74.02 78.35 82.73]*0.001;  % 后 6 个数据,单位为米
dx = x2 - x1;                                    % 逐差,后 6 个数据减去前 6 个
                                                   数据
averdx = mean(dx);                               % 求差值 dx 的平均值
v = f*averdx/3       % 根据公式,计算声速并显示在命令窗口中
uadx = std(dx);      % 求数列 dx 的 A 类不确定度
uv = f*uadx/3        % 根据递推公式,求得声速的不确定度并显示在命令窗口中
```

单击 M 编辑器 Debug 下拉菜单中的 Run 命令,结果就显示在命令窗口了,如图 6.2.2 所示。根据有效数字的有关规定,选取正确的有效位数,所以结果表达为:$v=(353.3\pm0.6)$ m/s。

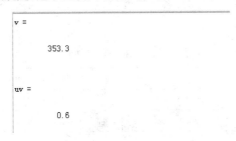

图 6.2.2　测声速实验数据处理的结果显示

在这个实验中,很容易就发现随着两个压电陶瓷换能器探头的远离,接收端的电压信号逐渐有规律地衰减。一个对此感兴趣的学生做了一个实验,将接收端的电压随着探头距离的增大而衰减的数值记录了下来,保存在 Ux.dat 文件中。下面,将这个表现声场衰减分布的电压曲线作出来。

将当前目录(Current Directory)转换到 Ux.dat 文件所在文件夹,之后在命令窗口输入:

```
>> load Ux.dat;
>> plot(Ux(:,1), Ux(:,2));   % Ux 的第一列是探头相距的距离,第二列是电压值
```

执行后,在弹出的图形窗口中,经过对坐标轴及曲线属性的修改,得到如图 6.2.3 所示的效果图。

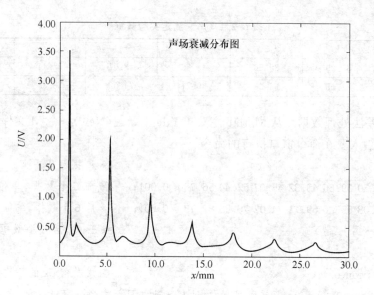

图 6.2.3　声速仪接收端电压随探头间距离的变化

**例 5**　在光的偏振实验中,测得偏振光经过波片的光强分布数据如表 6.2.2 所示。为了便于理解实验现象,在作图时,要求采用极坐标系。首先,将此 4 列数据存储成纯文本文件或 ASCII 格式文件,用 load 命令导入数据;找到功率计读数极大值,计算相对光强;然后在极坐标系中作图;最后在图形窗口中,对图形各项属性进行调整,用 Insert 下拉菜单中的 legend 加上图例标签。命令如下:

表 6.2.2　偏振光的光强分布

| 检偏器旋转角度 $\alpha$ ＼ 波片 | 波片从消光位置转过的角度 $\theta$ | | |
|---|---|---|---|
| | 0° | 20° | 45° |
| 0° | 0.000 | 0.223 | 0.375 |
| 10° | 0.019 | 0.138 | 0.371 |
| 20° | 0.075 | 0.084 | 0.356 |
| 30° | 0.166 | 0.057 | 0.334 |
| 40° | 0.284 | 0.066 | 0.305 |
| 50° | 0.406 | 0.107 | 0.273 |
| 60° | 0.505 | 0.176 | 0.245 |
| ⋮ | ⋮ | ⋮ | ⋮ |
| 360° | 0.000 | 0.223 | 0.375 |

```
>>load pianzhen.txt;

>>pianzhen(：,2：4)=pianzhen(：,2：4)/max(max(pianzhen(：,2：4)));  % 求相对光强
```

334

```
>>pianzhen(end+1,:)=pianzhen(1,:);  % 增加一个数据,使得图形封闭
>>polar(pianzhen(:,1)/360*2*pi,pianzhen(:,2),'-sr');  % 极坐标作图
>>hold on
>>polar(pianzhen(:,1)/360*2*pi,pianzhen(:,3),'-ob');
>>polar(pianzhen(:,1)/360*2*pi,pianzhen(:,4),'->k');
>>hold off
```

其效果如图 6.2.4 所示。

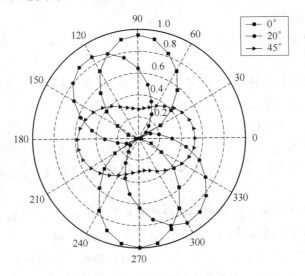

图 6.2.4  在极坐标系中作相对光强分布图

# 6.3  计算机仿真实验

计算机技术的高速发展,使人类社会进入到信息时代,作为社会发展的一个重要部分——教育,它的现代化是必然趋势。近 10 年来,将利用网络的开放性、结合计算机仿真技术和多媒体技术开发的网络虚拟实验引入实验教学,已经有了很大的发展。计算机仿真实验,以具有的很好交互性和真实感来代替真实实验,通过计算机把实验设备、教学内容、教师指导和学生的操作有机地结合在一起,形成了一个活的可以操作的实验教科书。通过计算机仿真实验,学生对物理思想、方法、仪器的结构与设计原理的理解,都可以达到实际实验难以达到的目的。通过计算机仿真实验,学生可以达到学习物理知识,培养实验兴趣的目的。需要说明的是,计算机仿真实验并不能完全代替实际的实验,但是在目前的条件下,它可以弥补许多实验过程中的不足。例如,在一次实验情况不理想的情况下,它

可以不计消耗地反复实验；它也可以将一些危险的、价格昂贵在真实实验中难以开展的实验利用虚拟实验替代进行，同时它对于更深入地了解仪器的性能和结构，理解实验的设计思想是很有帮助的。总之，仿真实验已经成为现代化物理实验的一个重要手段。

**1. 仿真实验的特点**

仿真实验运用先进的计算机模拟和多媒体技术，通过文字、动画、图片、录音、录像等手段，可以用于学生实验预习、复习或对物理学原理、方法的实验研究，既可辅助和补充物理实验课堂教学之不足，也可弥补学时不足的问题。它突破了实际实验对时间和地点的限制，可以提高学习效率。

仿真实验采用多媒体技术制作，多媒体在英文中用"Multimedia"表示，它是由Multiple和Media复合而成。

媒体是指传递信息的载体，如数字、文字、声音、图形、图像等。因此，多媒体是文本、图形、视频、声音等多种媒体的集合，多媒体技术是能对多种载体上和多种存储体上的信息进行处理的技术。多媒体系统的特点如下：

① 集成性。即信息载体（文本、数字、图形、图像、声音、动画等）和存储实体（磁盘、光盘、半导体存储器等）的集成。多媒体系统是一种视频、音响设备、存储系统和计算机的集成。

② 控制性。多媒体系统不是多种设备的简单组合，而是以计算机为控制中心加工处理来自各方面的多媒体数据，使其在不同的流程上出现的系统。

③ 交互性。多媒体系统是利用图形菜单、图标、多窗口等图形界面作为人机交互界面，利用键盘、鼠标、触摸屏等方式作为进行数据交互的接口，使人机对话更接近自然。

为了实现多种媒体的功能，通常在通用计算机上设计制造了与多媒体技术有关的专用硬件和软件，这样的计算机即称多媒体计算机，这也是我们《仿真物理实验系列课件》对系统的硬、软件及运行环境的要求。学生可以根据自己的需要从物理实验中心的教学平台上下载所需的仿真实验。

**2. 仿真实验内容和结构简介**

我们提供的仿真实验包括力学、电学、热学、光学和近代物理实验。这里以一个简单的实验——《电子衍射实验》说明仿真实验的内容和结构。

[**教学目的和要求**]

德布罗意假设和微观粒子的波粒二象性是大学物理学的一个重要内容，而电子衍射实验是验证这一理论的典型实验。此实验原来只对物理专业开设，现在作为现代综合实验引入工科物理实验系列课程，可使学生开阔眼界、扩展知识面。本课件利用多媒体和模拟仿真技术形象地演示了电子衍射实验原理、晶体结构和布拉格衍射过程，模拟测定电子波的波长，可供学生实验预习、复习和深入研究。

**[实验内容]**

（1）了解电子衍射原理和实验仪器,观察电子衍射图样,理解电子的波粒二象性;

（2）测量电子波波长,验证德布罗意公式和布拉格公式。

**[操作指导]**

仪器的结构和使用的相关介绍。

**[课件结构]**

| 背景介绍 | 实验背景知识的介绍; |

| 原理阐述 | 实验基本原理的介绍; |

| 实验仪器 | DF-1 型电子衍射仪;实验仪器的介绍; |

| 基本训练 | 观察电子衍射图,测量运动电子波长,验证德布罗意公式; |

| 数据处理 | 计算运动电子波长; |

| 分析思考 | 例题; |

| 其　他 | 参考资料。 |

学生可以通过上述介绍一步一步地了解实验,学习仪器的使用,通过计算机完成实验数据测量、数据的处理和分析,培养自己的科学实验素质和创造性思维与实践能力。

目前开设的仿真实验如表 6.3.1 所示。

表 6.3.1　仿真实验一览表

| 序　号 | 实验名称 | 序号 | 实验名称 |
|---|---|---|---|
| 1 | 气垫导轨实验 | 13 | 核磁共振 |
| 2 | 不良导体导热系数的测量 | 14 | 真空技术及应用 |
| 3 | 刚体转动惯量的测定 | 15 | 热敏电阻的温度特性 |
| 4 | 椭偏仪测量薄膜厚度 | 16 | Flank-Hertz 实验 |
| 5 | 液体黏度的测量 | 17 | 塞曼效应 |
| 6 | 磁光效应 | 18 | 分光计 |
| 7 | 放射性测量 | 19 | 平面光栅摄谱仪及氢氖光谱拍摄 |
| 8 | 微波布拉格衍射 | 20 | 偏振光的研究 |
| 9 | 金属电子逸出功的测量 | 21 | 光电效应测普朗克常量 |
| 10 | 电子衍射实验 | 22 | γ 能谱 |
| 11 | 声光效应实验 | 23 | 电子自旋共振 |
| 12 | 传感器特性研究与应用 | 24 | G-M 计数管和核衰变的统计规律 |

# 附　表

## 附表1　基本物理常数

| | |
|---|---|
| 真空中的光速 | $c = 2.997\ 924\ 58 \times 10^8$ m/s |
| 电子的电荷 | $e = 1.602\ 189\ 2 \times 10^{-19}$ C |
| 普朗克常量 | $h = 6.626\ 176 \times 10^{-34}$ J·s |
| 阿伏伽德罗常量 | $N_0 = 6.022\ 045 \times 10^{23}$ mol$^{-1}$ |
| 原子质量单位 | $m = 1.660\ 565\ 5 \times 10^{-27}$ kg |
| 电子的静止质量 | $m_e = 9.109\ 534 \times 10^{-31}$ kg |
| 电子的荷质比 | $e/m_e = 1.758\ 804\ 7 \times 10^{11}$ C/kg |
| 法拉第常数 | $F = 9.648\ 456 \times 10^4$ C/mol |
| 氢原子的里德伯常量 | $R_H = 1.096\ 776 \times 10^7$ m$^{-1}$ |
| 摩尔气体常数 | $R = 8.314\ 41$ J/(mol·K) |
| 玻耳兹曼常数 | $k = 1.380\ 662 \times 10^{-23}$ J/K |
| 万有引力常数 | $G = 6.672\ 0 \times 10^{-11}$ N·m$^2$/kg$^2$ |
| 标准大气压 | $p_0 = 101\ 325$ Pa |
| 冰点的绝对温度 | $T_0 = 273.15$ K |
| 标准状态下声音在空气中的速度 | $v_a = 331.46$ m/s |
| 标准状态下干燥空气的密度 | $\rho_{air} = 1.293$ kg/m$^3$ |
| 标准状态下水银的密度 | $\rho_{Hg} = 135\ 95.04$ kg/m$^3$ |
| 标准状态下理想气体的摩尔体积 | $V_m = 22.413\ 83 \times 10^{-3}$ m$^3$/mol |
| 真空中的介电系数(电容率) | $\varepsilon_0 = 8.854\ 188 \times 10^{-12}$ F/m |
| 真空中的磁导率 | $\mu_0 = 12.566\ 371 \times 10^{-7}$ H/m |

| 因　　数 | | 词　　头 | 代　　号 | |
|---|---|---|---|---|
| | | | 中文 | 国际 |
| 倍数 | $10^{18}$ | 艾可萨　（exa） | 艾 | E |
| | $10^{15}$ | 拍　它　（peta） | 拍 | P |
| | $10^{12}$ | 太　拉　（tera） | 太 | T |
| | $10^{9}$ | 吉　咖　（giga） | 吉 | G |
| | $10^{6}$ | 兆　　　（mega） | 兆 | M |
| | $10^{3}$ | 千　　　（kilo） | 千 | k |
| | $10^{2}$ | 百　　　（hecto） | 百 | h |
| | $10^{1}$ | 十　　　（deca） | 十 | da |
| 分数 | $10^{-1}$ | 分　　　（deci） | 分 | d |
| | $10^{-2}$ | 厘　　　（centi） | 厘 | c |
| | $10^{-3}$ | 毫　　　（milli） | 毫 | m |
| | $10^{-6}$ | 微　　　（micro） | 微 | $\mu$ |
| | $10^{-9}$ | 纳　诺　（nano） | 纳 | n |
| | $10^{-12}$ | 皮　可　（pico） | 皮 | p |
| | $10^{-15}$ | 飞母托　（femto） | 飞 | f |
| | $10^{-18}$ | 阿　托　（atto） | 阿 | a |

## 附表 3　不同温度下干燥空气中的声速(m/s)

| 温度/℃ | 0 | 1 | 2 | 3 | 4 | 5 | 6 | 7 | 8 | 9 |
|---|---|---|---|---|---|---|---|---|---|---|
| 50 | 360.51 | 361.07 | 361.62 | 362.18 | 362.74 | 363.29 | 363.84 | 364.39 | 364.95 | 365.50 |
| 40 | 354.89 | 355.46 | 356.02 | 356.58 | 357.15 | 357.71 | 358.27 | 358.83 | 359.39 | 359.95 |
| 30 | 349.18 | 349.75 | 350.33 | 350.90 | 351.47 | 352.04 | 352.62 | 353.19 | 353.75 | 354.32 |
| 20 | 343.37 | 343.95 | 344.54 | 345.12 | 345.70 | 346.29 | 346.87 | 347.44 | 348.02 | 348.60 |
| 10 | 337.46 | 338.06 | 338.65 | 339.25 | 339.94 | 340.43 | 341.02 | 341.61 | 342.20 | 342.78 |
| 0 | 331.45 | 332.06 | 332.66 | 333.27 | 333.87 | 334.47 | 335.07 | 335.67 | 336.27 | 336.87 |
| −10 | 325.33 | 324.71 | 324.09 | 323.47 | 322.84 | 322.22 | 321.60 | 320.97 | 320.34 | 319.72 |
| −20 | 319.09 | 318.45 | 317.82 | 317.19 | 316.55 | 315.92 | 315.28 | 314.64 | 314.00 | 313.36 |
| −30 | 312.72 | 312.08 | 311.43 | 310.78 | 310.14 | 309.49 | 308.84 | 308.19 | 307.53 | 306.88 |
| −40 | 306.22 | 305.56 | 304.91 | 304.25 | 303.58 | 302.92 | 302.26 | 301.59 | 300.92 | 300.25 |

## 附表 4 常温下部分物质相对于空气的折射率

| 波长<br>折射率<br>物质 | H<sub>α</sub> 线<br>(656.3 nm) | D 线<br>(589.3 nm) | H<sub>β</sub> 线<br>(486.1 nm) |
|---|---|---|---|
| 水(18℃) | 1.331 4 | 1.333 2 | 1.337 3 |
| 乙醇(18℃) | 1.360 9 | 1.362 5 | 1.366 5 |
| 二硫化碳(18℃) | 1.619 9 | 1.629 1 | 1.654 1 |
| 玻璃(轻) | 1.512 7 | 1.515 3 | 1.521 4 |
| 玻璃(重) | 1.612 6 | 1.615 2 | 1.621 3 |
| 燧石玻璃(轻) | 1.603 8 | 1.608 5 | 1.620 0 |
| 燧石玻璃(重) | 1.743 4 | 1.751 5 | 1.772 3 |
| 方解石(寻常光) | 1.654 5 | 1.658 5 | 1.667 9 |
| 方解石(非寻常光) | 1.484 6 | 1.486 4 | 1.490 8 |
| 水晶(寻常光) | 1.541 8 | 1.544 2 | 1.549 6 |
| 水晶(非寻常光) | 1.550 9 | 1.553 3 | 1.558 9 |

## 附表 5 常用光源谱线波长(nm)

| H(氢) | 656.28 | 红 | | 626.65 | 橙 |
|---|---|---|---|---|---|
| | 486.13 | 绿蓝 | | 621.73 | 橙 |
| | 434.05 | 蓝 | | 614.31 | 橙 |
| | 410.17 | 蓝紫 | | 588.19 | 黄 |
| | 397.01 | 蓝紫 | | 585.25 | 黄 |
| He(氦) | 706.52 | 红 | Na(钠) | 589.592 (D<sub>1</sub>) | 黄 |
| | 667.82 | 红 | | 588.995(D<sub>2</sub>) | 黄 |
| | 587.56 (D<sub>3</sub>) | 黄 | Hg(汞) | 623.44 | 橙 |
| | 501.57 | 绿 | | 579.07 | 黄 |
| | 492.19 | 绿蓝 | | 576.96 | 黄 |
| | 471.31 | 蓝 | | 546.07 | 绿 |
| | 447.15 | 蓝 | | 491.60 | 绿蓝 |
| | 402.62 | 蓝紫 | | 435.83 | 蓝 |
| | 388.87 | 蓝紫 | | 407.78 | 蓝紫 |
| | | | | 404.66 | 蓝紫 |
| Ne(氖) | 650.65 | 红 | He-Ne 激光 | 632.8 | 橙 |
| | 640.23 | 橙 | | | |
| | 638.30 | 橙 | | | |

### 附表 6 部分金属合金的电阻率及温度系数

| 金属或合金 | 电阻率/($\mu\Omega \cdot m$) | 温度系数/$^{\circ}C^{-1}$ |
|---|---|---|
| 铝 | 0.028 | $42 \times 10^{-4}$ |
| 铜 | 0.017 2 | $43 \times 10^{-4}$ |
| 银 | 0.016 | $40 \times 10^{-4}$ |
| 金 | 0.024 | $40 \times 10^{-4}$ |
| 铁 | 0.098 | $60 \times 10^{-4}$ |
| 铅 | 0.205 | $37 \times 10^{-4}$ |
| 铂 | 0.105 | $39 \times 10^{-4}$ |
| 钨 | 0.055 | $48 \times 10^{-4}$ |
| 锌 | 0.059 | $42 \times 10^{-4}$ |
| 锡 | 0.12 | $44 \times 10^{-4}$ |
| 水银 | 0.958 | $10 \times 10^{-4}$ |
| 五德合金 | 0.52 | $37 \times 10^{-4}$ |
| 碳钢(0.10%～0.15%) | 0.10～0.14 | $6 \times 10^{-3}$ |
| 康铜 | 0.47～0.51 | $(-0.4 \sim +0.1) \times 10^{-4}$ |
| 铜锰镍合金 | 0.34～1.0 | $(-0.3 \sim 0.2) \times 10^{-4}$ |
| 镍铬合金 | 0.98～1.10 | $(0.3 \sim 4) \times 10^{-4}$ |

＊电阻率与金属中的杂质有关,表中列的数据为 20℃时的平均值。

### 附表 7 在海平面上不同纬度处的重力加速度 g

| 纬度 /(°) | $g/(m \cdot s^{-2})$ | 纬度 /(°) | $g/(m \cdot s^{-2})$ |
|---|---|---|---|
| 0 | 9.780 49 | 50 | 9.810 79 |
| 5 | 9.780 88 | 55 | 9.815 15 |
| 10 | 9.782 04 | 60 | 9.819 24 |
| 15 | 9.783 94 | 65 | 9.822 94 |
| 20 | 9.786 52 | 70 | 9.826 14 |
| 25 | 9.789 69 | 75 | 9.828 73 |
| 30 | 9.793 38 | 80 | 9.830 65 |
| 35 | 9.797 46 | 85 | 9.831 82 |
| 40 | 9.801 80 | 90 | 9.832 21 |
| 45 | 9.806 29 | | |

### 附表 8　20℃时部分金属的杨氏弹性模量

| 金属名称 | 弹性模量 $E$ | |
| --- | --- | --- |
| | 吉　帕($10^9$Pa) | $\times 10^2$/(kg·f·mm$^{-2}$) |
| 铝 | 69～70 | 70～71 |
| 钨 | 407 | 415 |
| 铁 | 186～206 | 190～210 |
| 铜 | 103～127 | 105～130 |
| 金 | 77 | 79 |
| 银 | 69～80 | 70～82 |
| 锌 | 78 | 80 |
| 镍 | 203 | 205 |
| 铬 | 235～245 | 240～250 |
| 合金钢 | 206～216 | 210～220 |
| 碳钢 | 169～206 | 200～210 |
| 康铜 | 160 | 163 |

### 附表 9　20℃时常见固体和液体的密度

| 物质 | 密度 $\rho$/(kg·m$^{-3}$) | 物质 | 密度 $\rho$/(kg·m$^{-3}$) |
| --- | --- | --- | --- |
| 铝 | 2 698.9 | 窗玻璃 | 2 400～2 700 |
| 铜 | 8 960 | 冰 | 800～920 |
| 铁 | 7 874 | 石蜡 | 792 |
| 银 | 10 500 | 有机玻璃 | 1 200～1 500 |
| 金 | 19 320 | 甲醇 | 792 |
| 钨 | 19 300 | 乙醚 | 714 |
| 铂 | 21 450 | 乙醇 | 789.4 |
| 铅 | 11 350 | 汽油 | 710～720 |
| 锡 | 7 298 | 弗利昂-12 | 1 329 |
| 汞 | 13 546.2 | 变压器油 | 840～890 |
| 钢 | 7 600～7 900 | 甘油 | 1 260 |
| 石英 | 2 500～2 800 | 食盐 | 2 140 |
| 水晶玻璃 | 2 900～3 000 | | |

# 参 考 文 献

[1] 龚镇雄,刘雪林.普通物理实验指导书.北京.北京大学出版社,1990.

[2] 刘子臣.大学基础物理实验.天津:南开大学出版社,2001.

[3] 陆廷济,胡德敬,陈铭南.大学物理实验.上海:同济大学出版社,2000.

[4] 杨述武.普通物理实验.北京:高等教育出版社,2000.

[5] 曾贻伟,等.普通物理实验教程.北京:北京师范大学出版社,1989.

[6] 陈守川.大学物理实验教程.杭州:浙江大学出版社,1999.

[7] 赵国南,等.大学物理实验.北京:北京邮电大学出版社,1994.

[8] 陈兆奎,等.大学物理实验.上海:华东理工大学出版社,1996.

[9] 赵家凤.大学物理实验.北京:科学出版社,2000.

[10] 吴思诚,王祖铨.近代物理实验.北京:北京大学出版社,1999.

[11] 林木欣.近代物理实验教程.北京:科学出版社,2000.

[12] 丁慎训,张连芳.物理实验教程.2 版.北京:清华大学出版社,2002.

[13] 吕斯骅,等.基础物理实验.北京:北京大学出版社,2002.

[14] 成正维.大学物理实验.北京:高等教育出版社,2002.

[15] 霍剑青,等.大学物理实验(第1～4 册).北京:高等教育出版社,2001.

[16] 朱鹤年.基础物理实验.北京:高等教育出版社,2003.

[17] 潘人培.物理实验.南京:东南大学出版社,1986.

[18] 蒋达娅,王世红,朱洪波,等.大学物理实验(上册).北京:北京邮电大学出版社,2001.

[19] 杨胡江,肖井华,蒋达娅.液晶物性实验介绍及实验结果的分析.大学物理,2005,24(3).

[20] 蒋达娅,王世红,肖井华.混沌专题系列研究性实验介绍.物理实验,2007(1):17.

[21] 陈熙谋.物理演示实验.北京:高等教育出版社.

[22] 曹尔第.近代物理实验.上海:华东师范大学出版社,1992.

[23] Fernandes J C, Ferraz A, Rogalski M S. Computer－assisted experiments with oscillatory circuits. Eur. J. Phys, 2010, 31: 299-306.

[24] 赵晓红,等.迈克尔逊干涉仪异常现象研究.物理与工程,2003,13(4).

[25] 李丽娟,等.电桥原理在通信中的应用.物理实验特刊,2004,8.

[26] 李海红,代琼琳,王世红,等.一种简单基于蔡氏电路的数字加密通信系统.大学物理,2006,24.